History and Theory of Architecture Swiss Federal Institute of Technology Zurich
Geschichte und Theorie der Architektur Eidgenössische Technische Hochschule Zürich
Histoire et théories de l'architecture Ecole Polytechnique Fédérale Zurich

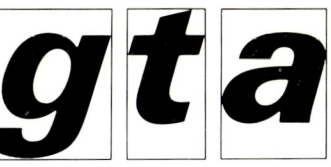

Volume 12

ETH Papers
of the Institute for History and
Theory of Architecture
at the Swiss Federal Institute
of Technology, Zurich

Schriftenreihe
des Instituts für Geschichte und
Theorie der Architektur
an der Eidgenössischen
Technischen Hochschule, Zürich

Publications
de l'institut pour l'étude de
l'histoire et des théories de
l'architecture à l'Ecole
Polytechnique Fédérale, Zurich

Director of the Institute
Institutsvorsteher
Directeur de l'institut
Adolf Max Vogt

Board of Trustees
Kuratorium
Conseil de direction
Maurice Besset
Charles-Edouard Geisendorf
Erwin Gradmann
Bernhard Hoesli
Paul Hofer
Albert Knoepfli
Alfred Roth

Alvar Aalto

Synopsis

Painting Malerei   Peinture
Architecture Architektur Architecture
Sculpture Skulptur   Sculpture

1970 Birkhäuser Verlag, Basel und Stuttgart

Typography and book jacket
Hans-Rudolf Lutz, Zurich

Layout
Elissa Aalto, Helsinki
Karl Fleig, Zurich
Albert Gomm, Basel

Printed in Switzerland
by Birkhäuser AG, Basel

All rights reserved
No part of this book may be reproduced in any form, by photostat, microfilm, or any other means, without written permission from the publishers

©
Birkhäuser Verlag Basel, 1970

ISBN 3 7643 0523 1

Editorial Delegate for the Board of Trustees:
Bernhard Hoesli, ETH Zurich

Selection of Illustrations:
Elissa Aalto, Helsinki and Karl Fleig, Zurich

Selection of Essays:
Martin Steinmann, ETH Zurich

Chronological List of Works:
Martin Steinmann, ETH Zurich

Bibliography:
Leonardo Mosso, Turin, with the Collaboration of Gloria Cicionesi and Laura Mosso. Revised for the Edition gta: Charlotte Rutz, ETH Zurich

24 × 29,5 cm
1915
Water color, Aquarell, Aquarelle

It is only seldom that we can obtain insight into an architect's way of working. The first manifestations of imaginatory thinking, early sketches, are mostly kept secret and are not published. We hardly ever have access to any testimonials documenting the origin of an architectural idea. There is nearly everywhere a dearth of documents which would enable us to study design methods in relation to a discussion of architecture or of a particular building. We are informed about the exterior conditions constituting the field of creative work, but we can rarely obtain data which might allow us to guess at the forces governing the creative process.

The lack of such fundamental material makes itself especially obvious in a period of great interest in series, process and methodology.

This pertains particularly to Aalto's work. As much as we recognize his uniqueness, we have no direct references by himself to the theoretical foundations of his work. Popular opinion assumes that Aalto's work particularly reveals creative work, free from any theory. This may be the case.

As soon as informal opinion becomes unsatisfactory, however, this assumption demands proof. This is particularly the case since it has become questionable how many of the architectural achievement since 1918 have lasting significance, prove capable of development or are endowed with transfer value. This situation demands groundwork.

In the present paper the Institute for History and Theory of Architecture at the Swiss Federal Institute of Technology has collected materials conceived as a basis for future research: In the simultaneous exhibition of sketches, drawings, paintings, architectural design, sculpture and verbal significance a dense web is to be created around what is difficult to understand and awaits denomination.

Aalto's texts are attempts by an architect to give his thoughts and experiences verbal expression. He is no author: his essays and lectures are casual works in the best sense: interim work reports. He does not want building, painting, and sculpture to be considered as three separate categories of art – therefore he has never permitted his paintings and sculptures to be exhibited in isolation from the rest of his work. Aalto is an architect and takes it for granted that the material he submits be considered as a documentation of his work method.

Action painting has taught us to view painting as a psychogram: The brush stroke and the graphite trace of a line are traces left by a creating force. From these traces one can draw conclusions about behaviour. In the confrontation of these traces with edifices and essays theory becomes visible as behaviour pattern, as a method.

The illustrations in this work have been arranged by Aalto himself. This main part of the paper has been added to by a selection of the most important writings, out of which I have emphasized certain passages which – like sketches – condense important trains of thought. Professor Dr. h.c. Werner M. Moser's essay renders a welcome survey of Aalto's architecture, its general significance and its rootedness in the landscape and history of Finland. The complete list of all buildings and projects from 1918–1970, as well as Professor Leonardo Mosso's bibliography, make this publication of the Institute an aid to work.

Bernhard Hoesli

Wir erhalten nur selten Einblick in die Arbeitsweise des Architekten. Erste Skizzen als Niederschlag des ‹bildnerischen Denkens› werden meist verheimlicht und nicht veröffentlicht. Zeugnisse, welche die Entstehung einer architektonischen Idee belegen würden, werden kaum zugänglich gemacht. Für die Architekturbetrachtung und für die Diskussion von Bauwerken fehlen uns fast durchwegs Dokumente, welche ein Studium der Arbeitstechnik ermöglichen würden. Wir werden zwar über die äußeren Bedingungen orientiert, die das Feld der schöpferischen Arbeit ausmachen, aber wir erhalten keine Angaben, die uns erlauben würden, auf die Kräfte zu schließen, die den schöpferischen Vorgang regieren.

Der Mangel an derartigem Grundlagenmaterial wird in einer Zeit, die sich für Serie, Prozeß und Methodologie interessiert, besonders empfunden.

Für das Werk Aaltos gilt dies noch in besonderem Maße; wir erkennen zwar dessen Unvergleichbarkeit, aber wir erhalten von ihm selber keine direkten Hinweise auf die theoretischen Grundlagen seiner Arbeit. Und die landläufige Meinung nimmt an, daß gerade sein Werk die theoriefreie schöpferische Arbeit offenbart. Das mag sein.

Sobald aber unverbindliche Meinungen nicht mehr befriedigen, bedarf diese Annahme der Überprüfung. Dies umsomehr, als es fragwürdig zu werden beginnt, wieviel vom bisher in der Architekturentwicklung seit 1918 Erreichten auch Bestand hat, sich als entwicklungsfähig erweist oder übertragbar ist. Diese Lage macht Vorbereitung notwendig.

In der vorliegenden Arbeit hat das Institut für Geschichte und Theorie der Architektur an der ETH Material zusammengestellt, das als eine Arbeitsgrundlage für künftige Untersuchungen gedacht ist: in der Zusammenschau von Skizze, Zeichnung, Malerei, Architekturbild, Skulptur und Wortbedeutung soll durch die Überlagerung und Durchdringung der Medien ein dichtes Netz entstehen, in dem das schwer zu Fassende eingefangen ist und der Benennung harrt.

Die Texte von Aalto sind Versuche eines Architekten, seine Gedanken und Erfahrungen auch in Worte zu fassen. Er ist nicht Schriftsteller; seine Aufsätze und Vorträge sind Gelegenheitsarbeiten im guten Sinne: das heißt Zwischenmeldungen während der Arbeit. Er will nicht, daß die Bauten, die Malereien und Skulpturen als drei getrennte Kunstkategorien gesehen werden – so hat er auch noch nie eine isolierte Ausstellung seiner Bilder und Skulpturen erlaubt. Aalto ist Architekt und versteht das vorgelegte Material als Dokumentation seiner Arbeitsmethode.

Action painting hat uns gelehrt, Malerei als Psychogramm zu sehen: der Farbstoffauftrag und die Graphitspur eines Strichs sind Spuren, die eine hervorbringende Kraft hinterlassen hat. Aus den Spuren kann auf das Verhalten geschlossen werden. In der Konfrontation dieser Spuren mit den Bauwerken und Aufsätzen wird Theorie als Verhaltensmuster sichtbar, als Methode.

Der Abbildungsteil wurde von Aalto persönlich komponiert. Dieses Hauptstück der Demonstration wurde erweitert durch eine Auswahl der wichtigsten Schriften, in denen ich Stellen herausgehoben habe, welche wie Skizzen die Gedankenvorgänge verdichten. Der Aufsatz von Prof. Dr. h.c. Werner M. Moser gibt einen willkommenen Überblick über Aaltos Architektur, ihre allgemeine Bedeutung und Verwurzelung in der Landschaft und Geschichte Finnlands. Die vollständige Werkliste aller Bauten und Projekte von 1918 bis 1970 und die Bibliographie von Prof. Leonardo Mosso machen diese Veröffentlichung des Instituts zu einer Arbeitshilfe.

Bernhard Hoesli

Il est rare que nous puissions approcher le processus de création de l'architecte. Les premières esquisses, ces sédiments de la «pensée formulée à travers l'image», restent le plus souvent dissimulées et inédites. Les témoignages qui pourraient nous renseigner sur l'idée architectonique à sa naissance, sont généralement gardés inaccessibles. Nous manquons presque toujours, dans la réflexion sur l'architecture et dans la discussion des œuvres, de documents qui permettraient d'étudier la technique de travail de l'architecte. Certes, il est possible de saisir les conditions extérieures qui ouvrent le champ au travail créateur. Mais toute indication nous échappe qui autoriserait à tirer quelque conclusion sur les forces directrices du procédé de création.

Ce manque de données élémentaires est particulièrement ressenti aujourd'hui, alors que les notions de série, de processus, et la méthodologie, intéressent directement notre temps.

Nous ressentons particulièrement cette carence à l'égard de l'œuvre d'Aalto. D'une part nous reconnaissons la nature incomparable de cette œuvre, d'autre part l'architecte lui-même ne nous a jamais donné d'indications directes sur les bases théoriques de son travail. Il est généralement admis que son œuvre manifeste précisément un travail créateur dégagé de toute théorie. La chose est possible.

Toutefois, si l'on cesse de se contenter de propositions non vérifiées, il faut alors mettre à l'épreuve cette hypothèse. Et ceci d'autant plus que l'on commence à s'interroger sur les résultats atteints dans l'architecture de 1918 à aujourd'hui, pour en dégager les éléments durables, transmissibles, et susceptibles de développement. Cette sitation nécessite quelque préparation.

Dans l'intention de fournir une base de travail à de futures recherches, l'Institut pour l'étude de l'histoire et des théories de l'architecture de l'Ecole polytechnique de Zurich, a recueilli et juxtaposé dans cet ouvrage différents matériaux: esquisses, dessins, peintures, documents d'architecture, sculptures et textes. La superposition et l'interpénétration de ces différents «media» devraient constituer un réseau assez dense pour retenir les éléments difficilement saisissables et qui n'attendent qu'à être précisés verbalement.

Dans ses textes, l'architecte Aalto tente de saisir par le verbe une pensée et une expérience. Aalto n'est pas un écrivain; ses articles et ses conférences sont des travaux d'occasion dans le meilleur sens: une communication intervenue durant le travail. Il ne veut pas que l'on considère la peinture, la sculpture et la construction comme trois catégories artistiques isolées – aussi n'a-t-il jamais permis que l'on expose séparément ses peintures ou ses sculptures. Aalto est architecte; il présente les matériaux de cet ouvrage en tant que documentation sur sa méthode de travail.

L'action painting nous a appris à voir la peinture comme un psychogramme: la couche de matière colorée ou la trace de graphite sont le sceau d'une force opérante, et ces indices permettent de conclure d'une démarche. En confrontant ces traces, les constructions et les articles, une théorie apparaît en tant que manière de conduite, en tant que méthode.

La partie illustrée de cet ouvrage a été composée par Aalto lui-même. Ce noyau de la démonstration est enrichi par des textes choisis parmi les plus importants, où j'ai mis en évidence certains passages qui, comme des esquisses, concentrent les mouvements de la pensée. L'article du Professeur Dr. h.c. Werner M. Moser, est un apport heureux à la présentation de l'architecture d'Aalto, à sa signification générale, à son enracinement dans le paysage et l'histoire de la Finlande. Le catalogue complet des constructions et projets de 1918 à 1970, ainsi que la bibliographie due au Professeur Leonardo Mosso, font de cette publication du gta un instrument de travail.

Bernhard Hoesli

Contents
Inhaltsverzeichnis
Table des matières

11
Selection from the Writings
of Alvar Aalto

27
Auswahl aus den Schriften
von Alvar Aalto

35
Choix de textes
d'Alvar Aalto

63
Illustrations

63
Bildteil

63
Illustrations

183
Werner M. Moser:
A Survey of the Work
of Alvar Aalto

186
Werner M. Moser:
Überblick über das Schaffen
von Alvar Aalto

189
Werner M. Moser:
Aperçu sur l'œuvre
d'Alvar Aalto

193
Chronological List of Works
1918–1970

193
Chronologische Werkliste
1918–1970

193
Liste chronologique des œuvres
1918–1970

209
Leonardo Mosso:
Alvar Aalto · Bibliography
1918–1970

209
Leonardo Mosso:
Alvar Aalto · Bibliographie
1918–1970

209
Leonardo Mosso:
Alvar Aalto · Bibliographie
1918–1970

235
Biography

235
Biographie

235
Biographie

236
Legends of the Illustrations

236
Abbildungslegenden

236
Légendes des illustrations

240
Photographers

240
Photographen

240
Photographes

Selection from the Writings of Alvar Aalto

The Influence of Construction and Material on Modern Architecture

Building materials and construction methods as such do not have a one-sided and direct influence on architecture.

In ancient times – Mykonos – or in even earlier ages, when there were no, or only very few, possibilities of treating materials, nature herself, the only provider of materials, determined the various possibilities in building. The architecture of primitive times could very well be called the 'genius of discovery'. For at that time, when there were still no finishing processes, the building materials were supplied directly by nature. The choice was mainly among suitable blocks of stone, tree trunks, animal skins, etc. Architecture meant combining these materials correctly.

This primitive art arouses in us a curious kind of admiration, since here one can recognize most clearly the first modest victories of the human intellect over nature. Here one may certainly speak of a direct and one-sided influence of both materials and methods on architecture, indeed, almost of a kind of relentless correlation.

As the development gathers momentum we can no longer differentiate so clearly between the cause and its consequences. In place of the 'materials direct from nature' we find building materials that are no longer an original and undeveloped group, but are subjected to variable methods of treatment which have been created within the architectonic processes and will always be recreated.

In a certain sense architecture can be said to have created its materials and methods itself.

Basically, architecture is not only a quantity of finished, constructed results, but to a much higher degree a stratified process of development in which, together with internal reciprocal action, new solutions, new shapes, new building materials, and steady changes in the ideas of construction are continually being created.

Would it not be fairer if, instead of talking about the influence of materials and construction on architecture, we were very modestly to examine this inner process, and to try to find the path followed by this development curve? Its shape in the past, in the present, and also in the future makes it possible to draw important practical conclusions for building in our time. In this investigation we can form groups according to certain materials and constructions.

In primitive times the supporting skeleton was almost the only problem, and it was also the basic element of architecture.

Walls, holes, and the post and lintel system more or less made up 'the whole of architecture'. Still relatively late – in the hellenic period – most of the details and detail groups were, in their way, only slight protuberances on the skeleton, and often practically inseperable from it. From Mykonos to the Parthenon we have seen that the lintel of natural stone was treated similarly to the stones used in thick walls; and most of the special problems were solved on completion of the actual skeleton.

Today, on the other hand, the basic element of architecture at that time – the skeleton – is, for example, reduced to a light metal grid, and the production of this grid is only a small part of the whole building process. It may well be that a metal construction of this kind is, in its character, similar to the tent construction of primitive times; yet it differs from this in one important way:

The skeleton of a modern building is often in its volume, but above all in its importance, certainly always a smaller part of the whole building than formerly. However, while the importance of the skeleton has decreased, other problems and new basic elements are taking its place in the architectonic process.

In the human fight against nature one is always very aware of the conscious striving to treat a problem one is faced with in such a way that its importance and its impairing effect on life will be lessened as soon as the correct solution to it has been found. If we look at architecture in this way, that is as a part of the fight between man and nature, we will discover its essential character: a systematic and continual variability. In its internal process the problems, and thus also the number of architectonic basic elements, are steadily increasing, and at the same time the questions which predominated earlier on lose their importance. It follows that the 'natural variations on the theme' are one of the very basic characteristics of architecture, and that it is also eminently important for our work today to take this into consideration.

In architecture there is a conservative approach to forms – and this has certainly not grown less common in the most recent examples of our time – that aims at creating a formal homogeneity of the very varied architectonic problems. The misunderstanding of the term of 'uniform design', which becomes apparent here, is very widespread, and is one of the greatest obstacles to allowing the basic qualities of architecture to come to light. In order to meet its responsibility of helping towards a solution of the extensive humanistic, sociological, and psychological problems, architecture must be allowed as much inner and formal flexibility as possible. Every external, formal pressure – whether it be a deep-rooted tradition of style, or a superficial homogeneity born out of a misunderstanding of modern architecture – hinders architecture from playing a really active part in human development and thus lessens its importance and its intensity.

There are many reasons why schematic forms have become obstacles to a more realistic architecture. One of them should be specially mentioned here: town planning and its regulations. In modern town planning there are too many regulations which, even before the actual building has been erected, determine and limit the nature of the future construction. Here the technique of town planning has developed the character of a building control office that has penetrated into the field of architecture to such a degree that it has become an obstacle to the free unfolding of the nature of architecture. As a result architecture is denied the opportunity of playing its part fully.

The fact that the first basic element of architecture – the supporting skeleton – has changed so much in character means that today, when solving a building problem, we have to choose one of numerous possible solutions. This also means, however, that it has become proportionately more difficult to determine the characteristics of a building in advance. Planning regulation as well as general legislation, are both directed against an asocial exploitation of land and, to this end, they fix the height, the volume, the situation, and often even the shape of the projected building. However, they have assessed their function incorrectly, so that instead of stimulating development they have become an obstacle to it.

Above I have mentioned an architectonic element whose phases of development can be traced back to the primitive beginnings. We shall see that further elements of architecture which appear later point to the same development curve. Problems of insulation form the second major factor in architecture. We shall look at this question in such a way that insulation in all its meanings can be grasped: from insulation against the forces of nature to insulation between people and groups of people.

Once the question of insulation was a problem in town planning (due to a lack of means, early questions of insulation were solved almost exclusively through the choice of the building site), but new developments have given us innumerable materials and methods to solve such problems technically. Water pressure insulation offers us the opportunity of penetrating more and more deeply into the ground. The manifold possibilities of combining insulation materials have, in the course of time, changed the construction of the roof with the result that the flat roof, for example, has become independent of latitude. The ground plan has been freed from the regulations governing roof planning. The question of the roof has been reduced from an important problem to an elastic and secondary factor, which allows countless possibilities for previously unknown ground plans. A variety of materials that increase the efficacy of sound insulation have made it possible to group people more closely together without disadvantages. The above mentioned is a further proof of the inner variability of architecture.

If we were to examine some more elements, for example all the moveable parts of a building as windows, doors, or were to look at the treatment of surfaces ranging from those to be subjected to great wear to surface materials with which an effective sound absorption can be achieved, we should come to a conclusion that points in the same direction.

When the number of industrially prefabricated building materials, of standard parts, and of methods used increases, the number of various combinations will also increase, and with this the flexibility of all planning.

The technical installations in a modern building form a separate group. The problems they are intended to solve are old ones, but here one can really say that in their present form they have separated from their former conditions and thus increased the freedom of architectonic planning. I shall give only one example: the heating. Today we have, without exception, accustomed ourselves to central heating. The calculation of the economy of such a technical installation is not only advantageous for a medium size building. Here, as in other purely technical cases, there are clearly defined tendencies towards concentration. I myself have just completed an installation where several individual buildings have been joined up to one central heating plant by means of underground channels. This is a method that has already been used in various parts of the world.

What this can mean to town planning, for example, is quite clear: the boundaries of one site or of a whole quarter cannot be determined arbitrarily in advance; they are dependent on the heating system among the various groups of buildings and even more on the respective positions of the individual buildings. If, at the same time, together with such a system, there is the possibility of electric heating which, in its turn, frees the mutual site of the individual buildings from its dependence on the heating system, then this is yet again proof of the continual change in the inner world of architecture which we mentioned.

One further aspect of architecture must be called to mind in this context: the oldest, and at the same time the most recent technique, standardization. There has always been standardization. One of its most important results was the introduction of systematic arrangement in architecture. By standardization one often understands a method which creates uniformity and formalism. This definition is obviously false.

True standardization must be used and developed in such a way that the standardized parts and raw materials have qualities from which the greatest possible number of different combinations will ensue.

I once stated that the best standardization committee in the world was nature herself; but in nature standardization appears, above all and almost exclusively, only in the smallest units, the cells. This results in millions of elastic combinations in which there is no trace of formalism. Furthermore, this gives rise to the enormous wealth of organic growing shapes and their eternal change. Architectonic standardization must follow the same path.

In order to counter the idea that the only method of achieving harmony in architecture and successful planning in structural engineering lies in the stable shapes and in a homogeneity of the new shapes, I have tried, through everything mentioned above, to underline variation and growth – similar to that of natural organic life – as the most profound characteristic of architecture. I should like to say that in the last analysis this is the only true style in architecture. If obstacles are placed in its way architecture will atrophy and die. Since today we have met together here at the Nordic Building Conference, in other words at a conference whose purpose is to create the possibilities for better results in all aspects of building, we have every reason to try to eliminate conditions which work against good, successful architecture. This leads me back to town planning. At building conferences the representatives of the various countries could each play their part towards replacing planning concepts which limit architecture because they are based on the assumption that architecture is without growth and inner variability by systems that allow for development.

Town planning projects must be directed in such a way that, for example, when planning a flat, a building, or a group of buildings the solution arrived at is the natural one for the year in which the building is erected. The grouping of buildings should be able to develop freely out of the given requirements, and all regulations which aim at a superficial, formal similarity must be rejected. Our society should develop by degrees out of free groups of buildings that in their interrelation have been arranged to satisfy both the aesthetic and the practical considerations. Instead of formalism town planning should make possible true freedom for growth. It should be an elastic system through which the growth of society is made possible, and its aims should be to solve the physiological, social, and psychological problems that occupy human society.

Lecture held at the Nordic Building Conference in Oslo, 1938; published in 'ARK', 1938, 9, p. 129–131 (in Finnish).

Post-War Reconstruction

Psychologically, the spirit of reconstruction develops from the deep instinct of the human being as a realistic protest and a symbol of the will to live.

Wars, whether successful or not, leave behind them certain kinds of depression among the population. The human value of the spirit of reconstruction as the antithesis of war's negation is already clear from the experience in Finland. It is therefore from both these bases – the practical and psychological – that the initiative of reconstruction is asserting itself in Finland.

At the end of the last great war there was seen in embryo the need for reconstruction. The painfully slow rebuilding of Belgium and parts of France was partly responsible for epidemics and other post-war sufferings. Now, in connection with the present war, the country which first has felt its full weight and has first emerged must show the way.

Finland should be the first place for experiment, experience, research, in the human activity now called reconstruction. It is that country's duty to humanity,

and it is the duty of other countries to help in such a way that this experience shall be successful and of international value.

Post-war reconstruction differs from the normal development of a country in that it is bound up with a problem of colossal human need – a need of emergency speed combined with an abnormal quantity of work to be done. Post-war reconstruction also differs from the normal relief program and, for instance, from Red Cross activity, in that there is definitely nothing temporary about it. Everything done under pressure of speed of organization must form the base for a permanent society – nothing of merely temporary character must be contemplated. In some ways reconstruction reminds one of the activity of colonization in olden times, except that here civilization already exists, although its material substance is destroyed and must be rebuilt. It differs from colonization also in the elements of time and extent, for in this reconstruction our time is very limited and the quantitative need is comparatively enormous.

There is a definite need for careful research and for organization, if the task is to be done successfully and the tragedy of war is to be restricted so that important elements of civilization are not to be destroyed.

A bare summary shows how difficult these problems are and how hard it will be to organize the reconstruction. All belligerent countries will need it, with the same speed with which modern war destroys. Let us concentrate on this small part of the problem: speed. There is one thing which is the antithesis of good quality and that is the necessity of having to build too quickly. The immediate need is to have the homes ready as soon as possible. It is clear that we have here the same problems previously experienced in periods of colonization. We know that in those circumstances people first built barracks. These barracks were not good enough for an organized life, and have been replaced by new buildings. Even these 'second towns' have seldom had the qualifications for a more permanent life; and so there have been built 'third towns'. How uneconomical this system of replacement is!

On the other hand, we have examples of states that have tried to build a completely finished town in the first step, although there was not really sufficient time for such building. Examples of this are found in the first Russian Five-Year Plan, and we know that the result was not successful as far as the building program was concerned.

There must be a third system, which in the shortest time will satisfy all the immediate elementary needs of the population. But it must at the same time be a system which can, without any demolition, grow to such a point as to give complete satisfaction to the needs of a civilized society:

(1) The community must be planned and the houses built so that the living standard of the people may be reached step by step.

(2) Because there is such a great need of homes for the population, a primitive house to fulfill the elemental needs must first be provided.

The construction of each individual house is to be such that during the next building period a higher quality may be attained without destroying anything

of the first skeleton. In short, this means that first we will provide a roof and walls for the people; second, heating and lighting; third, increased hygienic equipment. The next step will include better materials. And the final step is a complete modern house as a finished unit of a modern city.

(3) In the first step many conveniences such as water supply, baths, etc., will be collective, but later there will be a private provision for each house.

(4) Almost everything in a single house can be built step by step as in a city, except that a house must provide the elemental protection for the individual, whereas a community must provide for the entire popula-

tion. The financing of such a program would harmonize with reconstruction. At first the inhabitants would pay a low rent, and with each succeeding step the rent would be raised. This system would also harmonize with the living standards which have been temporarily lowered by the war; and this level would rise in proportion to the speed of reconstruction.

(5) To realize this idea we must have a special program and a technical system for city planning and the construction of houses. This system must be synchronized with the possibilities of getting building materials. Again, building step by step is the only solution from the point of view of obtaining material.

Finally, to accomplish such a plan we must have a special program. America has never had a shortage of material. But Finland is faced by a shortage due both to lack of transportation and to financial difficulties which create such a problem. Today we must face the necessity of finding a system which will help the growth of our cities to keep in step with potential supplies. In the same way every detail of reconstruction, ideological as well as material, must evolve organically. We must build houses that will grow.

The growing house should replace 'the machine to live in'. This is the human approach for the builder today.

Published in 'Magazine of Art', June 1940

The Humanizing of Architecture

In contrast with that architecture whose main concern is the formalistic style which a building shall wear, stands the architecture which we know as functionalism.

The development of the functional idea and its expression in structures are probably the most invigorating occurrences in architectural activity in our time, and yet

function in architecture – and so also functionalism – are not so very easy to interpret precisely. 'Function' is the characteristic use, or work, or action of a thing. 'Function' is also a thing or quantity that depends upon, and varies with, another. 'Functionalism' the dictionaries boldly define as 'conscious adaptation of form to use' – it is both less and more than that, for truly it must recognize and reckon with both of the meanings of 'function'.

Architecture is a synthetic phenomenon covering practically all fields of human activity. An object in the architectural field may be functional from one point of view and unfunctional from another. During the past decade, Modern architecture has been functional chiefly from the technical point of view, with its emphasis mainly on the economic side of the building activity. Such emphasis is desirable, of course, for production of good shelters for the human being has been a very expensive process as compared with the fulfillment of some other human needs. Indeed, if architecture is to have a larger human value, the first step is to organize its economic side. But, since architecture covers the entire field of human life, real functional architecture must be functional mainly from the human point of view. If we look deeper into the processes of human life, we shall discover that technic is only an aid, not a definite and independent phenomenon therein. Technical functionalism cannot create definite architecture.

If there were a way to develop architecture step by step, beginning with the economic and technical aspect and later covering the other more complicated human functions, then the purely technical functionalism would be acceptable; but no such possibility exists. Architecture not only covers all fields of human activity; it must even be developed in all these fields at the same time. If not, we shall have only one-sided, superficial results.

The term 'rationalism' appears in connection with Modern architecture about as often as does 'functionalism'. Modern architecture has been rationalized mainly from the technical point of view, in the same way as the technical functions have been emphasized. Although the purely rational period of Modern architecture has created constructions where rationalized technique has been exaggerated and the human functions have not been emphasized enough, this is not a reason to fight rationalization in architecture.

It is not the rationalization itself which was wrong in the first and now past period of Modern architecture. The wrongness lies in the fact that the rationalization has not gone deep enough.

Instead of fighting rational mentality, the newest phase of Modern architecture tries to project rational methods from the technical field out to human and psychological fields.

It might be well to have an example: One of the typical activities in Modern architecture has been the construction of chairs and the adoption of new materials and new methods for them. The tubular steel chair is surely rational from technical and constructive points of view: It is light, suitable for mass production, and so on. But steel and chromium surfaces are not satisfactory from the human point of view. Steel is too good a conductor of heat. The chromium surface gives too bright reflections of light, and even acoustically is not suitable for a room. The rational methods of creating this furniture style have been on the right track, but the result will be good only if rationalization is exercised in the selection of materials which are most suitable for human use.

The present phase of Modern architecture is doubtless a new one, with the special aim of solving problems in the humanitarian and psychological fields.

This new period, however, is not in contradiction to the first period of technical rationalization. Rather, it is to be understood as an enlargement
of rational methods to encompass related fields.

During the past decades architecture has often been compared with science, and there have been efforts to make its methods more scientific, even efforts to make it a pure science. But architecture is not a science. It is still the same great synthetic process of combining thousands of definite human functions, and remains *architecture*.

Its purpose is still to bring the material world into harmony with human life.

To make architecture more human means better architecture, and it means a functionalism much larger than the merely technical one. This goal can be accomplished only by architectural methods – by the creation and combination of different technical things in such a way that they will provide for the human being the most harmonious life.

Architectural methods sometimes resemble scientific ones, and a process of research, such as science employs, can be adopted also in architecture. Architectural research can be more and more methodical, but the substance of it can never be solely analytical. Always there will be more of instinct and art in architectural research.

Scientists very often use exaggerated forms in analyses in order to obtain clearer, more visible results – bacteria are stained, and so on. The same methods can be adopted in architecture, also. I have had personal experience with hospital buildings where I was able to discover that especial physical and psychological reactions by patients provided good pointers for ordinary housing. If we proceed from technical functionalism, we shall discover that a great many things in our present architecture are unfunctional from the point of view of psychology or a combination of psychology and physiology. To examine how human beings react to forms and construction, it is useful to use for experimentation especially sensitive persons, such as patients in a sanatorium.

Experiments of this kind were performed in connection with the Paimio Tuberculosis Sanatorium building in Finland and were carried on mainly in two special fields: (1) the relation between the single human being and his living room; (2) the protection of the single human being against large groups of people and the pressure from collectivity. Study of the relation between the individual and his quarters involved the use of experimental rooms and covered the questions of room form, colors, natural and artificial light, heating system, noise, and so on. This first experiment dealt with a person in the weakest possible condition, a bed patient. One of the special results discovered was the necessity for changing the colors in the room. In many other ways, the experiment showed, the room must be different from the ordinary room. This difference can be explained thus:

The ordinary room is a room for a vertical person; a patient's room is a room for a horizontal human being,
and colors, lighting, heating, and so on must be designed with that in mind.

Practically, this fact means that the ceiling should be darker, with an especially selected color suitable to be the only view of the reclining patient for weeks and weeks. The artificial light cannot come from an ordinary ceiling fixture, but the principal center of light should be beyond the angle of vision of the patient. For the heating system in the experimental room, ceiling radiators were used in a way which threw the heat mainly at the foot of the bed so that the head of the patient was outside the direct heat rays. The location of the windows and doors likewise took into account the patient's position. To avoid noise, one wall in the room was sound absorbing, and wash basins (each patient in the two-patient rooms had his own) were especially designed so that the flow of water from the faucet hit the porcelain basin always at a very small angle and worked noiselessly.

These are only a few illustrations from an experimental room at the sanatorium, and they are here mentioned merely as examples of architectural methods, which always are a combination of technical, physical, and psychological phenomena, never any one of them alone.

Functionalism is correct only if enlarged to cover even the psychophysical field. That is the only way to humanize architecture.

The flexible wooden furniture of the Viipuri Municipal Library is a result of experiments also made at the Paimio Sanatorium. At the time of those experiments the first tubular chromium furniture was just being constructed in Europe. Tubular and chromium surfaces are good solutions technically, but psychophysically these materials are not good for the human being. The sanatorium needed furniture which should be light, flexible, easy to clean, and so on. After extensive experimentation in wood, the flexible system was discovered to produce furniture which was better for the human touch and more suitable as the general material for the long and painful life in a sanatorium.

The main problem connected with a library is that of the human eye. A library can be well constructed and can be functional in a technical way even without the solving of this problem, but it is not humanly and architecturally complete unless it deals satisfactorily with the main human function in the building, that of reading a book. The eye is only a tiny part of the human body, but it is the most sensitive and perhaps the most important part. To provide a natural or an artificial light which destroys the human eye or which is unsuitable for its use, means reactionary architecture even if the building should otherwise be of high constructive value.

Daylight through ordinary windows covers only a part of a big room. Even if the room is lighted sufficiently, the light will be uneven and will vary on different points of the floor. That is why skylights have mainly been used in libraries, museums, and so on. But skylight, which covers the entire floor area, gives an exaggerated light, if extensive additional arrangements are not made. In the library building in the accompanying illustrations, the problem was solved with the aid of numerous round skylights so constructed that the light could be termed indirect daylight. The round skylights are technically rational because of the monopiece glass system employed. (Every skylight consists of a conical concrete base six feet in diameter, and a thick jointless round piece of glass on top of it without any frame construction.) This system is humanly rational because it provides a kind of light suitable for reading, blended and softened by being reflected from the conical surfaces of the skylights. In Finland the largest angle of sunlight is almost 52 degrees. The concrete cones are so constructed that the sunlight always remains indirect. The surfaces of the cones spread the light in millions of directions. Theoretically, for instance, the light reaches an open book from all these different directions and thus avoids a reflection to the human eye from the white pages of the book. (Bright reflection from book pages is one of the most fatiguing phenomena in reading.) In the same way this lighting system eliminates shadow phenomena regardless of the position of the reader. The problem of reading a book is more than a problem of the eye; a good reading light permits the use of many positions of the human body and every suitable relation between book and eye. Reading a book involves both culturally and physically a strange kind of concentration; the duty of architecture is to eliminate all disturbing elements.

It is possible in a scientific way to ascertain what kinds and what quantities of light are ideally the most suitable for the human eye, but in constructing a room the solution must be made with the aid of all the different elements which architecture embraces. Here the skylight system is a combined product of the ceiling construction (a room almost sixty feet wide needs a ceiling construction with beams high enough for the erection of the deep cones) and special technical limits in horizontal glass construction.

An architectural solution must always have a human motive based on analysis, but that motive has to be materialized in construction which probably is a result of extraneous circumstances.

The examples mentioned here are very tiny problems. But they are very close to the human being and hence become more important than problems of much larger scope.

Published in 'The Technology Review', November 1940, p. 14–16

Abstract Art and Architecture

Although I pursue the arts myself, there is, of course, nothing to stop me writing about questions concerning art, considering them from the same point of view as the critics or art theorists, who are not artists by profession. However, a professional man does not have the objectivity of the theorist, in relation to actual artistic creation. That is why I shall confine myself here to some thoughts which have come to me during the course of my own creative work.

There have always been discussions about the sacred links between architecture and the fine arts, and the desire has been expressed that they should be revived.

This desire has most frequently revealed itself in a greater demand for painting and sculpture in new buildings, or else there has been a suggestion for organised collaboration between the exponents of the three art genres: architecture, sculpture and painting. I suppose this would be something along the lines of a 'congress for priests and doctors'. A catchword that crops up again and again is the one that calls for more largescale paintings in official buildings. It is rather odd to see that this desire is only very rarely expressed by great artists. Generally, with some understandable exceptions, this desire is expressed by those milieux most interested in popular art and, at best, the milieux of artists' associations.

I am far from being an enemy of the catchword 'more painting in architecture'. One of the countries to which I am most attracted is Italy, and I confess that I was really upset when the little chapel of Mantegna in Chiesa degli Eremitani was destroyed. However, I have to emphasize the complexity of the question of the relation between architecture and abstract art. The question can be solved more correctly and durably in a way different from quantitative assimilation of painting and sculpture.

It can definitely be said that abstract artistic forms have provided a great stimulus to modern architecture, admittedly in an indirect way, but which cannot be denied as a fact. This stimulus has worked both ways; for architecture, too, has stimulated abstract art.

Whenever I have to solve an architectural problem, I am inevitably held up by the thought of its realisation – it is the sort of 'three o'clock in the morning-feeling', probably due to the difficulties caused by the weight of the different elements at the moment when the design is being carried out.

The social, human, technical and economic demands which are found alongside psychological factors

and which concern each individual and each group, their rhythm and the effect they have on each other, are so numerous that they form a maze which cannot be worked out by rational methods. The ensuing complexity prevents the basic architectural idea from taking shape.

In such cases I proceed in an irrational way as follows: For a moment I forget all the maze of problems, I erase them from my mind and busy myself with something which can best be described as abstract art. I start drawing, giving free rein to my instinct, and suddenly the basic idea is born, a starting-point

which links the numerous, often contradictory elements already mentioned, and brings them into harmony with each other.

While designing the Municipal Library in Viipuri (I had a lot of time at my disposal – five long years), I spent a great deal of time making children's drawings, representing an imaginary mountain, with different shapes on the slopes and a sort of celestial superstructure consisting of several suns, which shed an equal light on the sides of the mountain. In themselves these drawings had nothing to do with architecture, but from these seemingly childish drawings sprang a combination of plans and sections which, although it would be difficult to describe how, where all interwoven. And this became the basic idea for the library which, unfortunately, has now been destroyed. This basic idea consisted in grouping the reading rooms and the lending rooms on different levels, like on the slope of a mountain, around a central control desk uppermost in the building. Above everything was erected a sort of solar system – the round conical skylights.

When I speak of these purely personal experiences which I have made at my drawing-board, it is not with the purpose of launching a new method. Besides, I am pretty sure that many of my colleagues will recognise in all this the nature of their own struggle with architectural problems. Furthermore, the example I give here has no connection with the quality of the final result. I have mentioned it only to show where my personal convictions have their origins, for

I believe, in fact, am convinced that in their beginnings architecture and other art genres have the same starting-point –

a starting-point which is, admittedly, abstract but at the same time is influenced by all the knowledge and feelings that we have accumulated inside us. We held an exhibition in London in 1933 (Mrs. Aino Aalto and myself) and I included a certain number of abstract experiments in wood. These experiments were, in part, closely related to the furniture we had designed for the exhibition, but were also an amalgamation of wooden shapes and constructions serving no practical purpose at all. The art critic of 'The Times' described these experiments as 'non objective art', but springing from a contradictory process;

in other words, he thought it was abstract art the offshoots of which reach out to purely practical aims;

or else laboratory experiments, intended to be constructive, but which had turned out to be abstract art. He may have been right. I am just as disinclined to contradict him now as I was in 1933. But I should like to add the following observation: in one sense architecture and its details is biology and the circumstances of its origins are probably just as complicated. One could make the comparison between architecture and the fully-grown salmon. The salmon is not fully-grown at its birth; it is not even born in the sea it swims in, but far away, where rivers are mere streams, trickling through the mountains under the first drops of water that drip from the glaciers.

So it is with architecture, where the initial stimulus is just as remote from practical life and the final result as are man's basic feelings and instincts from that struggle to earn our daily bread which links us all together.

And just as it takes a long time for the tiny eggs of the fish to grow and gradually turn into fully-grown salmon, so is it that everything that has its origins in the mind of man needs time to develop. And architecture, more than anything else, needs time. To quote an example – a poor reflection of the great events in the world – I can tell you that it has been my personal experience that a game, apparently pointless and useless, has provided me with the key to a series of shapes of practical meaning of architecture. And this may have happened ten years later –

or maybe even longer. On the other hand, just as many examples can certainly be quoted where an architectural solution has insired isolated forms of abstract art which, in turn, prove to be an emotional stimulus to man. Thus a construction is of great importance for the human sentiment.

The other day a young Czech painter visited me in my studio and told me that there is something deeply moving about abstract art and he added: 'I can't explain the connection, but my feelings and convictions tell me that this is so.'

'Either I feel something or I feel nothing at all.' Those were the words of a Swiss doctor this summer, and he was a man who was familiar with the tragedies of human life. This was his only precept when it came to judging art.

Perhaps the important thing is precisely that abstract art represents a simplification which enables us just to experience feelings, purely human feelings which written language somehow does not know how to transmit anymore. But, of course, this only holds good if art allows for that vast accumulation of intelligence and human feelings to which we have already referred.

How did the ionic column come into being? The starting-point was the free rise of shapes of the loaded wooden column, but its creation in marble was not a realistic imitation. There, there was a sort of crystallisation, amassing many more human motives than the origins of its construction would have led one to suppose.

The same is true today. In nature, forms originate from construction. The result is a crystallisation of all things human in a same shape rather than a reproduction of the values of life, which can be captured only in this crystallisation.

Construction – in this case intelligence, reason or whatever name you choose to call it – is at one with creation – the part it plays in creation being sometimes more, sometimes less important. Indefinable depths of sentiment are involved here. No doubt we have reached an advanced stage of development, if we consider the results achieved by modern art. Someone who has not the constructive intelligence indispensable to a creative artist, is nevertheless enabled to receive positive impressions thanks to this crystallised form, simply with the aid of that undefinable thing called sentiment.

What I have just expounded corresponds with the truth, except, of course, for those vulgar and commercialised forms of modern art which, today, are as numerous as weeds.

It seems to me that we are in the process of shaping a unity of art, the sources of which go deeper than the superficial union of the different genres of art, the starting-point being the status nascendi.

It is clear that we are at the beginning of the process, but in cultural development each step is equally important. We cannot judge archaic art to be inferior to the Acropolis, and the art of Giotto was not inferior to that of the architects and painters who came after him.

Answer to an inquiry of the 'Domus' Magazine; published in 'Domus', 1947, *223–225*, p. 3–20; 'Werk', February 1959, p. 43–44

Selection from the Writings of Alvar Aalto

Between Humanism and Materialism

It is a great pleasure for me to speak for the first time in Vienna, to you my colleagues and friends and to you ladies and gentlemen. This is of course not the first time in my life that I have been to this city. As a young architect still wet behind the ears, one of my first study trips brought me, like all other Finnish architects, to Vienna. The training courses for architects in our small corner of Scandinavia have been strongly influenced by Viennese thinking, to such an extent in fact that even today when students at the technical institute in Helsinki want to joke and caricature a professor, they open with the words 'Otto Wagner said...'

A long battle was necessary, fought particularly in Vienna, to bring architecture into line with the needs of today. Of that we are all aware and we know also that the end has not yet been reached, that the battle must be continued as we are confronted with one problem after another.

I feel sure that the established traditions of architecture in Vienna will continue in future to make a major contribution towards the solving of our most difficult problems.

At times the problems of architecture are given only very superficial consideration, as exemplified by the question put to tourists in New York harbour: 'Are you modern or old-fashioned?' Things are regarded too much from the formal aspect. The most difficult problems do not occur in the search for the form for present-day living, but rather in **the attempt to create forms which are based on real human values. We all know that we are living in an age which is involved in a continuous battle against mechanisation and machines.**

An example of this fight against the excessive mechanisation of the world is Charlie Chaplin's film 'Modern Times'. A similar attitude may be found in literature and the theatre. We say we should be masters of machines whereas in fact we are their slaves. This paradox represents one of the major problems of architecture.

It is quite evident that after a period of modern formalism, architecture is now faced with new tasks. Perhaps the architect will be in a better position than the writer to give man superiority over the machine. In any case the architect has one obvious task: we are here to humanise the mechanical nature of materials.

If we study this conflict more closely, we come upon **one of the major difficulties which is the fact that apparently man cannot create without destroying simultaneously.**

Not only the increasing mechanisation of our age but also our activities remove us further and further from real nature. We see how nature is destroyed to some extent by the construction of roads. If we look carefully we can find similar phenomena in all fields of our profession. We have created, for example, better and better forms of artificial lighting. The electric light of today is much more convenient than the oil-lamps or wax candles of grandfather's day. But is this light really of better quality than that obtained from those older sources? It is in fact no better at all. Nowadays in order to be able to read a book at some distance from the lightsource, we use a bulb of 60–80 watts, whereas our grandparents managed with two candles. Even electric light is no longer good enough – high-tension fluorescent lighting has been introduced which gives an inconstant light and an excessively blue spectrum. We are using more light for the same activity because the physical and psychic qualities of the light itself are no longer satisfactory. It is the same everywhere. One hesitates to mention the discovery that ventilation through metal pipes is a thoroughly impractical matter. For years we have been aware that the best constituents of air – the ozones – are lost through friction in ventilation ducts. Laboratory tests have in fact proved that the biologically active elements of air disappear almost completely as a result of the rapid mechanical forcing of air into office buildings. We pump air up to the poor shorthand-typists but they can do little with it – it is enough to keep them alive but not much more. Their physical well-being is disregarded.

I have touched on only a few problems which leave a peculiar after-taste. However, we all know that such inhuman and unbiological conflicts exist everywhere.

It is the duty of the architect to apply here once again the right set of values.

I shall now show you a few pictures but am not in a position to give very typical examples of the conflict described. We can, however, add a trace of humanity, for one man, ten men, not even one hundred active artists could ever completely change the world. By means of the pictures, I should like to illustrate a few of the instances where we are moving on the borderline between humanisation and mechanisation. These pictures are taken from my own practice, since as a practising architect, I see dangers in venturing to criticise my colleagues. It appears to me that the only possibility is to allow constructed architectural designs to speak for themselves, rather than to theorize.

The first slide I show here is a typical picture of my country. It is intended to give you an idea of the appearance of the countryside which surrounds the houses I shall discuss. The country is made up of forests and water and has more than 80,000 inland lakes. In a country of this kind, men are always able to maintain contact with nature. The towns are small, the capital having only 400,000 inhabitants, the next largest towns less than 100,000 or near that number, a town of 30,000 being considered medium-sized, which may well be an administrative centre. Everyone can live at the water's edge, on the banks of one of the countless lakes and there enjoy the pleasures of pine forests and fresh waters. In reality, of course, this is not the case because life is not as simple as that and men cannot settle wherever they please – everything must be properly organised.

I shall show next a short series of pictures of one of my old designs. This was a project on which I came into contact for the first time with human misfortune. The project in question is the Tuberculosis Sanatorium in Paimio. When I received the assignment for this sanatorium I was ill myself and was therefore able to make a few experiments and find out what it is really like to be ill. I found it irritating to lie horizontal the whole time and the first thing I noticed was that rooms are designed for people who are upright, but not for those who lie in bed all the time. Like moths around a lamp, my eyes were constantly drawn to the electric light. There was no inner balance, no real peace in the room which was not expressly designed for people lying in a horizontal position. I tried therefore to design rooms for weak patients which would give the lying people a peaceful atmosphere. I did not include for example artificial ventilation which causes a disturbing draught around the head but designed a system whereby slightly warm air entered from between the panes of the windows.

Those are examples which show how something can be done to alleviate the suffering of people. Another example is a wash-basin. I tried to design a wash-basin in which the water makes no noise. The water falls at an acute angle on to the porcelain, and thus there is no noise to disturb the neighbouring patient when water is running.

I shall now make an abrupt jump from the clinic to a university in northern Finland. This is the main building of the university with the library, sports facilities, gymnasium and a large school. We all know that modern education is highly collectivised. We can only educate our children under a practically uniform system and can no longer speak of any real individualism in school methods. We are all aware that collectivity has positive advantages, but it can also be harmful to people. Somewhere in the middle between absolute individualism and excessive collectivization a happy medium must be found. Schools are becoming larger and larger because this reduces the costs of administration but there must also be a maximum size for educational institutions. You see here a quite ordinary primary school which is a pedagogic institute for teachers and students. The school buildings appear in general to be too big and the many classes called for extreme collectivization. Instead of a school with many classes, I therefore tried to build a combination of many small schools. Three classrooms and a staircase are combined to form single units so that the illusion of a small school is created which is linked administratively with the whole complex of the school.

Now you see another project – a crematorium. We have already discussed the unpleasant effect of collectivization in schools but there is another form of organized human routine which can be highly injurious. It is frightful to visit a well organized crematorium in a city with a population of several millions, where bodies have to be found by means of a list, under a, b, c, etc. The organisation must function in such a way that nobody's sense of decorum is offended. There was a programme for this crematorium, for example, according to which so many ceremonies took place each day. To put it bluntly, the chapel had to have a certain capacity. This led to the situation where the different ceremonies clashed. I tried therefore to draw up a plan by means of which clashes could be avoided. Thus we have a large chapel here, a smaller chapel there, and an even smaller chapel here, with separate entrances, and the different ceremonies can proceed independently.

I think there are many instances in life where organisation is too brutal and it is the task of the architect to lend a more sensitive structure to living.

You now see a new technical institute 20 kilometres outside Helsinki. Approaching from the side of the city, old avenues of trees lead up to the main building, to the laboratories, to the professors' flats, to the flats of the students and the staff and to the sports centre. The paths are so arranged that, for example, a professor may go from his flat to a lecture hall without having to cross a roadway. Cars must be driven round the outside of the complex so that there are only gardens between the separate buildings. Cars have become a permanent part of life, but they must be driven along separate roads, i.e. they must have their own zones, just as a person working or going for a walk needs his own zone. It is important that the zones for people who are working or relaxing should be a few meters above the automobile zones. We know that fuels such as petrol produce gases which affect the sensitive parts of the human body. This may explain the occurrence of cancers. Although we have no proof of this, no specialist would dare to contradict the statement. It is tragic that the conveniences of modern living harbour a great hazard which is a great and unavoidable enemy to working man. There is hardly any place of work where the danger of poisonous gases can be totally eliminated. In the case of this technical institute an unprofessional attempt only has been made. It helps of course to direct the cars around the outside, to group the areas of green in the middle and to raise the flats so that one could perhaps claim they have air less polluted by poisonous gases.

The school has large sports grounds for the students and a large hall where summer sports can be played in winter. I am personally opposed to the idea of universalizing sport, of making winter into summer and vice versa. I feel that sport should be played and changed according to the seasons in order to experience the natural change of the seasons. Javelin throwing indoors is not as good as javelin throwing outside in the fresh air, in the woods or by the lake. In indoor swimming pools and ice hockey arenas the seasons are changed de facto, human hobbies are becoming denaturalised.

It is only proper to devote the remainder of my lecture to the other aspect of architecture – to form. Although the solving of architectural problems involves a necessary process of humanisation, the old problem of monumentality and form remains a reality in architecture as before. Any attempts to eliminate it would be fruitless as it would be like trying to erase the idea of heaven from religion.

Although we know that poor man can hardly be saved, whatever we attempt to do, the main duty of the architect is to humanise the age of machines. That must however be done without disregarding form.

Form is a mystery which defies definition, but it gives man a good feeling, quite different from an act of social rescue as such. I shall therefore close my lecture with a few thoughts on form.

The brick is an important element for us in the creation of form. I was once in Milwaukee together with my old friend Frank Lloyd Wright who gave a lecture which he opened as follows: 'Ladies and gentlemen do you know what a brick is? – It is a small, worthless, ordinary thing which costs 11 cents but has as peculiar quality. Give me this brick and it immediately becomes worth its weight in gold.' It was the first time I had heard an audience told so bluntly and expressively what architecture is.

Architecture is the turning of a worthless stone into a nugget of gold. We have difficulties with this process of conversion in Finland.

We have tried to set up a house laboratory in order to help the process along. We have erected several trial walls from different types of bricks, and we have been able to talk to the bricks during the time we have lived there, as somehow it is easier to find the quality in sterile surroundings. We also examined the effect of plants on the brickwork; it gives the architect a shock to suddenly find yellow parasites thriving on his stones and small though these things may be, they are a stimulant.

I was once asked: 'Why do you not work more often in the free form which you used for the pavilion in New York?' It was an aesthete who asked the question. My reply was: 'I do not have suitable material to do so.' We cannot create free-form architecture with standardised sections. A square brick is not suitable. The shape of the brick wall will retain its cubism, until a brick is found which allows free expression of form. It must be possible to find such a form which can stand as a brick wall and yet create at the same time a round or negative, convex, concave or square wall.

When I speak here in Central Europe where the form brick was born, it is perhaps fitting to say in conclusion that we are far from having the right materials for architectural form to hand which we need. Not only the brick should have a universal form which can be used for anything; all other forms of standardisation are the same.

When we have reached the stage of being able to achieve different ends with a standard unit which has a soul of elasticity incorporated in the object, then we shall have paved the way between Charybdis and Scylla, between individualism and collectivism.

From a lecture held at the Central Union of Architects in Vienna, summer 1955; published in 'Der Bau', 1955, 7/8, p. 174–176

The R.I.B.A. Annual Discourse, 1957

Our time is full of enthusiasm for and interest in architecture because of the architectural revolution which is taking place during these last decades, but it is like all revolutions: it starts with enthusiasm and it stops with some sort of dictatorship. It runs out of the track. There is one good thing that we still have today; we have all over the world, maybe in Uruguay, maybe in Scandinavia, maybe in England, maybe in South Africa – in all these countries – well-organised groups of creative people calling themselves architects, with a new, real – what should I say? – direction for the world. Slowly, from being formal artists, they have moved over into a new field; today they are

the ‹garde d'honneur›, the hard-fighting squadron for humanising technique in our time.

With a client in Paris, a few days ago, I had a discussion about just such a simple thing as ventilation. He said: 'Technique *sans esprit* is the worst thing in the world' – which it is.

Let us see how we do this work. Are we doing it rightly? Let us take two poles. If I step down from New York Central Station, or a station in Chicago, and some of the young architects are there, the first question – if they do not know me – is: 'Are you old-fashioned or modern?' I have heard this question in all civilised languages and lastly in Portuguese, in Estoril. I think this is probably the most naïve but the most used formula – 'Are you old-fashioned or modern?' If we look deeper into this question, we see just why it is nonsense and nothing more.

There are only two things in art: humanity or not.

The mere form, some detail in itself does not create a good humanity. We have today enough of superficial and rather bad architecture which is modern. It would be hard to find any architect able to design a Gothic or a Georgian detail today.

Let us take some capital of entertainment – Hollywood, for instance. Of course, all the houses are modern. You can find very few houses which really give human beings the spirit of the real physical life.

Let us take the other pole. A few months ago an Indian architect went to snow-covered Finland – I think he was from Bombay or New Delhi – and he had a book in which he had written all the questions which are the most important in the building art. Sitting down, he asked the first thing, after saying 'How do you do?' –

'What is the module of this office?' I did not answer him, because I did not know that.

One of my chief lieutenants was sitting on my right. He answered. He said: 'One millimetre or less.'

These are two poles which demonstrate first the pendulum of the most popular forms of discussion, and then this last one, this nonsense number two – the seeking of a module which should cover all the world. This represents at the same time the dictatorship which finishes the revolution, the slavery of human beings to technical futilities which in themselves do not contain any piece of real humanity.

How should we carry on our fight? In what way? What should be the real intercommunion between all the architects of the world and what should we tell the people? I think we should go back to the horizontal line, that separates good from bad architectural work. The Institute of Finnish Architects, a few days ago, left at the Secretariat General of the International Union of Architects on Paris, a suggestion that

we should state the obstacles which keep the good product back,

why so few cities are well planned, why so many good city plans are turned down, why there is so small a percentage of good housing, and why in our time we almost lack official buildings which are symbols of the social life, symbols of what may be called democracy – the building owned by everybody.

The reasons which really stop culture at the line of 2 per cent, 4 per cent or 5 per cent of the whole are, of course, deep and very difficult to analyse. That is the question of our time; it is a question of the deeper meaning of civilisation and culture, a question of the movement over from, let us say, the society of 1700 to our industrialism. Every piece today is made by different methods from those used before. Our life has taken on a completely different form. This must, of course, hurt; it cannot be a peaceful movement. There are, of course, obstacles to a larger amount of good products; but there are things which can be eliminated by goodwill, and if we study those things I think we should get a larger amount of good things for the little man in this democracy of today.

I would add one thing more: there should be a discussion on a broad level. There is today a tendency which is not very nice. There are exhibitions of architecture and of industrial art or arts. There are hundreds of these exhibitions organised not only here but on the Continent. The journalists say: 'Today Sweden is a leading country in glass; tomorrow, Finland is a leading country in glass, this country is leading in pottery, Brazil is leading in coloured façades.' I do not think this is a correct way.

We should put all the cards on the table and speak together, plan together, and openly talk about our weaknesses.

We should not be like puppets and say: 'Yes, we are leading in glass today.'

We should remember the great eras of literature, the time of Voltaire, Rousseau, or even later. You have Bernard Shaw, Strindberg or Anatole France. What was the glory of these men? It was criticism, and at the same time it was the highest class of art, and at the same time it was fight. You could not think about Bernard Shaw without at the same time thinking of him as a fighting man.

In their deepest meaning I think that fighting and the highest class of art conform, and in their deepest meaning they belong together.

It may be that there never existed a high class of art without this mysterious combination.

I think that architectural communion, discussion and contact, and our speech to the public should be the same as with those literary men. Of course, literature and architecture are very, very far from each other, sometimes out of sight.

What are the main obstacles which are stopping us from getting hundred per cent production? I cannot take them all, but I pick up a few things which might be of the sort that could be eliminated.

There is the enormous difficulty of educating people to architecture.

It requires a command of many fields, an unusually high cultural standard before you can get a response and get people to understand. I was once very proud when I saw here in England a little book for schools giving preliminary education in architecture. It was for very little children in an elementary school. I think it is good to do that, but I am afraid that architecture which covers all the formal and structural world that is around us is too complicated to be an educational thing on the children's level. Probably if we give some lectures in architecture to seven- or eight-year-old children it is the same thing as teaching sex in the first class of a primary school.

I think that we could give on the upper level quite good education, but I think it should not go the same way as ordinary art critism. We may lose our horizontal line if it goes that way. The art critic is today about 100 years old. The habit of writing critical articles about single artists may not be much older. It is growing in the Press and it will continue in the same way. It will just be criticism of individual cases, and the real line will be lost. The real line is to plan and to build for the little man, for his benefit.

We may find that the best methods are real examples. Let's say, we should do a little group of housing and so on, as experiments, and let people see them.

We are working in a very unlucky field in the sense that we do not first have laboratory time before building.

We are the only ones in the modern industrial world who have to have the design and directly build it. There should be a laboratory period between those two things. It can be made individually but

every civilised country should always have a programme of experimental cities and experimental buildings

as a real nation. England has had things like that from very early on. We could talk of Raymond Unwin, or the Weissenhof in Germany where there was culminating art, individual art, but it was not really meant as a laboratory period between. I do not think we can really educate people on how they should live without having that sort of thing.

Let us take as

the second thing the mechanisation, the standardisation,

in our time. You all know of the mechanisation of all our lives; it is part of democracy. It is the only way to give more people more things. But we know that at the same time mechanisation and standardisation often bring down the quality. This means that biologically democracy is a very difficult process. We cannot give to everybody the same quality as we can give to a few people, as was done in the past.

Once Madame Aalto, beyond the seven seas, had a discussion with a great industrialist. He said that he had a wonderful new idea of real rationalisation in a field where no standardisation, no rationalisation existed before. He said: 'Have you seen how many steamships and boats are transporting coffee from Brazil to other countries? It is an unpractical way. Coffee is a natural product and is not a rationalised product.' He had thirty patents covering a method of pressing 1 m³ of coffee into one little pill which would reduce the tonnage of ships required for its transport to 5 per cent of those used. It really was wonderful rationalisation. It was a really great result of human thinking. But Madame Aalto asked: 'What about the coffee – how does it taste?' And the reply was: 'Oh, that is the one bad thing, it doesn't taste correct!'

That, in a nutshell, shows the enormous difficulties that we have, in keeping every man in the street on the same level and giving him equality. It is even more difficult when we go from material qualities to qualities of the spirit. There the world looks very bad today.

But there are possibilities of using standardisation and rationalisation for the benefit of the human being.

The question is, what should we rationalise and what should we standardise?

We could make standards which raise the level not only of the living standard but the spirit too. One very important thing would be if we could create an elastic standardisation, a standardisation which did not command us, but one which we would command.

Slowly, slowly there is more and more mechanical dictatorship over us.

We cling to philosophical methods, and in this case, if we would command the material, the philosophy's name is architecture and nothing else, and we could create a standardisation which would have human qualities. We could try things which give more to human beings. It does not matter how much electric cables or the wheels of motor-cars are standardised; but when we come to the things which are close to us, the problem is different – it becomes a question of the spirit, it becomes a question of the intellectual paragraph in the standardisation.

Once I tried to make a standardisation of staircases. Probably that is one of the oldest of the standardisations. Of course, we design new staircase steps every day in connection with all our houses, but a standardised step depends on the height of the buildings and on all kinds of things. We cannot use the same step over all, because it has to be elastic enough to be put in everywhere. We tried to solve the matter by an elastic system in which the steps were going in each other, but in such a way that the proportion of the horizontal plane to the vertical plane always kept the formula which we have had since the time of the Renaissance, I think, from Giotto, and even earlier from the Periclean time. For the movement of a human being there is a special rhythmical form. You can't make a step how you like; it must be a special proportion. I spoke about that in the University at Gothenburg. The Rector said: 'Stop for a while, I want to go to the library.' He went downstairs to the library and came out with a book – Dante's *Divine Comedy*. He opened it at the page where it says that the worst thing in the *Inferno* is that the stairs had wrong proportions.

It is from those little things that we should build up an harmonious world for the people.

There are possibilities if everybody would try to do that and would try to get the people who are in the administration to just follow our line.

I will take one thing more; it is that we are working always with very large sums of money. Everything we do means a large investment. City planning probably is the biggest. Simply to change the traffic is today such an expensive thing that people cannot politically get to the point of changing it. We know today that the little man on the street has automobiles all around him. Every minute, even in the smaller towns, hundreds of motor machines are passing the pedestrian. He is in a much worse position than the engineers staying in a paper factory eight hours per day. In a paper factory generally there are no motors, only electrotransmissions, and if there are motors, there are very few. But on the street there are hundreds passing one all the time. Our streets and cities were designed for completely different purposes – as was the nice Boulevard Italien, for horse traffic. Now it's full of automobiles – and we know that they are not neutral. They are putting out a very dangerous heavy gas which lies on the streets. Almost all of my friends in the higher medical level think that today we are paying a very high price for our inability to build a new traffic system in which pedestrians and automobiles are far away from one another, not to speak of housing and living – which should be very far from that. The answer is cancer.

The price that we pay for our streets is in the bills for the enormous hospitals which all over the world we build today.

Then there is our old enemy, the speculator in real estate. That is the enemy number one of the architect. But there are other enemies too who may be even more difficult to defeat. For instance, we have in my country – and there are other forms in other countries, for in this matter we are all on the same level – the theoretical line of building economy, which is popularly said in this way: 'What form of house is most economical?' If we have, let us say, a five-floor, a six-floor, an eight-floor block of flats, there is the question, 'How thick should it be? How long? What is the cheapest way we could give people the badly needed dwellinghouses?' Of course, this may be called science. But it is not. The answer is very, very simple – the thickest house is the cheapest. That is clear.

One can go farther and say that the most inhuman house is the cheapest,

that the most expensive light that we have is daylight – let us keep that out, and then we get cheaper housing. The most expensive thing is fresh air, because it is not only a question of ventilation, but also a question of city planning. Fresh air for human beings costs acres of ground and good gardens and forests and traffic and meadows.

Real building economy cannot be achieved in this ridiculous way. The real building economy is how much of the good things, at how cheap a cost, we can give. It is the same in all economy – the relationship between the quality of the product and the price of the product. But

if you leave out the quality of the product, the whole economy is nonsensical in every field,

and it is the same in architecture too.

That sort of line is very suitable for propaganda; propaganda in which the word 'economical' is used wrongly, is antihuman. Sometimes it goes so far that it is completely vice versa. I know of schools which are turning out stuff on this sort of propaganda line which is probably cheap in figures but per child very expensive.

Let me take something more from these groups. I jump from the economic consideration to **the question of decoration.** We all know that there is an independent decorative life in the world. There is industrial art which has no relationship to the mother, to architecture. It is decoration that you can put everywhere.

It is a very comical thing that wrong rationalisation, rationalisation made antihuman, the wrong use of the word 'economic' and decoration, are the *trois cochons* – they work together. A week ago in Switzerland I saw large lines of buildings made to a mechanical standard without any spirit, but in good marriage with the decoration. The decoration was there to cover the things which otherwise would look too hard and too inhuman.

But this triangular activity leads to an uncultured society and non-cultural buildings – this combination of three things which do not belong together. We get an unorganic society. We should work for simple, good, undecorated things, but things which are in harmony with the human being and organically fitted to the little man in the street.

Lecture held at The Royal Institute of British Architects, published in 'The R.I.B.A. Journal', May 1957, p. 258

The Relationship between Architecture, Painting, and Sculpture

On the synthesis of architecture, painting, and sculpture: the first thing that comes to mind on this subject is an example from an art school I know. For a competition a student of architecture, a painter, and a sculptor were to design a bathroom together. Naturally it would not occur to me to offer such a naïve interpretation of the synthesis of architecture, painting, and sculpture. That three different people should be employed on one and the same work of art has not much to do with the interplay of the three art forms. The weight is shifted from the art to the person. A dangerous confusion of the work of art and the person takes place. In extremely rare cases it may of course happen that under a particularly lucky star team work may lead to a very satisfactory result; it is more likely, however, that among the people working together there is no real artist. To my mind it is better if there are three artists in one person than none at all in three people.

In his friendly talks Fernand Léger often used the term 'chef d'orchestre' to describe the architect. The arts form an orchestra with the architect in the role of conductor. This approach already brings us a little closer to the harmony of the three art forms. In earlier times it was inconceivable to try to separate the three arts and architecture so to say formed the point of focus. Today, however, architecture is no longer so closely related to the other two arts, although painting and sculpture often require a certain spatial composition.

There must, however, be a deeper connection between the three art forms.

In order to get closer to this connection I should like to describe two steps in the creative process behind a work of art both of which, in my opinion, are common to all three art forms.

In architecture one can reach a formal solution through imagination and intuition, i.e. one can more or less dream up the central motif.

Imagination and intuition are also essential to form a whole out of the many and often conflicting elements (material, social, economic) which are contributary determinants in architecture.

But instinct and imagination alone create nothing more than visions. Even if the first idea should nearly always prove correct, it is still essential that one tackles the material.

Through application the ideas will become more concrete and realistic.

The idea only becomes reality once pen has been put to paper; this is the essential second step towards the realization of architecture.

The case is very similar for painting and sculpture. Naturally one can dream the paints onto the canvas, as it were, but a painting is only created when one really begins to use both paint and brush, in other words, when the dream is turned into reality. Braque once said: 'The greatest delight in painting is that one never knows what will happen. One starts something and this grows, and the result is quite different from what one had expected.'

In these two steps in the process of creating a work of art, first the imagination and then the realization through the material, we can see a deeper connection between the three art forms than simply the fact that they occur together. It is a connection that is embedded in the subconscious.

One cannot translate a painted or sculptured shape into terms of architecture, since both the former are free of economic and social elements. Hence it is not the case that, independent of the important responsibilities in architecture, one first finds a shape only to follow this up by then forcing the necessary functional requirements into it. But the reverse process, too, of turning architecture into painting or sculpture, seems to me impossible. The following once happened to me: As the motif for a painting I had chosen a town planning project. When I started to paint, however, and as I grew more involved with my subject, it turned into something quite different. It was impossible for me to turn the architectonic shapes into painted ones.

The connection is to be found elsewhere. A painted shape can inspire architecture without being taken over directly. This relationship, however, is hard to grasp. What kind of program does architecture in fact have? Its basis, after all, should be human life. Man moves and lives in it, and works in it daily. One can therefore say that the basis of architecture is to be found in a more or less bio-dynamic process. Architecture must be built around this process to form a kind of shell, but a shell with interiors and all those things that form a part of them. This makes it clear that it would almost be inhuman to create the shape first and then to fit in the bio-dynamics afterwards.

> What you have just said could be understood to mean that the shape is a result of the practical requirements, as if pure functionalism were still valid.

Originally the functional shapes were a combination of ideas that were intended to come from human life; later on, the emphasis was laid on formalism, and what was then created could no longer be regarded as a result of an analysis of human life. This can, above all, be observed in public buildings.

> But what happens in the case of shapes which one has tried to derive directly from the practical requirements? I feel that in your work particularly one notices that there is more than simply the shape which is adapted to the practical requirements.

Yes, that's true – but whether these 'functional' shapes are correct depends on what one understands by practical requirements and how deeply one analyses human life.
As I have already mentioned the three art forms, architecture, painting, sculpture, are connected or interrelated because they are an expression of human intellectuality based on 'materia'.

> What is your definition of 'materia'? Are you simply concerned with it in the sense of materials, i.e. as a medium to create the visible shape, or do you see it in its broader, philosophical sense, and therefore use the Latin word?

Naturally for me it chiefly means 'materials', and yet I think of the word 'materia' in a broader sense in which the purely material activity is closely connected with an intellectual process.

A great number of the principles of human culture are based on 'materia'. I should even say that this marvellous word 'materia' is what unites the three art forms, i.e. architecture, painting, sculpture.
It is not through simple sketches and superficial similarities in shape that they influence each other, but through 'materia': an intellectual analysis of the chosen material.

In my work I have seen no other relationship between the three art forms than the material one. Whether I draw sketches, do them in watercolors or in oils is, for me, an experimenting with different materials. It is possible, for example, to use oils in such a way that the results can range from a flat surface to relief. This is a result of the thick texture of the paint. For me, painting in oils is a combination of colour and relief. With watercolors I have to confine myself entirely to the color composition but there too, there is a material union, and that is of paper, water, and the mixing of colors. This 'working with materials' is of great importance to the architect. I, for example, would have to overcome great difficulties if I had to make a wood sculpture without taking the texture of the wood, the natural grain, into consideration. For me the wood with its specific character and its grain is the starting point for the later shape. The material, this intellectual challenge it offers, the 'materia' in fact, is the substance which unites all three arts.

The material is a link. It has a unifying effect. All art forms are based on material, and the nature of the materials must be understood and respected. The dependence within 'materia' leaves all the possibilities open to create a harmonious synthesis for, in effect, all three categories are the same, the same in approach and even result, that is if we are prepared to look for the deeper relationship. Art is a continual process to allow the materials to express themselves, though not for art's sake, but in order to meet human requirements.

The materials that the three arts use to make their statement have already been in existence for milleniums. They are as old as human culture itself, if not older, according to which age we regard as representing the beginnings of human culture. The word, both spoken and written, has an immediate effect on a person, materials, on the other hand, 'speak' more slowly; perhaps this explains why the materials that we still use are so old. They need a long period of development before they can become effective in human culture. From the point of view of the artist, too, the materials are in a continual process of development, during the course of which he always discovers in nature new possible combinations.

Perhaps the progress of material art in particular is so incredibly slow in order to allow the natural materials to adapt themselves to man and his culture which they serve.

It is **wood**, the natural material, which is closest to man, both biologically and also as the environment of original forms of culture. Man already used this comparatively easily workable material very early in order to fashion the world around him, and one may assume that wood played a decisive role in culture, even before language. In use, too, wood adapts itself to man's life-span. Wood, the original material for the earliest buildings and the starting point for the genius of construction is in many countries the most popular, natural material, even in the twentieth century. My colleagues often speak of wood as the natural material in my nordic country. This is not quite true. In cold countries one no longer builds so much with wood, for almost every Finnish town has burnt down at least once because it was built of wood. Naturally I use wood, but not for sentimental reasons; and my architectural designs are usually not of wood. However, as an old material it is available to man in its age old tradition, and ready for use; not only for purposes of construction, but also for psychological and biological ones. It certainly does not deserve to be disregarded on account of the new materials that offer more variety. Professor Edward Thonsel of Denmark once said: 'So many people believe that modern architecture is dependent on the new, synthetic materials, but one can build completely modern buildings with the old ones, too.' For my part I can only welcome this comment for I, too, am of the opinion that the mystical term 'modern architecture' is not simply identical with plexi-glass and plastic products. For me wood is a biological rather than a popular material; I look at working with it in a different way than one did in the Middle Ages, for example. At that time in the north, wood was used for sculptures: one was acquainted neither with Carrara marbles nor with bronze. The figures were cut out of the wood as if it were a neutral substance. For me wood is not a neutral substance, but more: it is a living material that has arisen out of a growing fiber, roughly in the same way as human muscles. For this reason it is impossible for me to cut figures out of wood as if it were cheese. The inner structure of the fiber, the grain, always plays a part; here I cannot apply force. Thus my wooden shapes (at least this is what I try to do) always follow the natural structure of the wood. I once gave one of my wood structures to a friend of mine, one of the great physicists of our time. Shortly afterwards I very unexpectedly received a letter from him in which he wrote: 'I have just finished a study on molecules and I find it probable that there are no individual molecules at all, but only chains of molecules, and the grain in wood is an enlarged symbol of this.'

Natural stone: As examples let us take granite from the Alps which is an original material in many countries, and marble from Carrara, an original stone with monumental architectural shapes. Stone is also a natural product, only much older still than the trees growing around us. But one cannot work on these ancient materials without a feeling for the material. The different kinds of porosity require different architectural as well as different sculptural shapes. The 'biological phenomenon' in stone is perhaps not as apparent to us as that in wood, but it exists. I have seen marble façades that looked as if they were made of white sheet metal because the material had been misunderstood. Hence here too, shapes must be a result of the correct use of the structure of the material and even of the delicate colour.

I am always impressed by **metal,** let us say bronze, bubbling at several thousand degrees. In this state of excessive heat the metal takes on shapes which are different from those formed when it is poured into plaster-casts. Metal alloys are younger materials discovered through man's technical skills, but which, nevertheless, have a shape in the 'status nascendi', that, in turn, should have an influence on the artistic use to which they are put.

I should like to mention one more thing: colour. Colours are dependent on materials and to some extent determine shapes. Oil paint, one of the youngest materials in classical art, does not only provide colour. On the contrary, it is a material which, because of its thick texture, allows a three-dimensional relief effect.

Every year new synthetic materials are being produced in semi-industrial and industrial fields. But 'material' requires time, and not all of the new materials are mature enough to be used fully for human purposes.

Modern architecture does not mean using immature new materials; the main thing is to work with materials towards a more human line.

From a discussion with Alvar Aalto in February 1969

Auswahl aus den Schriften von Alvar Aalto

Die Einwirkung von Konstruktion und Material auf die moderne Architektur

Baumaterialien und Konstruktionen wirken nicht einseitig und direkt als solche auf die Architektur ein.

In uralten Zeiten – Mykonos – oder in noch früheren Zeitaltern, als die Möglichkeiten der Materialbehandlung noch nicht vorhanden oder nur gering waren, begrenzte die Natur selbst, der einzige Materiallieferant, die verschiedenen Möglichkeiten des Bauens. Die Architektur primitiver Zeiten könnte man sehr gut ‹Genius der Entdeckung› nennen. Man mußte ja damals, als die Veredlungsmöglichkeiten noch fehlten, die Baumaterialien direkt aus der Natur finden. In Frage kamen hauptsächlich passende Steinblöcke, Baumstämme, Tierhäute usw. Architektur machen bedeutete, diese Materialien in richtiger Zusammensetzung anzuwenden.

Diese primitive Kunst ruft in uns merkwürdige Bewunderungsgefühle wach, erkennt man hier doch am deutlichsten die ersten bescheidenen Siege des menschlichen Intellekts über die rohe und reine Natur. Hier können wir ohne weiteres von direkter und einseitiger Einwirkung der Materialien und Methoden auf die Architektur, ja sogar von einer Art schonungsloser Korrelation sprechen.

Mit dem Fortschreiten der Entwicklung können wir die Ursache und ihre Folgen nicht mehr so deutlich auseinanderhalten. An die Stelle der ‹direkten Naturstoffe› treten die Baumaterialien, die nicht mehr eine ursprüngliche und unentwickelte Materialgruppe bilden, sondern einem veränderlichen Bearbeitungsvorgang unterworfen sind, der innerhalb des architektonischen Prozesses entstanden ist und immer wieder entstehen wird.

Die Architektur hat also gewissermaßen ihre Materialwelt und ihre Methoden selbst erzeugt und geschaffen.

Im Grunde genommen ist die Architektur nicht nur eine Menge fertiger, konstruierter Resultate, sondern in viel höherem Maße ein vielschichtiger Entwicklungsprozeß, in dessen Ablauf mit der Hilfe innerer Wechselwirkungen unaufhörlich neue Lösungen, neue Formen, neue Baumaterialien und ständige Veränderungen der konstruktiven Gedanken erzeugt werden.

Wäre es aber nicht gerechter, wenn wir, statt über die Einwirkung von Materialien und Konstruktionen auf die Architektur zu reden, ganz bescheiden diesen inneren Prozeß erforschen würden und darin den Weg der da geschehenden Entwicklungskurve zu finden versuchen? Ihre Form in der Vergangenheit, in der Gegenwart und auch in der Zukunft erlaubt uns, für das Bauen in unserer Zeit praktisch wichtige Schlüsse zu ziehen. In dieser Forschung können wir eine Gruppierung nach gewissen Materialien und Konstruktionen vornehmen.

In den primitiven Zeiten war das tragende Skelett beinahe das einzige Problem und auch das Grundelement der damaligen Architektur.

Mauern, Löcher und das Balkenwerk bildeten nahezu die ‹ganze Architektur›. Noch verhältnismäßig spät – in der hellenischen Zeit – waren die meisten Details und Detailgruppen auf ihre Art nur geringfügige Auswüchse des Skelettes und von diesem oft geradezu untrennbar. Von Mykonos bis Parthenon haben wir gesehen, wie das Balkenwerk aus Natursteinen ähnlich wie die Steine in den dicken Wänden behandelt wurden, und die meisten Spezialprobleme waren gleichzeitig mit der Fertigstellung des eigentlichen Skelettes gelöst.

Heute dagegen ist das einzige Grundelement der damaligen Architektur – das Skelett – zum Beispiel auf ein leichtes Eisengerüst reduziert, und die Anfertigung dieses Gerüsts bedeutet nur einen kleinen Teil der ganzen Bauaufgabe. Es mag sein, daß eine solche Eisenkonstruktion durch ihren Charakter der Zeltkonstruktion primitiver Zeiten ähnlich ist, dennoch unterscheidet sie sich in einem bedeutenden Punkt:

Das Skelett des modernen Bauwerkes ist oft nach seinem Volumen, vor allem aber nach seiner Bedeutung, sicherlich immer der kleinere Teil des ganzen Bauwerkes als früher. Während aber die Bedeutung des Skelettes zurückgegangen ist, nehmen im architektonischen Prozeß Probleme und neue Grundelemente seinen Platz ein.

Im menschlichen Kampf gegen die Natur bemerkt man zu allen Zeiten sehr deutlich das bewußte Streben, ein vorliegendes Problem so zu behandeln, daß seine Bedeutung und die das Leben behindernde Wirkung vermindert werden, sobald die richtige Lösung dazu gefunden ist. Wenn wir die Architektur so betrachten, also als einen Teil des Kampfes zwischen Mensch und Natur, entdecken wir ihren deutlichsten inneren Charakter: Die systematische und ständige Variabilität. In ihrem inneren Prozeß nehmen die Probleme und damit auch die Anzahl der architektonischen Grundelemente ständig zu, und gleichzeitig verlieren die früher vorherrschenden Fragen an Bedeutung. Daraus folgt, daß die ‹naturgemäße Variierung des Themas› eine von den eigentlichsten Grundeigenschaften der Architektur ist und sie zu beachten auch für unsere heutige Arbeit eminent wichtig ist.

In der Architektur, in den neuesten Beispielen unserer Zeit nicht etwa vermindert, gibt es einen Formkonservatismus, der versucht, auch den Inhalt sehr verschiedener architektonischer Aufgaben formal zu vereinheitlichen. Das so zum Vorschein kommende Mißverständnis des Stilbegriffs der ‹einheitlichen Gestaltung› ist weitverbreitet und eines der größten Hindernisse für das Zutagetreten der innersten Eigenschaften der Architektur. Um ihrer Aufgabe gerecht zu werden – an der Lösung umfassender humaner, sozialwirtschaftlicher und psychologischer Probleme mitzuhelfen – muß der Architektur sowohl innerlich als auch formal eine möglichst große Bewegungsfreiheit eingeräumt werden. Jeder äußerliche, formale Zwang – mag es eine eingewurzelte Stiltradition oder eine durch Mißverständnis über die moderne Architektur geborene oberflächliche Vereinheitlichung sein – hindert die Architektur, mit ihrer vollen Kraft am menschlichen Lebenskampf teilzunehmen und vermindert so ihre Bedeutung und Intensität.

Schematische Formen als Hindernisse der realistischeren Architektur haben natürlich viele Gründe. Einer von ihnen muß hier besonders erwähnt werden: Die Stadtplanung und ihre Vorschriften. In der modernen Stadtplanungstechnik treffen wir zu viele Vorschriften an, die zum voraus, schon vor der Entstehung des eigentlichen Gebäudes, die Eigenschaften des zukünftigen Baus festlegen und begrenzen. Die Stadtplanungstechnik ist hier zur Baupolizei geworden, die viel zu tief in das Gebiet der Architektur selbst eingedrungen ist und hindernd gegen das Wesen der Architektur und dadurch auch gegen die Möglichkeit, ihre Aufgabe zu erfüllen, gerichtet ist.

Daß sich das erste Grundelement der Architektur – das tragende Skelett – so charakteristisch verändert hat, bedeutet, daß wir heute, beim Lösen einer Bauaufgabe, unter sehr viel zahlreicheren Lösungsmöglichkeiten auszuwählen haben. Das bedeutet aber auch, daß die Feststellung der Baueigenschaften zum voraus entsprechend schwieriger geworden ist. Die planerische Regelung und die Gesetzgebung, die dem asozialen Gebrauch des Bodens entgegenwirken sollen und zu diesem Zweck die Höhe, das Volumen, die Lage und oft sogar die Form des zukünftigen Gebäudes bestimmen, haben sich in ihrer Aufgabe geirrt und sind, statt die Entwicklung zu stimulieren, zu einem Hindernis geworden.

Oben habe ich ein architektonisches Element erwähnt, dessen Entwicklungsphasen von den primitiven Anfängen an zu verfolgen sind. Wir werden sehen, daß auch andere und später in die Architektur gekommene Teile auf den gleichen Entwicklungsgang hinweisen. Die Isolationsfragen bilden den zweiten großen Faktor in der Architektur. Wir wollen diese Fragen so untersuchen, daß die Isolation in allen Bedeutungen erfaßt wird, von den Isolationen gegen die Naturgewalten bis zu den Isolationen zwischen Menschen und Menschengruppen.

Die Isolationsfrage war anfänglich ein Problem der Stadtplanung (weil die Mittel fehlten, wurden am Anfang alle Isolationsfragen beinahe ausschließlich durch die Wahl der Baustelle gelöst), aber die Entwicklung hat uns eine Unzahl von Materialien und Methoden für das technische Lösen solcher Probleme geliefert. Die Wasserdruckisolation gibt uns die Möglichkeit, immer tiefer in den Boden einzudringen. Die vielfachen Kombinationsmöglichkeiten der Isolationsmaterialien haben mit der Zeit die Konstruktion des Daches so verändert, daß unter anderem das Flachdach unabhängig von den Breitengraden geworden ist. Der Grundriß ist von den Vorschriften der Dachplanung befreit worden. Die Überdachungsfrage ist von einem wichtigen Problem zu einem elastischen und sekundären Faktor reduziert worden, der unzählige neue Möglichkeiten für früher unbekannte Grundrisse erlaubt. Viele Stoffe, mit denen man den Wirkungsgrad der Schallisolation erhöhen kann, haben es uns möglich gemacht, die Leute näher aneinander zu gruppieren, ohne daß dabei Nachteile auftreten. Das Obenerwähnte ist ein Beweis mehr für die innere Unbeständigkeit der Architektur.

Wenn wir hierzu noch einige andere Elemente untersuchten, sagen wir zum Beispiel alle beweglichen Teile des Gebäudes, wie Fenster, Türen, oder die Oberflächenbehandlung so betrachteten, daß wir ihre Skala von den Abnutzungsflächen bis zu solchen Flächenmaterialien beobachteten, mit denen eine wirksame Schalldämpfung erreicht wird, kämen wir zu einer Einsicht, die in die gleiche Richtung weist:
Wenn die Anzahl der industriell gefertigten Baumaterialien, der Standardteile und der Methoden zunimmt, vermehrt sich auch die Anzahl der verschiedenen Kombinationen und damit auch die Bewegungsfreiheit jeglicher Bauplanung.

Eine eigene Gruppe bilden die Montagearbeiten im modernen Gebäude. Die Probleme, nach deren Lösung sie zielen, sind an sich alt, aber von ihnen kann man ganz besonders sagen, daß sie sich von ihren alten Bedingungen trennen und damit die innere Freiheit der architektonischen Planung erhöhen. Ich nehme nur ein Beispiel: die Heizung. Wir haben uns heute ausnahmslos an die Zentralheizung gewöhnt. Die Berechnung der Wirtschaftlichkeit einer solchen technischen Anlage zeigt, daß man sie nicht nur im Rahmen eines mittelgroßen Gebäudes am vorteilhaftesten verwirklichen kann. Hier, wie auch in anderen rein technischen Fällen, existieren klar bestimmte Konzentrationstendenzen. Ich selbst habe eben eine Anlage fertiggestellt, in der mehrere einzelne Gebäude durch eine Bodenkanalkombination mit demselben Wärmezentrum vereinigt worden sind, eine Technik, wie man sie schon in verschiedenen Teilen der Welt angewendet hat.

Es ist selbstverständlich, was das zum Beispiel für die Stadtplanung bedeutet: Grundstück- und Quartiergrenzen können nicht gleich gut zum voraus bestimmt werden, sie bleiben abhängig vom Heizungssystem zwischen den verschiedenen Baugruppen und in noch höherem Maße von der gegenseitigen Lage der Gebäude. Wenn gleichzeitig mit einem solchen System die Möglichkeit der elektrischen Heizung vorhanden ist, die ihrerseits die gegenseitige Lage der Gebäude von den wärmetechnischen Abhängigkeitsverhältnissen befreit, ist das nur wieder ein Hinweis für die erwähnte ständige Veränderung in der innern Welt der Architektur.

Noch einer Erscheinung in der Architektur muß man sich in diesem Zusammenhang erinnern: des ältesten und zugleich auch neuesten Verfahrens, der Standardisierung. Standardisierung hat es schon immer gegeben. Als einer der wichtigsten Faktoren hat sie Planmäßigkeit auch in der Architektur geschaffen. Unter Standardisierung versteht man oft eine Methode, die Gleichförmigkeit und Formalismus hervorbringt. Es ist klar, daß dies nicht stimmt.

Die wahre Standardisierung muß so gehandhabt und entwickelt werden, daß die standardisierten Bauteile und Rohmaterialien Eigenschaften aufweisen, aus denen eine möglichst große Menge verschiedener Kombinationen resultieren wird.

Ich habe früher einmal behauptet, daß das beste Standardisierungskomitee der Welt die Natur selbst sei, aber in der Natur tritt die Standardisierung ja vor allem und beinahe ausschließlich nur bei den kleinsten Einheiten auf, den Zellen. Dies hat Millionen von elastischen Verbindungen zur Folge, in denen kein Formalismus zu finden ist. Daraus folgen auch der enorme Reichtum und die ewige Abwechslung der organisch wachsenden Formen. Denselben Weg muß auch die architektonische Standardisierung beschreiten.

Im Gegensatz zu der Vorstellung, die in den stabilen Formen und in der Homogenisierung der neuen Formen den einzigen Weg zur Harmonie der Architektur und der mit Erfolg disponierenden Bautechnik sieht, habe ich mit all dem oben Erwähnten versucht, die dem naturgemäßen organischen Leben ähnliche Variierung und das Wachstum als die tiefste Eigenschaft der Architektur zu unterstreichen. Ich möchte sagen, daß dies schließlich der einzige wirkliche Stil der Architektur ist. Wenn ihm Hindernisse in den Weg gelegt werden, verkümmert und stirbt die Architektur. Weil wir heute an den Nordischen Bautagen versammelt sind, mit andern Worten an einer Tagung, deren Zweck es ist, die Möglichkeiten für bessere Resultate in allen bautechnischen Belangen zu schaffen, können wir mit gutem Grund versuchen, Verhältnisse zu beseitigen, die der guten und erfolgreichen Architektur im Wege stehen. Ich komme wieder zur Stadtplanung zurück. Auf Bautagen könnten die Vertreter der verschiedenen Länder jeder für seinen Teil dahin wirken, daß alle die Architektur begrenzenden Planungskonzepte, die sich auf die Vorstellung stützen, die Architektur sei ohne Wachstum und innere Variabilität zu verstehen, durch entwicklungsfähigere Systeme ersetzt werden.

Das stadtplanerische Entwerfen muß so gesteuert werden, daß zum Beispiel Wohnung, Gebäude und Baugruppen immer ganz frei jene Lösung bekommen können, die eine natürliche Folge aus ihrer Entstehungszeit ist. Die gegenseitige Gruppierung der Gebäude soll sich frei aus den jeweilgen Bedürfnissen entwickeln können, und alle Vorschriften, die auf oberflächliche, formale Gleichartigkeit hinzielen, müssen abgelehnt werden. Unsere Gesellschaft soll sich Grad um Grad aus freien Baugruppen weiterentwickeln, deren gegenseitiges Verhältnis sowohl ästhetisch als auch praktisch geordnet ist. Die Stadtplanung soll, statt Formalismus, wahre Freiheit für das Wachstum ermöglichen, sie soll ein elastisches System sein, durch welches das Wachstum der Gesellschaft möglich wird, und sie soll als Ziel zunächst nur physiologische, soziale und psychologische, die menschliche Gemeinschaft beschäftigende Probleme kennen.

Vortrag anläßlich der Nordischen Bautage in Oslo 1938, publiziert in ‹ARK›, 1938, 9, S. 129–131 (in finnischer Sprache).

Wiederaufbau nach dem Krieg

Aus psychologischer Sicht entwickelt sich der Drang nach Wiederaufbau aus dem tiefsten Instinkt des menschlichen Wesens, als realer Protest und als Symbol des Lebenswillens.

Alle Kriege, seien sie erfolgreich oder nicht, hinterlassen gewisse negative psychische Spuren in der Bevölkerung. Der humane Wert des Dranges nach Wiederaufbau als Antithese zum Vernichtungswillen des Krieges ist aus den Erfahrungen in Finnland klar zu ersehen. Daher bestätigt sich von zwei Seiten her – praktisch und psychologisch gesehen – der Wille zum Aufbau in Finnland.

Am Ende des letzten großen Krieges wurde die zunehmende Notwendigkeit des Wiederaufbaus erfaßt. Die qualvoll langwierige Aufbautätigkeit in Belgien und Teilen von Frankreich trug einiges zu Epidemien und anderen Leiden der Nachkriegszeit bei. Heute ist es die Pflicht jenes Landes, das zuerst von diesem Krieg betroffen wurde und das als erstes aus ihm herauskam, den Weg für die Zukunft zu weisen. Dies bedeutet, daß

Finnland als erster Ort für Experimente dienen soll, für Forschung und Erfahrungen in der menschlichen Tätigkeit, die wir heute Wiederaufbau nennen. Es ist die Verpflichtung dieses Landes der Menschheit gegenüber,

und es ist die Pflicht der übrigen Länder, ihr möglichstes beizutragen, daß sich diese Erfahrungen erfolgreich und international wertvoll gestalten.

Wiederaufbau nach dem Kriege unterscheidet sich von der normalen Entwicklung eines Staates dadurch, daß diese Bautätigkeit an das Problem eines gewaltigen Bedarfes gebunden ist – das Bedürfnis nach höchster Eile, kombiniert mit einem außerordentlichen Arbeitsanfall. Die Bautätigkeit der Nachkriegszeit unterscheidet sich ebenfalls von normalen Hilfsprogrammen und von der Rotkreuztätigkeit, weil es hier absolut nichts Provisorisches geben darf. Was unter dem Druck von Zeitnot errichtet wird, muß Grundstein für eine permanente Gemeinschaft sein – nichts rein vorübergehender Natur darf in Betracht gezogen werden. In gewisser Weise erinnert die Wiederaufbautätigkeit an die Kolonisation in früheren Zeiten, nur daß hier die Zivilisation schon besteht, obwohl ihr materieller Kern zerstört ist und erneut aufgebaut werden soll. Auch gestalten sich die Faktoren Zeit und Ausdehnung anders als im Falle der Kolonisation, denn heute ist die Zeit zum Wiederaufbau äußerst beschränkt, und der mengenmäßige Bedarf ist vergleichsweise gewaltig.

Die Notwendigkeit für sorgfältige Forschung und Organisation ist unbestritten, wenn die Verpflichtungen erfolgreich zu erledigen und die Tragödie des Krieges so zu beschränken sind, daß wichtige Elemente unserer Zivilisation vor der Zerstörung gerettet werden können.

Eine kurze Zusammenfassung soll uns zeigen, wie schwierig diese Probleme zu lösen sind, und welche Schwierigkeiten die Organisation des Wiederaufbaus mit sich bringt. Jedes kriegsführende Land muß sich mit diesen Fragen befassen; die Notwendigkeit dazu wächst mit den Zerstörungen des modernen Krieges. Konzentrieren wir uns auf einen kleinen Teil dieses Problems, auf die Zeitnot. In direkter Antithese zu guter Bautätigkeit steht das Bauen unter Zeitdruck. Das augenblickliche Bedürfnis liegt darin, so schnell wie möglich Unterkünfte für Menschen bereitzustellen. Hier zeigt sich wieder die Parallele zu den Problemen der ersten Kolonisten. Wir wissen, daß die Leute damals Baracken bauten. Diese erwiesen sich jedoch als nutzlos im organisierten Leben und wurden bald durch andere Gebäude ersetzt. Sogar diese ‹zweiten› Städte konnten den Ansprüchen auf die Dauer kaum genügen, und so wurden ‹dritte› Städte gebaut. Wie unwirtschaftlich ist dieses Erneuerungssystem!

Auf der anderen Seite haben wir Beispiele von Staaten, die ver-

suchten, eine vollständige Stadt auf Anhieb zu bauen. Beispiele dafür finden sich im ersten sowjetischen Fünfjahresplan, und es ist kein Geheimnis, daß dieser in bezug auf das Bauprogramm nicht erfolgreich war.
Es muß ein drittes System geben, das in kürzester Zeit alle unmittelbaren Bedürfnisse der Bevölkerung befriedigt. Gleichzeitig sollte sich dieses System – ohne Zerstörung der Provisorien – so entwickeln können, daß es einer zivilisierten Bevölkerung später in jeder Hinsicht volle Dienste leistet.

1. Die Gemeinschaft ist so zu planen, die Häuser sind so zu bauen, daß der frühere Lebensstandard der Bevölkerung stufenweise erreicht wird.
2. Da die Wohnungsnachfrage so gesteigert ist, müssen zuerst einfache Häuser mit elementarsten Einrichtungen konstruiert werden. **Jedes Haus soll jedoch so geplant sein, daß in der nächsten Bauetappe bessere Qualität erreicht wird,** ohne vorherige Zerstörung des Skelettes. In anderen Worten: vorerst beschaffen wir den Leuten ein Dach und Wände, darauf folgen Heizung und Beleuchtung, und drittens bessere sanitäre Anlagen. Auf der nächsten Stufe werden bessere Materialien verwendet, und der letzte Schritt führt zum vollständigen modernen Haus als abgeschlossener Einheit einer modernen Stadt.
3. In der ersten Etappe werden viele Einrichtungen, wie z. B. Wasserversorgung, Bäder usw., kollektiv angelegt; später sind eigene Installationen für jedes Haus vorgesehen.
4. Wie in einer Stadt können auch im einzelnen Haus die meisten Elemente Schritt für Schritt gebaut werden. Doch soll das Haus als elementarer Schutz für das Individuum dienen, während die Gemeinschaft für die ganze Bevölkerung sorgen muß. Die Finanzierung eines solchen Programmes stünde mit dem Wiederaufbau in Einklang. Anfangs sollen die Bewohner niedrige Mieten entrichten; mit jeder neuen Bauetappe ist diese zu erhöhen. Das System würde auch der vorübergehend durch den Krieg gesenkten Lebenshaltung Rechnung tragen, und die Lebenshaltung wird sich proportional zum Fortschritt des Wiederaufbaus erhöhen.
5. Zur Verwirklichung dieser Idee sind ein spezielles Programm und ein technisches System für Städteplanung und Wohnungsbau unerläßlich. Das System muß schrittweise auf die Möglichkeiten zur Beschaffung von Baumaterialien abgestimmt werden. Auch in dieser Hinsicht bietet sich schrittweises Bauen als einzige Lösung an.

Schließlich benötigen wir ein Sonderprogramm zur Durchführung dieses Planes. Amerika litt nie unter Materialschwierigkeiten. Finnland erlebt heute eine Knappheit, die den fehlenden Transportmöglichkeiten und den Finanzierungsschwierigkeiten zuzuschreiben ist und große Probleme verursacht. Heute müssen wir ein System zur Steuerung des Wachstums unserer Städte finden, um mit den Versorgungsmöglichkeiten Schritt zu halten. So soll sich auch jede Einzelheit des Wiederaufbaus, sowohl materiell als auch ideologisch gesehen, organisch entwickeln. Wir müssen Häuser bauen, die wachsen können.

Das wachsende Haus sollte die ‹Wohnmaschine› ersetzen. Das ist die menschliche Grundlage für das heutige Bauen.

Erschienen in ‹Magazine of Art›, Juni 1940

Für eine Humanisierung der Architektur

Im Gegensatz zu jener Architektur, deren Hauptanliegen der rein formale Stil eines Gebäudes ist, steht die Architektur, die wir unter der Bezeichnung Funktionalismus kennen.
Die Entwicklung der funktionellen Idee und ihres strukturellen Ausdrucks ist wahrscheinlich das folgenreichste Ereignis unserer Zeit auf dem Gebiet der Architektur.
Und doch läßt sich ‹Funktion› in der Architektur – und damit ‹Funktionalismus› – nicht leicht definieren. ‹Funktion› ist die charakteristische Aufgabe oder Wirkungsweise einer Sache. ‹Funktion› ist aber auch eine Sache oder Größe, die von anderen Dingen abhängt und somit veränderlich ist. ‹Funktionalismus› wird im Lexikon kühn als ‹bewußte Anpassung der Form an die Aufgabe› definiert – er ist weniger und gleichzeitig mehr als dies, denn Funktionalismus muß die beiden Bedeutungen von ‹Funktion› erkennen und berücksichtigen.

Architektur ist in ihrem Wesen synthetisch und umfaßt beinahe alle Gebiete menschlicher Tätigkeit. Ein Gegenstand im architektonischen Bereich mag in einer Hinsicht sehr funktionell, in einer anderen jedoch unfunktionell sein. Während des letzten Jahrzehnts war die moderne Architektur vor allem in technischer Hinsicht funktionell, und zwar mit Betonung der wirtschaftlichen Seite der Bautätigkeit. Ein solcher Schwerpunkt ist selbstverständlich wünschenswert, denn die Produktion guter Wohnmöglichkeiten ist, im Vergleich zur Befriedigung anderer menschlicher Bedürfnisse, ein sehr teurer Prozeß. Tatsächlich liegt der erste Schritt in der Organisation der wirtschaftlichen Frage, wenn der Architektur ein weiterer menschlicher Wert innewohnen soll. Da Architektur jedoch alle Gebiete menschlichen Lebens umfaßt, muß wirklich funktionelle Architektur vornehmlich vom menschlichen Standpunkt aus funktionell sein. Betrachten wir die Vorgänge im menschlichen Leben näher, so können wir erkennen, daß die Technik nur als Hilfsmittel, nie aber als klar abgegrenzte, selbständige Erscheinung auftritt. Rein technischer

Funktionalismus kann keine eigentliche Architektur hervorbringen.

Gäbe es einen Weg, die Architektur Stufe um Stufe zu entwickeln, indem zuerst die technische und wirtschaftliche Seite und später die komplizierteren menschlichen Funktionen behandelt werden – dann könnte man rein technischen Funktionalismus akzeptieren. Dazu haben wir jedoch keine Möglichkeit. Nicht nur erfaßt die Architektur sämtliche Gebiete menschlicher Tätigkeit, sie muß auch in allen Bereichen gleichzeitig weiterentwickelt werden. Ist dies nicht der Fall, gelangen wir nur zu einseitigen, oberflächlichen Ergebnissen. Der Begriff ‹Rationalismus› ist im Zusammenhang mit der modernen Architektur etwa gleich häufig anzutreffen wie der Begriff ‹Funktionalismus›. Die moderne Architektur wurde vor allem in technischer Hinsicht rationalisiert, in gleichem Maße, wie die technischen Funktionen Bedeutung gewannen. Obwohl die rein rationale Periode der modernen Architektur Bauwerke hervorbrachte, in welchen rationalisierte Technik auf die Spitze getrieben und die menschlichen Funktionen zu wenig berücksichtigt wurden, sehe ich darin keinen Grund, die Rationalisierung in der Architektur zu bekämpfen.

Nicht die Rationalisierung an sich war falsch in diesem ersten, jetzt vergangenen Abschnitt der modernen Architektur. Der Fehler liegt in der Tatsache, daß die Rationalisierung zu wenig durchgreifend war.

Statt die rationale Geisteshaltung zu bekämpfen, versucht man in der jüngsten Zeit der modernen Architektur, rationale Methoden vom technischen Bereich auf menschliche und psychologische Bereiche zu übertragen.

Nehmen wir ein Beispiel zur Veranschaulichung: eine der typischen Beschäftigungen in der modernen Architektur war das Entwerfen von Stühlen, unter Anwendung von neuen Materialien und Methoden. Der Stahlrohrstuhl ist zweifellos rationell in technischer und konstruktiver Hinsicht; er ist leicht, geeignet für Massenproduktion usw. Stahl- und Chromstahloberflächen sind jedoch in menschlicher Hinsicht nicht befriedigend. Stahl leitet die Wärme zu leicht, verchromte Oberflächen reflektieren das Licht zu stark und eignen sich auch in akustischer Hinsicht nicht in einem Raum. Mit den rationellen Methoden zur Herstellung dieser Art von Stühlen war man wohl auf dem richtigen Weg, die Ergebnisse können jedoch erst befriedigen, wenn die Rationalisierung auch in der Wahl von Materialien durchgeführt wird, die für den menschlichen Gebrauch am geeignetsten sind.

Die moderne Architektur befindet sich heute ohne Zweifel in einer neuen Phase, in der versucht wird, Probleme des menschlichen und psychologischen Bereiches einzubeziehen und zu lösen.

Dieser neue Abschnitt steht jedoch nicht im Gegensatz zur ersten Zeit der technischen Rationalisierung. Er ist eher zu verstehen als eine Erweiterung

rationaler Methoden zum Erfassen verwandter Bereiche. In den letzten Jahrzehnten wurde die Architektur oft mit der Wissenschaft verglichen, und die Anstrengungen zielten dahin, ihre Methoden wissenschaftlicher zu gestalten, sie sogar zur reinen Wissenschaft zu machen. Aber Architektur ist keine Wissenschaft. Architektur ist immer noch der großartige synthetische Prozeß, in dem Tausende von bestimmten menschlichen Funktionen verbunden werden, und sie bleibt Architektur.

Ihr Sinn liegt immer noch darin, die materielle Welt mit dem menschlichen Leben in Übereinstimmung zu bringen.

Die Architektur humaner zu gestalten bedeutet, bessere Architektur zu machen und bedeutet, den Begriff Funktionalismus weiter zu fassen als in einem beschränkt technischen Sinn. Dieses Ziel kann nur durch architektonische Mittel erreicht werden – durch die Schaffung und Kombination von verschiedenen technischen Mitteln, daß sie dem menschlichen Wesen zu einem möglichst harmonischen Leben verhelfen.

Die Methoden der Architektur gleichen oft jenen der Wissenschaft, und ein Forschungsprozeß, wie er in der Wissenschaft vorkommt, kann auch in der Architektur zur Anwendung kommen. Die Forschung in der Architektur kann zunehmend methodisch sein, ihre Substanz jedoch wird nie rein analytischer Art sein. Instinkt und Kunst werden in der architektonischen Forschung immer überwiegen.

Wissenschaftler bedienen sich oft übertriebener Formen in der Analyse, um anschaulichere und klarere Ergebnisse zu erzielen – etwa das Färben von Bakterien. Diese Methoden lassen sich auch in der Architektur anwenden. Ich machte persönliche Erfahrungen mit Spitalbauten, wo ich bemerkte, daß bestimmte physische und psychische Reaktionen der Patienten gute Hinweise für den normalen Wohnungsbau ergaben. Wenn wir vom technischen Funktionalismus ausgehen, werden wir sehen, daß vieles in unserer heutigen Architektur in psychologischer oder psychologisch-physiologischer Hinsicht unfunktionell ist. Um die Reaktionen des Menschen auf Formen und Konstruktionen zu untersuchen, ist es vorteilhaft, besonders sensible Menschen, wie etwa Patienten in einem Sanatorium, an Versuchen zu beteiligen.

Versuche dieser Art wurden im Zusammenhang mit dem Tuberkulosesanatorium in Paimio durchgeführt, und zwar vor allem auf zwei Gebieten: a) Die Beziehung zwischen dem einzelnen Menschen und seinem Wohnraum, und b) der Schutz des einzelnen Menschen gegen große Menschengruppen und den Druck der Gemeinschaft. Die Studien über die Beziehung des Einzelnen zu seiner Wohnung bezogen das Verwenden von Versuchsräumen ein und umfaßten Fragen über Raumform, Farben, Tageslicht und künstliches Licht, Heizsysteme, Lärm usw. Das erste Experiment wurde mit einem äußerst geschwächten Menschen durchgeführt, einem bettlägerigen Patienten. Ein wesentliches Ergebnis bestand in der Entdeckung, daß die Farben des Raumes geändert werden mußten. Das Experiment ergab, daß sich ein Krankenzimmer in vielen Dingen von einem gewöhnlichen Raum unterscheiden muß. Der Unterschied ist so zu erklären:

Der gewöhnliche Raum ist für den aufrechten Menschen gemacht, ein Patientenzimmer dagegen für den liegenden Menschen,

und Farben, Beleuchtung, Heizung usw. haben diesem Umstand Rechnung zu tragen. Praktisch gesehen bedeutet dies, daß die Decke dunkler sein muß, in einem besonders gewählten Farbton, der als einziger Blickfang des wochenlang bettlägerigen Patienten geeignet ist. Das künstliche Licht darf nicht wie gewöhnlich an der Decke angebracht werden; die hauptsächliche Lichtquelle soll sich außerhalb des Gesichtskreises des Patienten befinden. Als Heizungssystem im Versuchsraum verwendeten wir Deckenheizung, welche die Wärme vor allem auf das Fußende des Bettes strahlte; der Kopf des Patienten befand sich außerhalb des

Strahlenbereiches. Auch die Anordnung von Fenstern und Türen trug der Lage des Patienten Rechnung. Um Lärm zu vermeiden, war eine Wand des Zimmers schalldämpfend ausgebildet, und die Waschbecken (jedem Patienten im Zwei-Bett-Zimmer stand sein eigenes Becken zur Verfügung) wurden besonders entworfen: der Wasserstrahl aus dem Hahnen traf in sehr spitzem Winkel und daher geräuschlos auf das Becken aus Porzellan.

Dies sind einige Beispiele aus einem Sanatoriumszimmer, und sie sollen nur architektonische Methoden veranschaulichen, die immer aus einer Kombination von technischen, psychologischen und physiologischen Elementen bestehen müssen. Technischer

Funktionalismus ist erst gerechtfertigt, wenn er erweitert wird und auch psychophysische Gebiete einbezieht. Dies ist der einzige Weg zur Humanisierung der Architektur.

Die flexible Holzmöblierung der Gemeindebibliothek Viipuri resultiert ebenfalls aus einem im Sanatorium von Paimio durchgeführten Experiment. Zur Zeit jenes Experimentes wurden eben die ersten Stahlrohrmöbel in Europa konstruiert. Röhrenförmige Chromoberflächen sind technisch gute Lösungen, psychophysisch erweisen sich diese Materialien jedoch als ungünstig für den Menschen. Im Sanatorium benötigte man Möbel, die leicht, elastisch, schnell zu reinigen waren. Nach umfassenden Versuchen mit Holz wurde ein anpassungsfähiges System gefunden zur Herstellung von Möbeln, deren Material angenehmer anzufassen war und sich für das lange, qualvolle Leben im Sanatorium besser eignete.

Das Hauptproblem in einer Bibliothek ist durch das menschliche Auge gegeben. Eine Bibliothek kann ausgezeichnet konstruiert und technisch funktionell sein, auch ohne dieses Problem zu lösen; sie ist jedoch menschlich und architektonisch nicht vollständig, wenn das Gebäude der wichtigsten menschlichen Funktion in einer Bibliothek nicht auf befriedigende Weise dient, nämlich dem Lesen eines Buches. Wohl ist das Auge nur ein kleiner Teil des menschlichen Körpers, aber der empfindlichste und wahrscheinlich wichtigste Teil. Künstliches Licht oder Tageslicht so einzubauen, daß es dem Auge schadet, ist ein Merkmal reaktionärer Architektur, auch wenn das Gebäude an sich von hohem konstruktivem Wert sein sollte.

Bei Verwendung der üblichen Fenster beleuchtet das Tageslicht nur einen Teil des Raumes. Auch wenn der Raum genügend beleuchtet ist, wird das Licht ungleichmäßig verteilt sein. Daher werden vornehmlich in Museen, Bibliotheken usw. Oberlichter verwendet. Oberlicht, das die ganze Bodenfläche beleuchtet, wirkt jedoch zu grell, wenn nicht umfassende zusätzliche Maßnahmen getroffen werden. Im Bibliotheksgebäude von Viipuri ließ sich das Problem lösen mit Hilfe einer Vielzahl von runden Oberlichtern, welche so ausgebildet sind, daß man das eintretende Licht indirektes Tageslicht nennen könnte. Die runden Oberlichter sind technisch rationell: jedes Oberlicht besteht aus einer konischen Betonbasis mit einem Durchmesser von 1,8 m, auf der ein dickes, rundes Stück Glas ohne Rahmenkonstruktion befestigt ist. Dieses System ist gleichzeitig rationell auf humane Weise, da sich damit ein günstiges Leselicht erreichen läßt, gemischt und abgeschwächt, weil es durch die konischen Oberflächen der Oberlichter reflektiert wird. In Finnland beträgt der größte Einfallswinkel der Sonnenstrahlen 52 Grad. Die konischen Betonbasen sind so entworfen, daß das Sonnenlicht nie direkt in den Raum eintritt. Die Oberflächen der Kegel streuen das Licht in alle Richtungen. Theoretisch erreicht das Licht somit ein offenes Buch aus allen diesen Richtungen, wodurch ein Zurückstrahlen von den weißen Buchseiten in das menschliche Auge vermieden wird (helle Reflektierung von den Seiten eines Buches ist einer der häufigsten Ermüdungsgründe beim Lesen). Auf dieselbe Art werden bei diesem Beleuchtungssystem Schatten eliminiert, ohne Einfluß der Position des Lesers. Das Problem, ein Buch zu lesen, beschränkt sich nicht nur auf die Probleme des Auges. Ein gutes Leselicht erlaubt dem menschlichen Körper, irgendeine Stellung einzunehmen und so verschiedene Beziehungen zwischen Buch und Auge herzustellen. Das Lesen eines Buches bringt sowohl geistig als auch körperlich eine besondere Art von Konzentration mit sich; es ist die Aufgabe der Architektur, alle störenden Elemente auszuschalten.

Es ist möglich, auf wissenschaftlichem Wege zu bestimmen, wieviel und welche Art Licht für das menschliche Auge am ehesten geeignet ist. Wird jedoch ein Raum gebaut, muß die Lösung mit Hilfe sämtlicher Elemente gefunden werden, die der Architektur zur Verfügung stehen. Dieses Oberlichtsystem ist ein Ergebnis aus der gegebenen Deckenkonstruktion (ein Raum von beinahe 18 m Breite erfordert eine Deckenkonstruktion, deren Balken hoch genug sind, um die großen Kegel einzusetzen) und speziellen technischen Begrenzungen in der horizontalen Glaskonstruktion.

Eine architektonische Lösung soll immer eine humane Zielsetzung enthalten, die auf Analyse gründet; dieses Ziel muß jedoch in einer Konstruktion verwirklicht werden, die wahrscheinlich durch äußere Umstände gegeben ist.

Die erwähnten Beispiele beleuchten nur kleine Probleme. Sie sind jedoch eng verknüpft mit dem menschlichen Wesen und verlangen daher mehr Aufmerksamkeit als manches größere Problem.

Erschienen in ‹The Technology Review›, November 1940, S. 14–16

Architektur und abstrakte Kunst

Obwohl ich mich selber künstlerisch betätige, hindert mich natürlich nichts daran, Fragen bezüglich der Kunst schriftlich zu behandeln, welche ich vom selben Standpunkt aus betrachte wie der Kunstkritiker oder Kunsttheoretiker, der keinen künstlerischen Beruf ausübt. Der Fachmann hat jedoch dem heutigen Kunstschaffen und seinen Kollegen gegenüber nicht die Unparteilichkeit des Kunsttheoretikers. Deshalb lege ich ihnen hier nur eine Reihe Gedanken vor, die sich im Verlauf meiner eigenen schöpferischen Tätigkeit ergaben.

Man hat immer über die unantastbaren Beziehungen zwischen Architektur und Kunst diskutiert – und der Wunsch wurde ausgesprochen, sie wieder neu zu beleben.

Dieser Wunsch äußert sich am häufigsten in einer größeren Nachfrage nach Malerei und Bildhauerei für Neubauten, oder dann wird eine Gemeinschaftsarbeit vorgeschlagen zwischen Vertretern der drei Kunstgattungen: der Architektur, Bildhauerei und Malerei. Ich stelle sie mir vor in der Art eines ‹Kongresses für Priester und Ärzte›. Ein Schlagwort, das immer wieder laut wird, fordert mehr monumentale Malerei für öffentliche Bauten! Es ist recht eigenartig festzustellen, daß dieser Wunsch nur sehr selten von großen Künstlern geäußert wird. Abgesehen von einigen begreiflichen Ausnahmen wünschen dies im allgemeinen Kreise, die sich besonders für Volkskunst interessieren und bestenfalls Künstlervereinigungen.

Ich bin dem Schlagwort ‹mehr Malerei in der Architektur› durchaus nicht feindlich gesinnt – eines der Länder, zu denen ich mich besonders hingezogen fühle, ist Italien –, und ich muß gestehen, daß für mich die Zerstörung der kleinen Kapelle von Mantegna in Chiesa degli Eremitani ein wirklicher Schock war; ich muß jedoch nachdrücklich betonen, daß die Frage nach der Beziehung zwischen Architektur und abstrakter Kunst wesentlich komplexer ist. Die Frage kann anders als durch quantitatives Einbeziehen von Malerei und Skulptur richtiger und dauerhafter gelöst werden.

Vor allem kann gesagt werden, daß die abstrakten, künstlerischen Formen der Architektur starke Impulse verliehen haben – zwar in indirekter Weise, was als Tatsache jedoch nicht in Abrede gestellt werden kann! Diese Impulse haben sich gegenseitig ausgewirkt, und die Architektur hat ihrerseits die abstrakte Kunst angeregt.

Wenn ich ein architektonisches Problem zu lösen habe, bleibe ich zuerst, und dies ausnahmslos, beim Gedanken an seine Verwirklichung stecken – es handelt sich um eine Art ‹Drei-Uhr-morgens-Stimmung›. Diese ist wahrscheinlich die Folge der Schwierigkeiten, die verursacht werden durch den Druck der verschiedenen Elemente im Augenblick der architektonischen Verwirklichung.

Die sozialen, menschlichen, technischen und wirtschaftlichen Forderungen, die sich neben den psychologischen Forderungen stellen

und die jeden Einzelnen und jede Gruppe mit ihrem Rhythmus und ihren inneren Reibungen betreffen, sind so zahlreich, daß sie einen Knäuel bilden, der nicht mit rationalen Methoden gelöst werden kann. Die daraus hervorgehende Komplexität hindert den architektonischen Grundgedanken daran, Form anzunehmen.

In solchen Fällen gehe ich in völlig irrationaler Weise folgendermaßen vor: ich vergesse für einen Augenblick den ganzen Knäuel von Problemen, streiche ihn aus meinen Gedanken und beschäftige mich mit etwas, das am ehesten als abstrakte Kunst gekennzeichnet werden kann. Ich beginne zu zeichnen und lasse mich völlig von meinem Instinkt leiten – und dann entsteht auf einmal der Grundgedanke. Er bildet den Ausgangspunkt,

welcher die verschiedenen, oft sich widersprechenden Elemente (die bereits erwähnt wurden) in sich vereinigt und sie in eine harmonische Einheit bringt.

Als ich die Bibliothek der Stadt Viipuri zeichnete (ich hatte sehr viel Zeit zu meiner Verfügung, ganze fünf Jahre), machte ich lange Zeit Kinderzeichnungen. Diese stellten einen Berg dar mit verschieden geformten Abhängen und einer Menge Sonnen in einem Himmelsgebäude, welche die verschiedenen Seiten des Berges mit gleichmäßigem Licht erhellen. Diese Zeichnungen hatten an sich nichts zu tun mit Architektur, und doch entstand aus scheinbar so kindlichen Zeichnungen eine Verbindung von Grundrissen und Schnitten, deren Verflechtung nur schwer zu beschreiben ist – daraus ergab sich die Grundidee für die Bibliothek, die heute leider zerstört ist. Diese Grundidee bestand darin, die Lesesäle und Säle der Ausleihe auf verschiedenen Ebenen anzuordnen – wie auf einem Berghang – um eine zentrale Kontrollstelle zuoberst im Gebäude. Darüber wurde ein Sonnensystem errichtet: die runden, konischen Oberlichter.

Ich spreche hier nicht in der Absicht, aus diesen rein persönlichen Erfahrungen, die ich an meinem Zeichentisch erarbeitete, eine Methode zu entwickeln. Ich glaube übrigens, daß viele meiner Kollegen in alledem das Wesen ihres eigenen Kampfes mit den architektonischen Problemen erkennen. Das hier angeführte Beispiel hat auch nichts mit der Qualität des Endresultates zu tun.

Ich habe dieses Vorgehen lediglich erwähnt, um das Entstehen meiner persönlichen Überzeugung zu zeigen, denn ich glaube – oder bin sogar davon überzeugt –, daß im Anfangsstadium die Architektur und die anderen Kunstgattungen denselben Ausgangspunkt haben –

einen Ausgangspunkt, der gewiß abstrakt ist, der aber zugleich beeinflußt wird von all unsern angesammelten Erkenntnissen und Gefühlen. Ich habe unserer Ausstellung in London im Jahre 1933 (Ausstellung von Frau Aino Aalto, Architektin, und mir, organisiert von ‹The Architectural Review›) eine Anzahl von Holzexperimenten beigefügt, die einesteils eine direkte Beziehung zu unseren Möbelentwürfen an der erwähnten Ausstellung hatten, andererseits eine Verschmelzung von Formen und Konstruktionen aus Holz darstellten, die ohne Beziehung zu irgendeiner praktischen Anwendung waren. Der Kunstkritiker der ‹Times› charakterisierte diese Holzexperimente als ‹non objective art›, die jedoch in einem gegensätzlichen Vorgehen entstanden;

anders ausgedrückt nahm er an, daß es sich hier um abstrakte Kunst handelte, deren Ausläufer bis zu praktischen Anwendungen reichen,

oder aber um konstruktive Laborexperimente, die zu einer nichtmateriellen Kunst führten. Vielleicht hatte er recht, ich will ihm jetzt ebensowenig widersprechen wie damals im Jahre 1933. Ich möchte dazu nur noch folgende Überlegung beifügen: In einem gewissen Sinn ist die Architektur mit ihren Details ‹Biologie›, deren Entstehung wahrscheinlich unter ziemlich komplizierten Umständen vor sich geht. Man könnte die Architektur vielleicht mit einem ausgewachsenen Lachs vergleichen. Er kommt nicht erwachsen zur Welt, er verbringt seine Jugendzeit nicht einmal im Meer, wo er später herumschwimmt, sondern weit weg, dort, wo sich die Flüsse zu Bächen und kleinen Berggewässern verengen, bis zum ersten Schmelzwasser der Gletscher –

er ist den ersten Impulsen der Architektur zu vergleichen. Er ist ursprünglich vom praktischen Leben ebensoweit entfernt, wie dies die anfänglichen Impulse der Gefühle und Instinkte der Menschen vom täglichen Lebenskampf sind, den wir notwendigerweise führen für das tägliche Brot, das uns alle miteinander verbindet.

Und wie die winzig kleinen Fischeier Zeit zum Wachsen brauchen, um nach und nach zu großen Lachsen zu werden, so braucht alles, was aus dem menschlichen Geist entsteht, Zeit, um sich zu entwickeln. Und die Architektur benötigt mehr Zeit als irgend etwas anderes. Zum Beispiel habe ich – schwacher Widerschein großer Weltereignisse – persönlich die Erfahrung gemacht, daß ein scheinbar unnützes Spiel mir nach zehn Jahren oder sogar noch später den Schlüssel zu einer Reihe Formen von praktischer Bedeutung für die Architektur ergab. Andererseits lassen sich sicher ebensoviele Fälle anführen, in denen eine architektonische Lösung vereinzelte Formen von abstrakter Kunst hervorbrachte, welche ihrerseits dem Menschen wichtige emotionelle Anregungen geben. So ist die Architektur von großer Bedeutung für die menschlichen Gefühle.

Ein junger tschechischer Maler, der mich kürzlich in meinem Atelier besuchte, sagte, daß die abstrakte Kunst etwas tief Menschliches in sich berge. Er fügte bei: «Ich kann ihnen den Zusammenhang nicht erklären, mein Gefühl jedoch und meine Überzeugung sagen es mir.»

«Entweder fühle ich etwas oder ich fühle überhaupt nichts», erklärte mir diesen Sommer ein Schweizer Arzt – es war ein Mann, der sich in den menschlichen Tragödien auskennt. Allein danach richtete er seine Kritik, um Kunst zu beurteilen.

Vielleicht ist der wichtige Punkt gerade der, daß die abstrakte Kunst in einer Vereinfachung besteht, die uns erlaubt, nur Gefühle zu empfinden, rein menschliche Gefühle, welche die geschriebene Sprache scheinbar nicht mehr vermitteln kann. Dies aber nur unter der Bedingung, daß sie jene Anhäufung von Intelligenz und Gefühlen des Menschen ermöglicht, von der bereits die Rede war.

Wie entstand das ionische Kapitell? Die aufstrebenden Formen der belasteten Holzsäule bildeten den Ausgangspunkt. Doch war ihre Gestaltung in Marmor keine realistische Nachahmung. Statt dessen ergab sich eine Kristallisation, welche mehr menschliche Bezüge in sich vereinte, als der Ursprung ihrer Konstruktion hätte vermuten lassen.

Dasselbe geschieht in unserer modernen Zeit. In den Schöpfungen der Natur entstehen die Formen aus der Konstruktion. Das Ergebnis ist eine Kristallisation von allem Menschlichen in einer einzigen Form, ohne die menschlichen Werte nachzubilden, welche sich nur in dieser Kristallisation fassen lassen.

Die Konstruktion, in diesem Fall die Intelligenz, die Vernunft oder welche andere Bezeichnung man dafür setzen will, ist eng verbunden mit der schöpferischen Gestaltung – ihr Anteil daran ist oft wichtiger, oft auch weniger bedeutend. Hier spielen tiefe, undefinierbare Gefühle mit. Wir haben unzweifelhaft einen hohen Grad der Entwicklung erreicht. Denken wir etwa an die Wirkungen, welche die moderne Kunst erreicht. Auch wenn der Mensch nicht über die konstruktive Intelligenz verfügt, welche für die schöpferische Arbeit notwendig ist, erlaubt ihm die Kristallisation der Formen dennoch, Eindrücke zu empfangen mit Hilfe dieses undefinierbaren Etwas, das man Gefühl nennt.

Was ich hier dargestellt habe, entspricht der Wahrheit, ausgenommen natürlich der vulgären und kommerziellen Formen der modernen Kunst, welche heutzutage ebenso zahlreich sind wie Unkraut.

Es scheint mir, daß wir daran sind, eine Einheit in der Kunst zu gestalten, deren Quellen viel tiefer liegen als jene der oberflächlichen Vereinigung der verschiedenen Kunstgattungen. Ihr Ausgangspunkt ist der ‹Status nascendi›.

Selbstverständlich befinden wir uns doch noch am Anfang dieses Prozesses. In der Kulturentwicklung ist jedoch jede Periode gleichwertig. Wir können die archaische Kunst nicht minder bewerten als die Akropolis – und die Kunst Giottos war nicht geringer als jene der später lebenden Architekten und Maler.

Antwort auf eine Umfrage der italienischen Zeitschrift ‹Domus›. Erschienen in ‹Domus›, 1947, *223–225*, S. 3–20; ‹Werk›, Februar 1959, S. 43–44

Zwischen Humanismus und Materialismus

Es freut mich sehr, zum erstenmal in meinem Leben hier in Wien zu Ihnen, meinen Freunden und Kollegen, und zu Ihnen, meine Herrschaften, sprechen zu können. Ich bin freilich nicht das erstemal in meinem Leben in Wien. Schon als ganz junger, frisch gebackener Architekt führte mich eine der ersten Studienreisen wie alle anderen finnischen Architekten nach Wien. Die Erziehung der Architekten in dieser kleinen nordischen Ecke wurde von Wien sehr weitgehend beeinflußt, so weit, daß sogar noch heute, wenn Studenten an der Technischen Hochschule in Helsinki einen Spaß machen und einen Professor karikieren wollen, sie mit den Worten beginnen: «Otto Wagner sagt…».

Um die Architektur mit unseren heutigen Bedürfnissen ins Gleichgewicht bringen zu können, bedurfte es eines sehr langen Kampfes, der besonders in Wien geführt wurde. Wir alle wissen das und wir wissen, daß wir noch nicht am Ende sind, daß dieser Kampf weiter geht und die Probleme eines nach dem anderen sich auf uns stürzen.

Ich glaube, daß die tiefen Traditionen der Architektur in Wien auch in Zukunft Anlaß zu einem großen Beitrag bei der Lösung schwierigster Probleme sein werden.

Bisweilen werden die Probleme der Architektur ganz oberflächlich betrachtet, so etwa wie im Hafen von New York an Touristen die Frage gestellt wird: 'Are you modern or old fashioned?' Man sieht die Dinge zu sehr von der formalen Seite her. Die Probleme sind natürlich nicht im Suchen der Form für unser jetziges Leben am schwierigsten, sondern

es gilt, sich Formen zu erkämpfen, hinter denen wirkliche menschliche Werte stehen. Wir alle wissen, daß wir eine Zeitperiode durchleben, die einen dauernden Kampf gegen die Mechanisierung und gegen die Maschinen mit sich bringt.

Ein Beispiel dieses Kampfes gegen die übergroße Mechanisierung der Welt gibt uns Charlie Chaplin in seinem Film ‹Modern Times›. Und so finden wir diese Einstellung in der Literatur und im Theater. Man sagt, wir sollen Herren der Maschinen sein, in Wirklichkeit aber sind wir deren Sklaven. In diesem Gegensatz liegt natürlich auch eines der großen Probleme der Architektur.

Es ist deutlich spürbar, daß die Architektur nach einer formalistisch-modernen Periode eine neue Aufgabe bekommen hat. Vielleicht wird der Architekt mit größerem Erfolg als der Schriftsteller in der Lage sein, den Menschen über die Maschine zu stellen und nicht umgekehrt. Eine deutliche Aufgabe stellt sich jedenfalls dem Architekten: Wir sind dazu da, die mechanische Form des Materials zu humanisieren.

Wenn wir etwas näher und im einzelnen auf diese Auseinandersetzung eingehen, so wird uns allen klar, daß

eine der Hauptschwierigkeiten darin zu suchen ist, daß es den Menschen augenscheinlich unmöglich ist, etwas zu schaffen, ohne gleichzeitig etwas zu zerstören.

Es ist nicht nur die Mechanisierung unserer Zeit, sondern auch unsere Tätigkeit, die uns mehr und mehr von der wirklichen Natur entfernt. Wir sehen, wie beim Bau von Wegen und Straßen die Natur immer, mehr oder weniger, zugrunde geht. Wenn wir richtig suchen, werden wir gleichartige Phänomene in allen Teilen unseres Fachgebietes finden. So haben wir z. B. immer besseres und besseres Licht erhalten. Das elektrische Licht von heute ist so viel bequemer als die Öllampen oder die Wachskandelaber unserer Elternzeit. Aber ist dieses neue Licht wirklich qualitativ besser als das der alten Lichtquellen? Es ist nicht besser. Wir müssen, um heute ein Buch lesen zu können, auf eine gewisse Entfernung 60 bis 80 Watt verwenden, wo unsere Großeltern mit zwei Wachskerzen auskamen. In der jüngsten Zeit genügt nun dieses elektrische Licht nicht mehr, es kam das Hochspannungslicht der Röhren, ein Licht, das nicht konstant ist und ein zu blaues Spektrum aufweist. Wir brauchen also für die gleiche Tätigkeit noch mehr Licht, weil die physische und psychische Qualität des Lichtes nicht so gut ist. Und so geht es überall. Einen der letzten großen üblen Scherze stellt die Entdeckung dar, daß die Ventilation durch Blechrohre eine völlig unzweckmäßige Angelegenheit ist. Wir haben seit Jahren bemerkt, daß die besten Bestandteile der Luft, die Ozone, durch Friktion in den Ventilationskanälen verschwinden. Man hat nunmehr sogar laboratorisch nachgewiesen, daß die biologisch aktive Qualität der Luft fast völlig verschwindet infolge der raschen mechanischen Einführung der Luft in Bürogebäude. Wir pumpen Luft zu den armen Stenotypistinnen, aber die können mit dieser Luft nicht viel anfangen – sie genügt zum Leben, aber auch nicht mehr. Das Wohlbefinden wird außer acht gelassen.

Ich habe nur einige Probleme mit einem recht merkwürdig anmutenden Beigeschmack gestreift, aber wir alle wissen, daß derartige inhumane und unbiologische Gegensätzlichkeiten überall vorhanden sind.

Es ist die Aufgabe der Architekten, hier wieder den richtigen Wertmaßstab anzulegen.

Ich werde Ihnen nunmehr einige Bilder zeigen, doch bin ich nicht in der Lage, allzu charakteristische Beispiele für diese erwähnte Auseinandersetzung zu geben. Was wir geben können, ist nur ein Quentchen Humanismus, denn ein Mensch, zehn Menschen, ja hundert schaffende Künstler können die ganze Welt nicht vollständig ändern. Aber ich möchte mit Hilfe der Bilder ein paar kleine Fälle demonstrieren, wo wir uns an der Grenze zwischen Humanisierung und Mechanisierung bewegen und damit die Versuche zur Vermenschlichung zeigen. Die Bilder entstammen meiner eigenen Praxis, da ich als tätiger Architekt Schwierigkeiten sehe, als Kritiker meiner Kollegen aufzutreten. Es scheint mir die einzige Möglichkeit zu sein, gebaute Architektur sprechen zu lassen, statt Worte zu machen.

Ich zeige hier als erste Aufnahme ein charakteristisches Bild meines Landes. Ich tue das, um Ihnen zu zeigen, welche Umgebung die Häuser haben, von denen ich dann spreche. Das Land besteht aus Wald und Wasser, es hat über 80000 Binnenseen und in solch einem Lande ist es möglich, daß die Menschen immer Kontakt mit der Natur behalten. Die Städte sind klein, die Hauptstadt zählt 400000 Einwohner, aber schon die nächst kleineren Städte liegen unter 100000 oder bei der Grenze von 100000 Einwohnern, und eine Stadt mit 30000 Einwohnern gilt als mittelgroß und kann schon Residenzstadt eines Gouverneurs sein. Durch das viele Wasser gibt es so viel Ufer, daß ohne jedwede Schwierigkeit jeder Mensch am Ufer wohnen und die Segnungen von Kieferwald und Wasser genießen könnte. In Wirklichkeit ist das natürlich nicht so, denn das Leben ist nicht so leicht und die Menschen können nicht siedeln, wo sie wollen, denn es muß alles richtig organisiert sein.

Ich zeige zunächst eine kleine Serie von Bildern einer alten Arbeit von mir. Es handelt sich dabei um eine Arbeit, bei der ich zum erstenmal Kontakt mit dem Unglück der Menschheit bekam. Es handelt sich um das Tuberkulosesanatorium in Paimio. Als ich den Auftrag für dieses Sanatorium bekam, war ich krank und ich konnte ein bißchen mit mir selbst experimentieren, was es bedeutet, wirklich krank zu sein. Es war irritierend, immer horizontal zu liegen und das erste, was ich bemerkte, war, daß die Zimmer für Menschen gestaltet sind, die aufrecht herumgehen können, aber nicht für jene, die die ganze Zeit im Bett liegen. Wie Fliegen um eine Lampe, so irrten die Augen um das elektrische Licht, und es war keine innere Balance, keine richtige Ruhe in dem Zimmer, das nicht speziell für einen kranken, horizontal liegenden Menschen entworfen war. Ich versuchte also, für schwache Patienten Zimmer zu machen, die liegenden Menschen eine ruhige Atmosphäre geben können. Die Ventilation z. B. machte ich nicht künstlich, wobei man die eindringende Luftströmung störend am Kopf empfindet, sondern mittels einer zwischen den beiden Fensterscheiben ganz leicht vorgewärmten Luft.

Das sind Beispiele, um zu zeigen, wie unglaublich wenig man für das Leiden der Menschen machen kann. Hier ist noch das Beispiel einer Waschschüssel. Ich habe versucht, eine Waschschüssel zu entwerfen, in der das Wasser kein Geräusch macht, denn das Wasser fällt im spitzen Winkel auf das Porzellan auf, und kein Geräusch belästigt den Nachbarpatienten, wenn das Wasser fließt.

Ich mache jetzt einen großen Sprung vom Sanatorium zu einer Universität in Nordfinnland. Es handelt sich um das Universitätshauptgebäude, die Bibliothek, Sportanlagen, das Gymnasium und eine große Schule. Wir alle wissen, daß die moderne Erziehung hochkollektiviert ist. Wir können unsere Kinder alle nur ungefähr in einem gleichartigen System erziehen, von einem wirklichen Individualismus können wir in der Erziehung heute nicht mehr sprechen. Wir wissen alle, daß Kollektivität Gutes mit sich bringt, aber auch schädlich für die Menschen sein kann. Irgendwo in der Mitte zwischen dem absoluten Individualismus und der Überkollektivisierung muß die richtige Linie liegen. Die Schulen werden immer größer und größer, weil dies die Administration verbilligt, aber es muß eine optimale Grenze auch für eine Erziehungsanstalt gefunden werden. Ich zeige hier eine ganz gewöhnliche Volksschule, die eine pädagogische Anstalt für Lehrer und Studierende ist. Die Schulgebäude sind im allgemeinen augenscheinlich zu groß und die vielen Klassen bedeuten eine starke Kollektivisierung. Ich habe daher versucht, statt einer Schule mit vielen Klassen eine Kombination von vielen kleinen Schulen zu bauen. Es sind immer drei Klassenräume und eine Treppe zu einer Einheit zusammengefaßt, so daß eine Illusion einer kleinen Schule gegeben ist, die administrativ in der gesamten großen Schule eingeschlossen ist.

Nun zeige ich ein anderes Objekt, ein Krematorium. Wenn wir über die unangenehme Wirkung der Kollektivität in den Schulen gesprochen haben, so gibt es noch eine andere Form der organisierten menschlichen Routine, die schwer verletzen kann. Es ist eine schreckliche Sache, in einer Millionenstadt ein gut organisiertes Krematorium zu besuchen, wo jeder Mensch nach dem Programm unter a, b, c und d den Leichnam auszusuchen hat. Die Organisation muß so arbeiten, daß die Empfindlichkeit des Menschen nicht gestört wird. Für dieses Krematorium z. B. gab es ein Programm, wonach so und so viele Zeremonien pro Tag stattfinden. Brutal gesagt, mußte die Begräbniskapelle eine Kapazität von einer bestimmten Größe haben. Das führte dazu, daß die einzelnen Zeremonien miteinander kollidieren. Ich habe daher versucht, einen Plan zu machen, der Kollidierungen ausschließt. Also eine große Kapelle hier, eine kleinere Kapelle da und eine noch kleinere Kapelle dort mit verschiedenen Zugängen. Die verschiedenen Zeremonien können so unabhängig voneinander vor sich gehen.

Ich glaube, es gibt viele Momente im menschlichen Leben, wo die Organisation zu brutal ist, und es ist die Aufgabe der Architekten, dem Leben eine sensitivere Struktur zu geben.

Hier zeige ich die neue Technische Hochschule, 20 km außerhalb Helsinki. Von der Hauptstadt kommend, führen alte Baumalleen zum Hauptgebäude, zu den Laboratorien, den Wohnungen der Professoren, Studenten und Beamten und zu den Sportanlagen. Die Wege sind so angelegt, daß z. B. ein Professor von seiner Wohnung zu seiner Vorlesung geht, ohne eine Fahrbahn zu kreuzen. Die Autos werden außen herumgeführt, so daß zwischen den einzelnen Baukörpern nur Gartenanlagen sind. Die Automobile sind aus unserem Leben nicht mehr wegzunehmen, aber sie müssen auf ihren eigenen Bahnen geführt werden, d. h. ihre eigene Zone haben, wie auch der arbeitende und spazierengehende Mensch ebenfalls seine eigene Zone braucht. Wichtig ist, daß die Zone der arbeitenden oder sich erholenden Menschen immer mehrere Meter höher liegt als die Zone der Automobile. Wir wissen, daß Brennstoffe, wie Benzin, Gase erzeugen, auf die sensitive Teile des menschlichen Körpers speziell empfindlich reagieren. So ist vielleicht die Entstehung der Krebskrankheiten zu erklären. Wenn wir auch dafür nicht gerade einen Beweis haben, so wagt doch kein Spezialist, ernstlich dem zu widersprechen. Es ist eine dramatische Sache, daß in den großen Hilfsmitteln unserer Zeit gleichzeitig eine große Gefahr schlummert, die der größte Feind der Menschen ist, die arbeiten müssen, ohne davon loszukommen. Es gibt kaum Arbeitsstätten, wo die Gefahr der Giftgase wirklich ausgeschaltet ist. Hier bei dieser Technischen Hochschule ist nur ein ganz dilettantischer Versuch gemacht. Natürlich hilft es, die Automobile außen herumzuführen, in der Mitte die Grünanlagen zusammenzuschließen und die Wohnungen höher zu führen, damit man so vielleicht behaupten kann, daß hier eine bessere Luft ist, weniger gemischt mit den gefährlichen Gasen.

Die Schule hat große Sportanlagen für die Studenten und eine große Halle, wo auch Sommersport im Winter getrieben werden kann. Ich persönlich bin eigentlich dagegen, daß man den Sport universalisiert, daß man den Winter zum Sommer macht und umgekehrt. Ich glaube, wenn man Sport betreibt, daß dieser nach den Jahreszeiten abwechseln soll, um dabei auch den natürlichen Wechsel der Jahreszeiten zu fühlen.

Speerwerfen in der Sporthalle hat nicht denselben Wert wie in der frischen Luft, in den Wäldern und am See. In den Schwimmhallen und Eishockeyhallen werden de facto die Jahreszeiten verändert, die menschlichen Hobbies werden entnaturalisiert.

Es ist wohl richtig, die letzten Worte meines Vortrages der anderen Seite der Architektur zu widmen, der formalen Seite. Obwohl die Problemlösung der Architektur eine notwendige Humanisierungsprozedur ist, ist doch die alte Frage Form und Monumentalität eine existierende Realität für den Architekten heute wie früher. Alle Versuche, dies auszuradieren, waren unmöglich, und es wäre auch ungefähr dasselbe, als wollte man den Himmelsgedanken den großen Religionen wegnehmen.

Wenn wir auch wissen, daß der arme, kleine Mensch fast nicht zu retten ist, was immer wir auch versuchen, so liegt doch die Hauptaufgabe des Architekten darin, das Maschinenzeitalter zu humanisieren. Das aber muß immer auch mit Form geschehen.

Form ist ein Mysterium, von dem wir nicht wissen, was es eigentlich ist, aber es gibt dem Menschen irgendwie ein gutes Gefühl auf ganz andere Weise als eine soziale Rettungsarbeit an sich. Daher schließe ich meinen Vortrag mit ein paar Betrachtungen zur Form.

Der Ziegelstein ist ein wichtiges Element für uns, um Form zu kreieren. Ich war einmal in Milwaukee zusammen mit meinem alten Freund Frank Lord Wright, der dort einen Vortrag hielt und folgendermaßen begann: «Wissen Sie, meine Herrschaften, was ein Ziegelstein ist? Er ist eine Bagatelle, er kostet 11 Cents, er ist ein wertloses banales Ding, das aber eine besondere Eigenschaft hat. Geben Sie mir diesen Ziegelstein und er wird sofort umgewandelt in den Wert seines Gewichtes in Gold.» Es war vielleicht das einzige Mal, daß ich so brutal und demonstrativ einem Publikum sagen hörte, was Architektur ist. Architektur ist, den wertlosen Stein zu einem goldenen Stein umzuwandeln. Wir haben in Finnland Schwierigkeiten bei diesem Umwandlungsprozeß.

Wir haben versucht, ein Hauslaboratorium zu errichten, um dort der Sache auf den Weg zu helfen. Wir haben mehrere Probemauern von verschiedenen Ziegelsteinen errichtet und während der Tage, die wir dort lebten, konnten wir mit den Ziegelsteinen ein bißchen sprechen, denn es ist irgendwie leichter, bei solchen Versuchen in einer sterilen Umgebung die Qualität zu finden. Wir haben auch die Einwirkung von Pflanzen auf das Steinmaterial geprüft; es gibt dem Architekten einen Stoß, wenn er plötzlich gelbblühende Parasiten auf den Steinen findet, und so komisch diese Kleinigkeiten sein mögen, sie geben doch eine Anregung.

Man hat mich einmal gefragt: «Warum arbeitest Du nicht mehr so oft in der freien Form, die Du beim Pavillon in New York verwendet hast?» Es war ein Ästhet, der diese Frage stellte. Meine Antwort war: «Ich habe nicht das geeignete Material dazu.» Wir können nicht freie Formenarchitektur mit standardisierten Teilen schaffen. Ein viereckiger Ziegelstein ist nicht geeignet dazu. Die Form der Ziegelsteinwand wird ihren Kubismus erhalten, bis ein Stein gefunden ist, der die freie Formensprache ermöglicht. Es muß möglich sein, eine solche Form zu finden, die in der Ziegelwand stehen kann und gleichzeitig eine runde oder negative, konvexe, konkave oder viereckige Wand kreiert.

Wenn ich hier in Zentraleuropa spreche, wo der Formziegelstein geboren wurde, ist es vielleicht richtig, damit zu enden, daß wir für die architektonische Form noch weitaus nicht die Materialien in der Hand haben, die wir benötigen. Überhaupt ist unsere Standardisierung nicht elastisch genug. Es ist nicht nur der Ziegelstein, der eine neue Universalform bekommen sollte, womit man alles machen kann; es ist mit allen anderen Standardisationen dasselbe.

Wenn wir soweit kommen, mit einem Standardstück verschiedene Ziele erreichen zu können, wobei also eine Elastizität als Seele dem Ding eingebaut ist, dann ist ein Weg bereitet zwischen den schwierigen Gegenden der Skylla und Charybdis, zwischen Individualismus und Kollektivismus.

Aus einem Vortrag, gehalten vor der Zentralvereinigung der Architekten in Wien im Sommer 1955, publiziert in ‹Der Bau›, 1955, 7/8, S. 174–176

R.I.B.A.-Jahresrede 1957

Die architektonische Revolution, die in den letzten Jahrzehnten im Gang ist, erweckt viel Interesse und Begeisterung für die Architektur – aber es ergeht ihr wie jeder Revolution: sie beginnt in Begeisterung und endet in einer Art Diktatur. Sie irrt vom Weg ab. Etwas Gutes haben wir jedoch heute noch: in der ganzen Welt – etwa in Uruguay, in Skandinavien, in England oder in Südafrika –, in allen diesen Ländern bestehen gut organisierte Gruppen von schöpferischen Menschen, die sich Architekten nennen, und die der Welt eine neue, wirkliche – wie soll ich sagen – Richtung zu geben haben. Langsam lösten sie sich von der formalistischen Kunst und fanden ein neues Gebiet; heute sind sie **die ‹garde d'honneur›, der hart kämpfende Stoßtrupp für die Humanisierung der Technik unserer Zeit.**

Vor einigen Tagen hatte ich in Paris mit einem Kunden eine Diskussion über eine so einfache Sache wie Ventilation. Er sagte: «Geistlose Technik ist die schlimmste Sache auf der Welt» – was tatsächlich stimmt.

Machen wir unsere Arbeit richtig? Nehmen wir zwei Beispiele. Ich komme aus New York Central Station oder aus einem Bahnhof in Chicago, und ein paar junge Architekten erwarten mich. Die erste Frage ist – wenn sie mich nicht kennen –: «Sind Sie modern oder altmodisch?» Diese Frage hörte ich in allen Kultursprachen, zuletzt auf Portugiesisch.

in Estoril. Ich halte dies für die naivste, wenn auch meistbenutzte Formel: «Sind Sie modern oder altmodisch?» Wenn wir diese Frage genauer untersuchen, werden wir sehen, wie unsinnig sie ist.

Es gibt nur zwei Dinge in der Kunst – Menschlichkeit oder keine.

Die bloße Form, irgendein Detail in sich, schafft keine wirkliche Menschlichkeit. Heute sind wir hinlänglich versorgt mit oberflächlicher und eher schlechter Architektur, die modern ist. Und es wäre schwierig, heute einen Architekten zu finden, der ein gotisches Detail oder eines aus der georgianischen Epoche entwerfen kann. Oder nehmen wir ein Zentrum der Unterhaltung – etwa Hollywood. Selbstverständlich sind alle Häuser modern. Sie werden jedoch nur wenige Gebäude finden, die dem Menschen ein Gefühl des Lebens vermitteln können.

Nehmen wir nun das Gegenstück dazu: vor einigen Monaten reiste ein indischer Architekt ins schneebedeckte Finnland – ich glaube, er kam von Bombay oder Neu-Delhi – und trug ein Buch bei sich, in dem er die wichtigsten Fragen der Baukunst eingetragen hatte. Er setzte sich, und die erste Frage nach der kurzen Begrüßung war:

«Welcher Modul wurde in diesem Büro verwendet?» Ich antwortete ihm nicht, denn ich wußte es nicht.

Einer meiner engsten Mitarbeiter saß zu meiner Rechten. Er antwortete: «Ein Millimeter oder weniger.»

Dies sind die beiden Gegenpole, welche erstens einmal die beliebteste Diskussionsform aufzeigen, und zum anderen diesen Unsinn Nummer zwei, die Suche nach einem Modul für die ganze Welt. Darin liegt auch die Diktatur, die das Ende der Revolution bedeutet – die Versklavung des Menschen durch technische Nichtigkeit, die nichts Menschliches in sich hat.

Wie sollen wir unseren Kampf führen? Auf welche Weise? Wie sollte sich die wirkliche Gedankengemeinschaft zwischen allen Architekten gestalten, und was haben wir den Menschen zu sagen? Vor wenigen Tagen hinterlegte das Institut finnischer Architekten im Generalsekretariat des Internationalen Architektenverbandes in Paris einen Vorschlag,

man sollte feststellen, welche Hindernisse gute Erzeugnisse zum Scheitern bringen,

warum so viele Städte schlecht geplant sind, warum so viele gute Stadtplanungen abgelehnt werden, warum der Prozentsatz an guten Wohngelegenheiten so gering ist, und warum wir in unserer Zeit kaum öffentliche Gebäude haben, die Symbol des Gemeinschaftslebens sind, Symbol für das, was man vielleicht Demokratie nennen könnte – Gebäude, die jedermann gehören. Die Gründe, warum nur zwei, drei oder fünf Prozent des menschlichen Schaffens kulturelle Bedeutung haben, sind vielschichtig und sehr schwierig zu analysieren. Hier stellt sich die Frage unserer Zeit: die Frage nach dem tieferen Sinn von Zivilisation und Kultur, die Frage über die Wandlung der Gesellschaft zu unserem Industrialismus. Heute wird jedes Stück mit anderen Methoden als früher hergestellt. Unser Leben hat ganz andere Formen angenommen. Dies kann natürlich nicht ohne schmerzliche Folgen geschehen; man darf keinen friedlichen Vorgang erwarten. Wohl gibt es Hindernisse in der Entwicklung der meisten guten Produkte; viele können jedoch mit gutem Willen überwunden oder eliminiert werden. Und wenn wir diese Dinge durch-

denken, können wir mehr Gutes für den kleinen Mann in unserer heutigen Demokratie erreichen.

Etwas möchte ich hinzufügen: die Diskussion soll auf breiter Basis geführt werden. Heute besteht eine eher unschöne Tendenz. Architekturausstellungen, Ausstellungen für Kunst und angewandte Kunst werden durchgeführt. Es gibt Hunderte von diesen Ausstellungen, nicht nur hier, sondern auch auf dem Kontinent. Die Journalisten schreiben: «Heute ist Schweden das führende Land in Glas, morgen ist Finnland das führende Land in Glas, dieses Land ist führend in Ton- und Töpferwaren, Brasilien ist führend in gefärbten Fassaden.» Ich glaube nicht, daß dies der richtige Weg ist.

Wir sollten alle unsere Karten auf den Tisch legen, zusammen sprechen, zusammen planen und offen über unsere Schwächen diskutieren.

Wir dürfen nicht wie Marionetten sagen: «Ja, heute sind wir führend in Glas.»

Erinnern wir uns an die großen Zeiten der Literatur, an die Zeiten von Voltaire, Rousseau, auch an spätere Perioden. Nehmen Sie Bernard Shaw, Strindberg oder Anatole France. Worin bestand die Bedeutung dieser Männer? In ihrer kritischen Haltung und ihrem Kampfgeist verbunden mit dem hohen Rang ihrer Kunst. Sie können nicht an Bernard Shaw denken, ohne gleichzeitig den Kämpfer in ihm zu sehen.

Ich glaube, Kampf und hoher Rang von Kunst entsprechen sich im wesentlichen; in ihrer tiefsten Bedeutung gehören sie zusammen.

Es kann sein, daß es nie Höhepunkte in der Kunst ohne diese geheimnisvolle Verbindung gab.

Ich bin der Meinung, der Gedankenaustausch zwischen den Architekten, die Diskussion und der Kontakt zwischen ihnen, und unsere Erklärungen der Öffentlichkeit gegenüber sollten den Stempel jener Schriftsteller tragen, wenn auch Literatur und Architektur voneinander sehr entfernt sind, manchmal sogar außer Sichtweite.

Welches sind die Haupthindernisse, die uns eine hundertprozentige Produktion verwehren? Ich kann sie nicht alle aufzählen; aber ich will einige aufgreifen, die sich wahrscheinlich beseitigen lassen.

An erster Stelle steht

die ungeheure Schwierigkeit, den Menschen zur Architektur zu erziehen.

Die Beherrschung von verschiedenen Wissensgebieten und ein ungewöhnlich hoher Bildungsgrad sind erforderlich, um Verständnis zu wecken und eine Reaktion zu erreichen. Einmal war ich sehr stolz, als ich hier in England ein kleines Buch entdeckte, das als Vorunterricht in Architektur gedacht war, und zwar für Kinder der Primarschule. Die Idee ist gut, aber ich fürchte, daß die Architektur, welche die gesamten formalen und strukturellen Erscheinungen um uns erfaßt, als Schulfach auf einer kindlichen Stufe zu komplex ist. Vorlesungen in Architektur für sieben- bis achtjährige Kinder würde etwa Sexualunterricht in der ersten Primarklasse entsprechen.

Ich glaube, auf einer höheren Stufe könnten wir eine ganz gute Erziehung vermitteln, jedoch nicht in der Art der üblichen Kunstkritik. Dann laufen wir nämlich Gefahr, unsere horizontale Linie zu verlieren.

Heute ist die Kunstkritik vielleicht hundert Jahre alt, und die Gewohnheit, kritische Artikel über die einzelnen Künstler zu schreiben, mag nicht viel älter sein; sie wuchs mit dem Pressewesen und wird weiterhin wachsen. Immer handelt es sich dabei um Kritik an Einzelfällen auf Kosten der eigentlichen Aufgabe. Die eigentliche Aufgabe aber liegt im Planen und Bauen für den kleinen Mann, für seine Bedürfnisse.

Möglicherweise stellen wir fest, daß es die beste Arbeitsmethode wäre, zu Versuchszwecken etwa eine Gruppe von Wohnbauten zu errichten und sie den Leuten zu zeigen.

Wir arbeiten jedoch auf einem sehr unglücklichen Gebiet, denn vor dem Bauen können wir unsere Entwürfe nicht im Labor prüfen.

Als einzige in der modernen industrialisierten Welt sind wir gezwungen, nach dem Entwerfen sogleich zu bauen. Es sollte eine Laborphase zwischen diesen beiden Stadien geben. Dies kann in einzelnen Fällen geschehen, aber

jedes zivilisierte Land sollte ein ständiges Programm für experimentelle Gebäude und Städte haben.

England kennt dies schon lange, Namen wie Raymond Unwin erinnern uns daran, wir könnten auch von der Weißenhof-Siedlung in Deutschland sprechen, einem Höhepunkt der individuellen Kunst, die jedoch nicht eigentlich als Laborphase zu verstehen ist. Ich glaube nicht, daß wir den Leuten ohne solche Einrichtungen beibringen können, wie sie leben sollten.

Nehmen wir als

die zweite Sache die Mechanisierung und Standardisierung in unserer Zeit.

Sie alle wissen von der Mechanisierung unseres Lebens: sie ist ein Teil der Demokratie, der einzige Weg, mehr Leuten mehr Dinge zu verschaffen. Gleichzeitig wissen wir aber, daß die Standardisierung oft die Qualität beeinträchtigt. Biologisch gesehen ist die Demokratie also ein sehr schwieriger Prozeß. Wir können nicht allen dieselbe Qualität geben, wie wir sie einigen wenigen geben können wie in der Vergangenheit.

Meine Frau hatte einst eine Diskussion mit einem Großindustriellen. Er erklärte, er habe eine großartige Idee für wirkliche Rationalisierung auf einem Gebiet, wo bisher nichts dergleichen existierte. Er fragte: «Haben Sie je bemerkt, wie viele Schiffe Kaffee von Brasilien in andere Länder transportieren? Das ist an sich unpraktisch. Kaffee ist ein natürliches Produkt, das sich nicht leicht rationalisieren läßt.» Er verfügte über dreißig Patente für eine Methode, mit welcher ein Kubikmeter Kaffee in eine kleine Pille zusammengepreßt werden konnte. Dadurch würde der Laderaum der zum Transport von Kaffee benötigten Schiffe auf fünf Prozent der heutigen Tonnage reduziert. Das war wirklich ein schönes Resultat menschlichen Denkens. Meine Frau fragte darauf: «Und der Kaffee – wie schmeckt er?» Und die Antwort war: «Das ist eben der Haken – er schmeckt nicht nach Kaffee.»

Damit haben Sie in zwei Worten die ungeheure Schwierigkeit, jedem Mann auf der Straße dasselbe zu geben und ihm Gleichheit zu verschaffen. Die Schwierigkeiten sind um so größer, wenn wir das Problem von der materiellen auf die geistige Ebene verlagern. In diesem Bereich ist es heute auf der Welt schlecht bestellt.

Aber es gibt Möglichkeiten, Rationalisierung und Standardisierung zum Nutzen der Menschen anzuwenden.

Die Frage ist, was sollen wir rationalisieren und was sollen wir standardisieren?

Wir können Normen aufstellen, welche nicht nur den Stand der Lebenshaltung, sondern auch den geistigen Stand heben. Wir müssen irgendwie zu einer elastischen Standardisierung gelangen, die nicht uns beherrscht, sondern von uns beherrscht wird.

Ganz langsam nimmt die Diktatur der Mechanik über die Menschen zu.

Wir klammern uns an philosophische Methoden, und in unserem Falle – könnten wir das Material beherrschen – trägt die Philosophie den Namen Architektur. Wir sollten das menschliche Element in die Standardisierung bringen und Versuche anstellen, um dem Menschen mehr zu geben. Es ist belanglos, wie viele elektrische Kabel oder Autoräder standardisiert sind; wenn es jedoch um Dinge, mit denen wir leben, geht, dann gestaltet sich das Problem anders – es stellt sich die Frage nach dem Geistigen, nach dem intellektuellen Anteil in der Standardisierung.

Einmal versuchte ich, Treppen zu standardisieren – wahrscheinlich eines der ältesten Standardisierungsobjekte. Natürlich entwerfen wir jeden Tag neue Treppenstufen in unseren Häusern; eine standardisierte Stufe hängt jedoch von der Höhe des Gebäudes sowie von vielerlei anderen Dingen ab. Wir können nicht überall dieselbe Stufe anwenden, weil diese sehr anpassungsfähig entworfen sein müßte, um überall eingesetzt werden zu können. Wir versuchten, das Problem durch ein elastisches System zu lösen, in dem die Stufen ineinander übergingen, und zwar solcherart, daß die Proportionen zwischen horizontaler und vertikaler Ebene immer jener Formel entsprachen, die wir seit der Renaissance besitzen – ich glaube von Giotto – und die schon im Zeitalter des Perikles benützt wurde. Die Bewegungen des Menschen sind an eine besondere rhythmische Form gebunden. Wir können eine Stufe nicht nach Belieben entwerfen, sie untersteht bestimmten Proportionen. Ich sprach über dieses Thema in der Universität Gothenburg. Der Rektor unterbrach mich: «Warten Sie einen Moment, ich will in die Bibliothek gehen.» Er ging hinunter in die Bibliothek und kehrte mit einem Buch zurück – Dantes ‹Göttlicher Komödie›. Er öffnete das Buch an jener Stelle, die erzählt, daß das Schrecklichste im Inferno die falschen Proportionen der Treppen seien.

Mit diesen kleinen Dingen sollten wir beginnen, um eine harmonische Welt für den Menschen zu schaffen.

Möglichkeiten sind vorhanden, wenn sich jeder darum bemüht und versucht, die Leute in der Verwaltung dazu zu bringen, unserer Linie zu folgen.

Eine weitere Sache kommt hinzu: wir arbeiten mit sehr großen Geldsummen. Was wir auch unternehmen – immer ist eine große Investition damit verbunden, und die Städteplanung stellt wahrscheinlich die größte dar. Nur schon den Verkehr zu ändern ist heutzutage so kostspielig, daß die Leute politisch gar nicht dazu kommen, dies zu tun. Wir wissen, daß der kleine Mann in der Straße heute von Automobilen umgeben ist. Jede Minute, sogar in den kleineren Städten, fahren Hunderte von Motorfahrzeugen am Fußgänger vorbei. Er befindet sich in einer viel schlechteren Lage als etwa Ingenieure, die acht Stunden am Tag in der

Papierfabrik arbeiten. Üblicherweise gibt es in einer Papierfabrik keine Motoren, nur elektrische Anlagen, oder wenige Motoren. Auf der Straße jedoch ist man ständig von Automobilen umgeben. Unsere Straßen und Städte wurden für ganz andere Zwecke gebaut – wie zum Beispiel der hübsche Boulevard Italiens –, für Pferdeverkehr, einige wenige Pferde hie und da. Heute ist er voll von Automobilen – und wir wissen, daß sie nicht unschädlich sind. Sie verbreiten ein sehr gefährliches Gas, das auf den Straßen liegenbleibt. Beinahe alle meine Freunde in höheren Fachkreisen der Medizin sind sich einig, daß wir einen sehr hohen Preis bezahlen für unsere Unfähigkeit, ein neues Verkehrssystem zu entwickeln, in dem Fußgänger und Automobile getrennt zirkulieren. Nicht zu reden von den Wohnzonen, die abseits des Verkehrs liegen sollten. Die Folge ist Krebs.

Der Preis, den wir für unsere Straßen bezahlen, sind die Rechnungen für die riesigen Spitäler, die wir heute in der ganzen Welt bauen.

Dann ist da noch unser alter Feind, der Immobilienspekulant, Feind Nummer eins des Architekten. Es gibt jedoch andere Widersacher, denen viel schwerer beizukommen ist. In unserem Land – und auch in anderen Ländern in anderer Form, darin sind wir alle gleich – gibt es eine theoretische Richtlinie der Bauwirtschaft, die man vereinfacht so beschreiben könnte: «Welche Hausform ist die wirtschaftlichste?» Haben wir beispielsweise einen vier-, sechs- oder achtstöckigen Wohnblock, taucht die Frage auf: «Wie breit soll er sein? Wie lang? Wie können wir den Leuten die dringend benötigten Wohngelegenheiten möglichst billig verschaffen?» Natürlich kann man dies auch Wissenschaft nennen. Was es aber nicht ist. Die Antwort ist sehr einfach: das dickste Haus ist das billigste – das ist klar.

Man kann noch weitergehen und sagen, das unmenschlichste Haus sei das billigste.

Tageslicht ist das teuerste Licht – schließen wir es aus, und die Wohnungen verbilligen sich. Die teuerste Sache ist frische Luft, denn hier handelt es sich nicht nur um eine Frage der Ventilation, sondern auch um Städteplanung. Frische Luft für den Menschen kostet uns Hektaren von Boden für gute Gärten und Wälder und Wiesen und Verkehr.

Wirklich wirtschaftliches Bauen kann nie auf diese lächerliche Weise erzielt werden. Wirklich wirtschaftliches Bauen besteht darin, zu wissen, wieviel gute Dinge wir zu welchen niedrigen Preisen verschaffen können. Dieses Prinzip ist überall in der Wirtschaft zu finden – das Verhältnis zwischen Qualität und Preis des Produktes.

Beachtet man jedoch die Qualität nicht, wird die Wirtschaftlichkeit in jeder Beziehung sinnlos.

In der Architektur ist es nicht anders.

Diese Richtung ist sehr günstig für Propagandazwecke; Propaganda, in der das Wort ‹wirtschaftlich› falsch angewendet wird, richtet sich gegen den Menschen. Manchmal geht sie so weit, daß sie sich ins Gegenteil verkehrt. Ich kenne Schulhäuser, über die diese Art von Propaganda verbreitet wurde, und die zahlenmäßig wohl billig aussehen, pro Schüler gerechnet jedoch teuer zu stehen kommen.

Mit einem weiteren Beispiel aus diesem Gebiet gehe ich über von wirtschaftlichen Überlegungen zu der

Frage der Dekoration.

Wir alle wissen, daß es das Ornament als eigenständige Kunst gibt. Es gibt angewandt Kunst in der Industrie ohne Beziehung zu ihrem Ursprung, der Architektur. Das Ornament als solches läßt sich überall anwenden.

Es mutet beinahe komisch an, daß falsche Rationalisierung, der falsche Gebrauch des Begriffes ‹wirtschaftlich› und die falsche Verwendung des Ornaments die *trois cochons* sind – sie treten zusammen auf. Vor einer Woche sah ich in der Schweiz lange Gebäudereihen, die nach einem völlig geistlosen mechanischen Standard gebaut wurden, jedoch sehr geschickte Ornamente aufwiesen. Das Ornament diente dazu, Dinge zu verdecken, die sonst zu hart und unmenschlich erscheinen würden.

Das Auftreten dieser drei Dinge, die nicht zusammengehören, führt unvermeidlich zu einer kulturlosen Gesellschaft, zu kulturlosen Gebäuden. Die Entwicklung der Gesellschaft wird unorganisch. Wir sollten für einfache, gute und schmucklose Dinge arbeiten, aber für Dinge, die mit dem Menschen harmonieren und dem kleinen Mann in der Straße organisch gerecht werden.

Vortrag gehalten am Royal Institute of British Architects, publiziert in ‹The R.I.B.A. Journal›, Mai 1957, S. 258

Die Beziehungen zwischen Architektur, Malerei und Skulptur

Zur Synthese von Architektur, Malerei und Skulptur: Zu diesem Thema kommt mir zuerst ein Beispiel aus einer mir bekannten Kunstschule in den Sinn. Für einen Wettbewerb sollten ein Architekturstudent, ein Maler und ein Bildhauer zusammen ein Badezimmer entwerfen. Eine solch naive Interpretation der Synthese von Architektur, Malerei und Skulptur liegt mir natürlich fern. Die Beschäftigung von drei verschiedenen Personen an einem Kunstwerk hat mit dem Zusammenspiel der drei Kunstarten noch lange nichts zu tun. Der Schwerpunkt wird von der Kunst weg auf die Personen verlegt. Es entsteht eine gefährliche Verwechslung von Kunst und Person. In ganz seltenen Fällen mag es ja geschehen, daß eine äußerst glückliche Konstellation in einem Teamwork zu einem erfreulichen Resultat führt; wahrscheinlicher ist, daß keine der zusammenarbeitenden Personen ein richtiger Künstler ist. So scheint es mir besser, wenn drei Künstler in einer Person stecken als keiner in drei Personen.

Fernand Léger benützte in seinen freundschaftlichen Gesprächen oft den Ausdruck ‹chef d'orchestre›, den Architekten meinend. Die Künste bilden ein Orchester mit der Architektur als Dirigent. Mit dieser Auffassung kommen wir der Harmonie der drei Kunstarten schon etwas näher. In früheren Zeiten war es undenkbar, die drei Künste voneinander zu trennen, und die Architektur bildete sozusagen den Mittelpunkt. Heute ist die Architektur jedoch nicht mehr so eng verbunden mit den anderen beiden Künsten, obwohl sehr oft Malerei und Skulptur eine gewisse Raumbildung voraussetzen.

Es muß aber ein tieferer Zusammenhang zwischen den drei Kunstarten existieren.

Um diesem Zusammenhang näher zu kommen, möchte ich zwei Stufen im Entstehungsprozeß eines Kunstwerkes aufzeigen, die meiner Meinung nach den drei Kunstarten gemeinsam sind.

In der Architektur kann man durch Phantasie und Intuition bereits zu einer formalen Lösung gelangen, das heißt, man kann sich das Hauptmotiv gewissermaßen erträumen.

Phantasie und Intuition sind auch unerläßlich, um die vielen und oft gegensätzlichen Elemente (materielle, soziale, ökonomische), welche die Architektur mitbestimmen, in Einklang zu bringen.

Doch Instinkt und Phantasie allein schaffen nichts als Vorstellungen. Wenn sich auch tatsächlich fast immer die erste Idee als richtig erweist, so ist es doch unerläßlich, daß man sich mit dem Material auseinandersetzt.

Durch die Bearbeitung werden die Einfälle realer.

Realität wird die Idee erst mit dem Bleistift auf dem Papier; das ist der unerläßliche zweite Schritt zur Realisation von Architektur.

Sehr ähnlich verhält es sich mit Malerei und Skulptur. Natürlich kann man sich die Farben auf die Leinwand träumen; Malerei entsteht aber erst dann, wenn man mit Farbe und Pinsel wirklich zu malen beginnt, wenn man den Traum in die Realität umsetzt. Braque sagte einmal: «Das größte Vergnügen bei der Malerei ist, daß man nie weiß, was dabei herauskommt. Man fängt etwas an, das geht immer weiter, und das Resultat ist ganz anders als am Anfang erwartet.»

Auf diesen beiden Stufen im Entstehungsprozeß eines Kunstwerkes, auf der Stufe der Vorstellung und auf der Stufe der Realisation im Material, können wir einen tieferen Zusammenhang der drei Kunstarten erkennen, als die Tatsache, daß sie zusammen vorkommen. Das ist ein Zusammenhang, der tief im Unterbewußten liegt.

Man kann weder eine gemalte noch eine bildhauerische Form, die ja frei sind von ökonomischen und sozialen Elementen, in Architektur übersetzen. Es ist also nicht so, daß man erst unabhängig von den großen Pflichten in der Architektur eine Form findet, um dann die nötige Zweckbestimmung hinterher hineinzuzwängen. Aber auch das Gegenteil, die Umsetzung von Architektur in Malerei oder Skulptur, scheint mir unmöglich. Mir selber ist einmal folgendes passiert: Ich hatte für eine Malerei das Motiv einer städtebaulichen Planung gewählt. Doch als ich anfing zu malen und als ich mich immer mehr vertiefte, da wurde etwas ganz anderes daraus. Es war mir nicht möglich, die architektonischen Formen in gemalte umzusetzen.

Der Zusammenhang liegt anders. Eine gemalte Form kann die Architektur inspirieren, ohne daß sie als solche direkt übernommen wird. Diese Beziehung ist aber schwer faßbar. Welches Programm hat eigentlich die Architektur? Ihre Basis sollte das menschliche Leben sein. Der Mensch bewegt sich und lebt darin und kommt täglich seinen Tätigkeiten nach. Man kann also sagen, die Basis der Architektur liege gewissermaßen in einem ‹biodynamischen› Prozeß. Um diesen Prozeß herum muß die Architektur gebaut werden, als eine Schale sozusagen, aber eine Schale mit Interieurs und mit allen Dingen, die dazu gehören. Aus diesem wird verständlich, daß es irgendwie unmenschlich ist, die Form zuerst zu schaffen, um hinterher die ‹Biodynamik› darin unterzubringen.

Was Sie nun gesagt haben, könnte man so verstehen, daß die Form sich aus der Zweckbestimmung ergibt. Als ob der reine Funktionalismus noch Gültigkeit hätte.

Die funktionellen Formen waren doch ursprünglich eine Ideenkombination, die vom menschlichen Leben ausgehen wollte; später wurde zuviel Formales, Zwangsmäßiges geschaffen, das man nicht mehr als Resultat einer Analyse des menschlichen Lebens betrachten kann. Dies läßt sich vor allem an öffentlichen Bauten feststellen.

Aber wie verhält es sich nun mit den Formen, die man versucht hat, direkt aus der Zweckbestimmung abzuleiten? Ich meine, daß gerade in Ihrem Werk festzustellen ist, daß es scheinbar noch etwas mehr gibt, als bloß die Form, die sich der Zweckbestimmung fügt?

Ja, das stimmt – aber ob die zweckbedingten Formen stimmen, das hängt davon ab, was man unter Zweckbestimmung versteht und wie tief man das menschliche Leben analysiert.

Die drei Kunstarten Architektur, Malerei und Skulptur sind dadurch untereinander verbunden, daß sie der Ausdruck einer humanen Geistigkeit, basierend auf ‹Materia›, sind.

Wie verstehen Sie das Wort ‹Materia›? Handelt es sich einfach um das Material als Stoff, das heißt als Medium für die sichtbar werdende Form, oder sehen Sie es erweitert, auch im philosophischen Sinne und benützen deshalb das lateinische Wort?

Ich meine damit natürlich hauptsächlich das Material als Stoff, und doch bedeutet für mich das Wort ‹Materia› mehr, es verlagert das rein materielle Handeln in einen damit verbundenen geistigen Prozeß.

Ein wesentlicher Teil der Grundsätze der menschlichen Kultur basieren auf ‹Materia›. Ich meine sogar, daß dieses wundervolle Wort ‹Materia› doch schließlich dasjenige ist, welches die drei Kunstarten Architektur, Malerei und Skulptur miteinander verbindet.

Nicht bloße Skizzen und oberflächliche Formähnlichkeit üben gegenseitig einen Einfluß aus, sondern ‹Materia› tut es: die geistige Auseinandersetzung mit dem gewählten Material.

In meinen Arbeiten sehe ich keine andere Beziehung der drei Kunstarten zueinander als die des Materiellen. Ob ich Krokis zeichne, aquarelliere oder mit Ölfarbe male, ist für mich ein Probieren mit verschiedenen Materialien. Die Ölfarbe zum Beispiel gibt einem Anwendungsmöglichkeiten, die von der Fläche bis zum Relief reichen. Dies ist bedingt durch die pastose Eigenschaft des Farbmaterials. Ölmalerei ist für mich eine Kombination von Farbe und Relief. Beim Aquarellieren muß ich mich rein auf die Farbkomposition beschränken, trotzdem existiert auch hier eine materielle Gebundenheit, nämlich diejenige zwischen Papier, Wasser und Farbmischbarkeit. Für einen Architekten ist dieses ‹Arbeiten mit Materialien› von großer Bedeutung. Ich hätte große Schwierigkeiten zu überwinden, wenn ich eine Holzplastik machen sollte ohne Rücksicht auf die Textur des Holzes, auf die gewachsene Faser. Mir gibt das gewachsene Holz mit seinem spezifischen Charakter und seiner Faserrichtung den Ausgangspunkt für die spätere Form. Das Material, die Auseinandersetzung mit dem Stoff, die ‹Materia› ist die Substanz, die alle drei Künste vereinigt.

Das Material ist ein Bindeglied. Es wirkt einheitsbildend. Alle Kunstarten basieren auf dem Material, sie haben sich mit dem Stofflichen auseinanderzusetzen. Die Gebundenheit in der ‹Materia› läßt alle Möglichkeiten zu einer harmonischen Synthese offen, denn schließlich sind die drei Kunstkategorien dasselbe, sie sind gleich in ihrer Arbeitstheorie und sogar im Resultat, sofern wir die Dinge in einem tieferen Zusammenhang sehen wollen. Die Kunst ist ein fortlaufender Prozeß zur veredelnden Bearbeitung des Materiales – allerdings nicht um seiner selbst willen, sondern um menschlichen Ansprüchen zu genügen.

Die Materialien, die die drei Künste für ihre Aussage benützen, existieren schon seit Jahrtausenden. Sie sind so alt wie die menschliche Kultur überhaupt, wenn nicht sogar älter, je nachdem, welchen Zeitpunkt wir für die Anfänge der menschlichen Kultur annehmen. Das Wort, das gesprochene oder das geschriebene Wort, hat die unmittelbarste Wirkung auf den Menschen, das Material als Gegensatz ‹spricht› langsamer; vielleicht erklärt sich aus dem, weshalb die immer noch verwendeten Materialien so alt sind. Sie brauchen eine lange Entwicklungszeit, bis sie in der menschlichen Kultur wirksam werden. Auch ist vom Standpunkt des Künstlers aus das Material in einem ewig dauernden Entwicklungsprozeß, in dessen Verlauf er von der Natur her immer neue Kombinationsmöglichkeiten entdeckt.

Vielleicht ist speziell materielle Kunst ein so unendlich langsamer Prozeß, damit sich die natürlichen Materialien dienend dem Menschen und dessen Kultur anpassen können.

Das Holz, das Naturmaterial, das dem Menschen am nächsten steht, sowohl biologisch als auch als Umwelt der ursprünglichen Kulturformen. Der Mensch verwendete dieses ziemlich leicht zu bearbeitende Material schon sehr früh für die Gestaltung seines Lebensraumes, und man kann annehmen, daß das Holz in der Kultur schon früher als die Sprache eine wesentliche Rolle spielte. Das Holz paßt sich auch vom Gebrauch her der Lebenszeit des Menschen an. Holz, das Ursprungsmaterial der ersten Bauten und Ausgangspunkt der Konstruktionsgenies, ist auch noch im 20. Jahrhundert in vielen Ländern das volkstümlichste, das ursprüngliche Material. Meine Kollegen sprechen oft von Holz als dem natürlichen Material in meinem nordischen Lande. Das stimmt nicht ganz, man baut in den kalten Ländern nicht mehr so viel mit Holz, denn fast jede finnische Stadt ist wenigstens einmal, weil sie aus Holz gebaut worden war, abgebrannt. Ich verwende wohl Holz, jedoch nicht aus sentimentalen Gründen; auch ist meine Architektur meist nicht aus Holz gebaut. Immerhin steht es als altes Material dem Menschen mit seiner uralten Tradition fertig zur Verfügung, und nicht nur für konstruktive, sondern auch für psychologische und biologische Zwecke. Es verdient deshalb nicht, um der neuen Kombinationsmaterialien willen verachtet zu werden. Prof. Edward Thonsel aus Dänemark sagte einmal: «So viele Menschen glauben, moderne Architektur sei abhängig von neuen, synthetischen Materialien, aber Du baust auch mit den alten vollständig moderne Bauten.» Man kann sich denken, daß ich über diese Aussage nicht unglücklich war, denn auch ich bin der Meinung, das mystische Wort ‹moderne Architektur› sei nicht einfach identisch mit Plexiglas und Plastikprodukten. Für mich ist Holz mehr ein biologisches Material als ein volkstümliches, ich verstehe seine Bearbeitung anders, als das beispielsweise im Mittelalter der Fall gewesen ist. Damals wurde im Norden Holz für Skulpturen verarbeitet, man kannte dort weder Marmor noch Bronze. Man schnitt die Figuren aus dem Holz, als sei es eine neutrale Masse. Für mich ist Holz nicht eine neutrale Substanz, sondern mehr: es ist ein lebendes Material, aus wachsender Faser entstanden, ungefähr so wie die menschliche Muskulatur. Deshalb ist es mir unmöglich, aus Holz Figuren zu schneiden, als ob es Käse wäre. Die Struktur der Faser spielt immer mit, ich kann dagegen keine Gewalt anwenden. Darum folgen meine Holzformen, oder das versuche ich jedenfalls, immer der gewachsenen Struktur des Holzes. Ich habe einmal eine meiner Holzskulpturen einem Freund geschenkt, einem der großen Physiker unserer Zeit. Kurz danach erhielt ich von ihm einen unerwarteten Brief, in dem er schrieb: «Ich habe soeben eine Studie über Moleküle abgeschlossen und es scheint mir möglich, daß es überhaupt keine einzelnen Moleküle, sondern nur Ketten von Molekülen gibt, und die Holzfasern sind dafür ein vergrößertes Symbol.»

Naturstein: Nehmen wir zum Beispiel den Granit aus den Alpen, auch er ein ursprüngliches Material in vielen Ländern, und Marmor aus Carrara, Ursprungsstein von monumentalen Architekturformen. Stein ist ja auch ein natürliches Produkt, nur noch viel älter als die rund um uns wachsenden Bäume. Aber auch diese uralten Materialien kann man nicht ohne Materialgefühl bearbeiten. Die verschiedenen Arten von Porosität verlangen verschiedene Architekturformen, genauso wie entsprechend verschiedene bildhauerische Architekturformen. Das ‹biologische Phänomen› im Stein liegt uns vielleicht nicht so nahe wie das des Holzes, aber es ist da. Ich habe Marmorfassaden gesehen, die sahen aus, als wären sie aus weißem Blech geschaffen, weil das Material mißverstanden worden ist. Also auch hier: Formen müssen in richtiger Weise mit der Struktur des Materials und sogar mit der zarten Farbnuancierung zusammenspielen.

Mir imponiert immer der Anblick von **Metall,** sagen wir von Bronze, die bei Tausenden von Graden brodelt. In diesem überhitzten Zustand bildet das Metall Formen, die anders sind, als wenn es in Gipsformen gegossen ist. Metallegierungen sind jüngere, von Menschenhand technisch erfundene Materialien, die aber gleichwohl eine Form im ‹status nascendi› haben, die wiederum einen Einfluß auf die künstlerische Verarbeitung haben sollte.

Eines möchte ich noch erwähnen: die Farbe. Die Farben sind materialabhängig und in gewisser Weise formbestimmend. Die Ölfarbe, eines der jüngsten Materialien in der klassischen Kunst, gibt nicht allein Farblichkeit her. Im Gegenteil, es ist ein Stoff, der durch seine Pastosität eine plastische Reliefwirkung zuläßt.

Jedes Jahr entstehen auf halbindustriellen und industriellen Gebieten neue synthetische Materialien. Doch ‹Material› fordert Zeit, und alle neuen Materialien sind noch nicht reif genug, um für humane Zwecke voll genutzt zu werden.

Moderne Architektur bedeutet nicht, unreife neue Materialien zu verwenden, sondern Hauptsache ist es, Material in humaner Richtung zu veredeln.

Aus einem Gespräch mit Alvar Aalto im Februar 1969

Choix de textes d'Alvar Aalto

Influence de la construction et des matériaux sur l'architecture moderne

Matériaux et techniques de construction en tant que tels, n'influencent pas unilatéralement et directement la construction.

Dans l'antiquité – à Mycènes – ou à des époques encore plus reculées, les procédés de transformation des matériaux de construction existaient peu ou prou et le seul fournisseur de matériaux, la nature, limitait d'elle-même la gamme des méthodes de construction. On pourrait très bien nommer l'architecture des hautes époques ‹Génie de la découverte›. En ce temps là, comme les possibilités de transformation manquaient, on devait utiliser directement les matériaux de construction fournis par la nature. Selon les besoins, blocs de pierre, troncs d'arbres, peaux de bêtes, etc. étaient les plus utilisés. L'architecture se contentait de combiner judicieusement ces matériaux.

Cet art primitif éveille en nous d'étonnants sentiments d'admiration, car il révèle de la façon la plus nette les premières et modestes victoires de l'intellect humain sur la nature à l'état originel. On est en droit de parler ici d'influence directe et exclusive des matériaux et des techniques sur l'architecture et même d'une sorte de corrélation extrêmement contingente.

Avec les progrès de l'évolution, il est devenu plus difficile de déceler les causes et de mesurer leurs effets. A la place de produits utilisés directement sous leur forme naturelle, on voit apparaître des matériaux de construction n'appartenant plus au groupe des matériaux à l'état brut, originel, mais qui sont continuellement soumis à un phénomène de transformation dont le développement se situe et se situera à l'intérieur du processus architectonique.

L'architecture a dans une certaine mesure créé et forgé elle-même son univers de matériaux et de techniques.

Au fond, l'architecture n'est pas une quantité de résultats finis et construits mais bien plutôt un processus de développement à niveaux multiples au sein duquel naissent continuellement, à l'aide d'interactions, de nouvelles solutions, de nouvelles formes, de nouveaux matériaux et des changements constants de l'idéologie de la construction.

Au lieu de parler de l'influence des matériaux et des techniques de construction sur l'architecture, ne serait-ce pas plus juste, et aussi plus modeste, d'explorer tout d'abord les mécanismes internes du processus pour essayer de découvrir ensuite la direction suivie par la courbe du développement? Sa forme dans le passé, dans le présent et aussi dans l'avenir nous permet de déduire d'importantes conséquences pour la construction actuelle. Dans cette recherche, il est loisible d'utiliser un groupement par catégorie de matériaux et de techniques.

Aux époques primitives, la structure porteuse représentait pratiquement le seul problème et aussi le seul fondement de l'architecture.

Murs, ouvertures et poutraison constituaient presque ‹toute l'architecture›. Relativement tard encore – durant la période hellénique – la plupart des détails et des groupements de détails ne constituaient qu'une insignifiante excroissance du squelette, bien souvent strictement inséparable de celui-ci. De Mycènes au Parthénon, nous voyons traiter la poutraison en pierre de taille sur le modèle des pierres des épaisses murailles et la plupart des problèmes particuliers étaient résolus en même temps que la finission du squelette proprement dit.

Aujourd'hui, par contre, le squelette, unique élément de base de l'architecture passée, se réduit par exemple à une légère ossature métallique dont la réalisation ne représente qu'une fraction minime de la totalité du problème constructif en question. Il est possible que le caractère d'une telle structure en fer rappelle celui des tentes utilisées dans les époques reculées. Ces deux modes de construction divergent cependant sur un point fondamental:

Souvent par son volume mais surtout par son importance, le squelette d'une construction moderne occupe sûrement dans l'ouvrage total une place moins importante que ses homologues d'autrefois. Alors que l'importance du squelette est en recul, d'autres problèmes et de nouveaux éléments fondamentaux viennent prendre sa place dans le processus architectural.

Dans le combat humain contre la nature, on reconnait clairement, à toutes les époques, une aspiration consciente à résoudre un problème donné de manière à réduire son importance et l'angoisse qu'il fait naître, dès que la solution juste a été trouvée. A considérer l'architecture comme un épisode de la lutte de l'homme contre la nature, se dévoile son caractère profond le plus marqué: la variabilité continue et systématique. A l'intérieur de son processus interne, le nombre de problèmes, et par là même le nombre des éléments architectoniques de base, augmente continuellement alors que les questions, autrefois dominantes, perdent en même temps de leur intérêt. Dans notre cas, on en déduit que ‹la variation naturelle du thème› est une des propriétés fondamentales les plus caractéristiques de l'architecture. L'observation de cette variation est éminemment importante, également pour notre travail d'aujourd'hui.

En architecture, il existe un conservatisme des formes, toujours aussi vivace, même dans l'histoire la plus récente de notre époque et qui s'efforce d'homogénéiser formellement jusqu'au contenu de tâches architectoniques très différentes. Ce concept stylistique de l'‹équivalence des formes› est très répandu et le malentendu qu'il fait naître constitue le plus grand obstacle à la mise au jour des propriétés fondamentales les plus intimes de l'architecture. Pour lui permettre de remplir sa tâche, et donc de participer à la solution des vastes problèmes humains, sociaux économiques et psychologiques, l'architecture doit pouvoir disposer, aussi bien intérieurement que formellement, d'une grande liberté de mouvement. Même s'il s'agit d'une tradition stylistique bien enracinée ou d'un amalgame superficiel né d'un malentendu à l'endroit de l'architecture moderne, toute contrainte formelle extérieure empêche l'architecture de participer de toutes ses forces au combat vital de l'humanité et diminue ainsi son importance et son intensité.

Ces formes schématiques, obstacle à une architecture plus réaliste, résultent de plusieurs causes dont l'une mérite particulièrement d'être citée ici: l'urbanisme et ses règles. Il existe dans la technique moderne de l'urbanisme trop de prescriptions qui limitent et fixent par avance les propriétés du bâtiment futur, avant même sa genèse. Cette technique de l'urbanisme est devenue une police des constructions qui pénètre beaucoup trop profondément dans le territoire de l'architecture, où elle constitue un obstacle à son essence et s'oppose par conséquent à la possibilité de réaliser sa mission.

Que le premier élément fondamental de l'architecture, la structure porteuse, se soit transformé d'une manière si caractéristique, comme nous l'avons exposé précédemment, ce fait seul suffit à montrer que nous avons à choisir entre une quantité impressionnante de solutions possibles lorsqu'il s'agit de résoudre une tâche constructive. Mais cela signifie aussi que la détermination des propriétés de la construction est devenue, par avance, proportionnellement plus difficile. Dirigées à dessein contre l'utilisation asociale du sol et amenées pour cette raison à déterminer hauteur, gabarit, situation et souvent même la forme du futur bâtiment, les restrictions urbanistiques et la législation ont fait fausse route dans l'accomplissement de leur tâche et sont devenues un obstacle au développement au lieu d'en être le stimulant. J'ai traité plus haut d'un élément architectonique dont on peut suivre les phases de développement depuis les temps reculés. Nous verrons que d'autres éléments, apparus plus tardivement dans l'histoire de l'architecture montrent aussi la même voie de développement. Les questions d'isolations constituent le deuxième grand problème de l'architecture. Nous allons examiner ces questions de manière à embrasser l'ensemble des problèmes d'isolation, depuis l'isolation contre les violences de la nature jusqu'à l'isolation entre individus et groupe d'individus.

A l'origine, la question de l'isolation était un problème d'urbanisme (en l'absence d'autres moyens, les problèmes étaient presqu'exclusivement résolus à l'aide du choix de l'emplacement de la construction), mais le progrès nous a livré une infinité de matériaux et de méthodes pour la résolution technique d'un tel problème. L'isolation contre la pression de l'eau nous permet de construire toujours plus profondément. Les multiples combinaisons de matériaux isolants ont fini par transformer la construction du toit à tel point que le toit-terrasse par exemple est devenu indépendant du degré de latitude. Le plan s'est trouvé ainsi libéré des contraintes imposées par la toiture. Le problème de la couverture est passé de question importante au rôle de facteur souple et secondaire et offre des solutions nouvelles innombrables pour des formes de plans autrefois inconnues. Beaucoup de matériaux différents permettent aujourd'hui d'augmenter l'isolation phonique et nous ont permis de grouper les gens plus près les uns des autres sans voir réapparaître les nombreux désavantages liés autrefois à la concentration. Les considérations précédantes sont une preuve supplémentaire de la variabilité interne de l'architecture.

Si nous examinions en outre quelques autres éléments, disons, par exemple, toutes les parties mobiles d'un bâtiment telles que fenêtres, portes etc., ou bien si nous considérions le traitement des surfaces de manière à observer l'ensemble des caractéristiques depuis l'usure superficielle jusqu'aux propriétés de surface permettant d'obtenir la réverbération ou l'absorption des sons, nous arriverions à une conclusion qui nous confirmerait dans la direction tracée plus haut, à savoir:

Si le nombre des matériaux de construction produits industriellement, des éléments standardisés et des techniques augmente, la quantité de combinaisons différentes croit également et par conséquent la liberté de mouvement de tout programme de construction.

Les travaux techniques de montage constituent une catégorie en soi dans les bâtiments modernes. Les problèmes qu'ils cherchent à résoudre, ne sont pas nouveaux mais on peut tout particulièrement dire d'eux qu'ils ont su se dégager des anciennes contraintes et augmenter ainsi la liberté interne de la création architecturale. Je prends un exemple: la question du chauffage. Nous nous sommes habitués aujourd'hui, sans exception, au chauffage central. Les calculs de rentabilité ont bien souvent montrés qu'une telle installation ne se laissait pas seulement réaliser d'une manière optimale dans des bâtiments de grandeur moyenne. Ici comme dans d'autres cas purement techniques, il existe une tendance très nette à la concentration. Je viens de terminer moi-même une installation qui permet d'alimenter en chaleur une série de bâtiments séparés mais reliés à une même centrale thermique par l'intermédiaire d'un système de canalisations, technique déjà employée dans différentes parties du monde.

Ce que cet exemple implique pour l'urbanisme est évident: les parcelles et les limites de quartier ne peuvent plus être fixées d'avance, elles restent entièrement dépendantes du système de chauffage entre les divers groupes de constructions et encore plus de la position respective des bâtiments. S'il existe, en même temps que ce système, la possibilité d'utiliser l'électricité comme source d'énergie calorifique, la situation réciproque des bâtiments se trouve alors libérée des conditions de dépendance dues aux techniques de chauffage, preuve supplémentaire de la transformation permanente du monde interne de l'architecture telle que nous l'évoquions au début.

A ce sujet il est bon de rappeler une autre tendance décelable en architecture: la standardisation, procédé à la fois le plus vieux et le plus récent. Standardiser a toujours existé. Un de ses mérites les plus importants est d'avoir introduit l'ordre en architecture. Par standardisation, on comprend souvent une méthode génératrice d'uniformité et de formalisme. Il est bien clair que ce n'est pas vrai.

La véritable standardisation doit être maniée et développée de telle manière que les éléments standardisés et les matériaux bruts possèdent la propriété de se combiner les uns aux autres d'un très grand nombre de manières.

J'ai prétendu jadis une fois que le meilleur «comité de standardisation» du monde était la nature elle-même. Mais dans la nature, la standardisation intervient presqu'exclusivement au niveau des unités les plus petites, c'est-à-dire les cellules. La conséquence se traduit par des millions de combinaisons souples dans lesquelles on ne peut déceler aucun formalisme. De là vient aussi l'immense richesse et l'éternelle diversité des formes croissant organiquement. C'est le chemin que doit emprunter la standardisation architecturale.

A l'encontre de la conception qui prétend voir dans les formes stables et dans l'unification des formes nouvelles, le seul chemin conduisant à l'harmonie dans l'architecture et au succès des techniques de constructions, j'ai tenté de montrer ici que les propriétés fondamentales de l'architecture sont la variation, semblable à celle de la vie organique naturelle, et la croissance. J'aimerais affirmer qu'il s'agit même là du seul véritable style en architecture. Si son chemin est parsemé d'embûches, l'architecture dépérit et meurt. Réunis aujourd'hui pour les assises scandinaves de la construction dont le but est de créer les possibilités d'obtenir de meilleurs résultats dans toutes les branches techniques de la construction, nous pouvons essayer, avec de bonnes raisons, d'éliminer les circonstances qui barrent la route à une architecture bonne et couronnée de succès. Par ce biais je reviens à l'urbanisme. Les représentants des différents pays présents à ces assises de la construction devraient s'efforcer, chacun à partir de sa spécialité, de remplacer toutes les conceptions d'urbanisme limitatives pour l'architecture, et qui s'appuient sur l'idée d'une architecture sans croissance et sans variabilité interne, par un système plus susceptible d'évolution.

Le projet d'urbanisme doit être conçu de telle manière qu'un logement, un bâtiment, un groupe de constructions puissent recevoir en toute liberté la solution qui découle naturellement de son année de naissance. Le groupement réciproque des bâtiments doit exprimer simplement les besoins propres à chacun et toutes les prescriptions tendant à une unification formelle et superficielle doivent être éliminées. Nos sociétés doivent réapprendre progressivement à grouper librement les constructions en fonction de leurs rapports réciproques, réglés harmonieusement aussi bien sur le plan esthétique que pratique. A la place du formalisme, l'urbanisme doit sécréter une véritable liberté dans la croissance, il doit être un système suffisemment souple pour permettre le développement de la société et doit apprendre en priorité à connaître les problèmes physiologiques, sociaux et psychologiques, c'est-à-dire les problèmes qui occupent la communauté des hommes.

Conférence prononcée dans le cadre des assises de la construction scandinave à Oslo en 1938, publiée dans ‹ARK›, 1938, 9, p. 129-131 (en langue finlandaise).

La reconstruction d'après-guerre

Psychologiquement, l'esprit de reconstruction plonge ses racines dans l'instinct de l'homme et revêt la forme d'une protestation réaliste et d'un symbole de la volonté de vivre.

La guerre, qu'elle soit gagnée ou perdue, laisse dans les populations certaines formes de dépression. La valeur humaine de l'esprit de reconstruction en tant qu'antithèse de l'esprit de négation dû à la guerre, se manifeste déjà clairement en Finlande. C'est par conséquent sur ces deux fondements – pratique et psychologique – que l'initiative de la reconstruction s'affirme en Finlande.

A la fin de la Première Guerre mondiale, on avait constaté l'existence, à l'état embryonnaire, du besoin de reconstruction. La reconstruction déplorablement lente de la Belgique et de certaines parties de la France fut l'une des causes des épidémies et des autres maux de l'après-guerre. Maintenant, en ce qui concerne la guerre actuelle, le pays qui fut le premier à la subir totalement et le premier à en sortir doit montrer le chemin. Cela signifie que

la Finlande doit être la première place d'expérimentation, d'expériences et de recherches dans une activité humaine appelée reconstruction. C'est pour ce pays un devoir vis-à-vis de l'humanité

et c'est un devoir pour les autres pays de fournir une aide, de façon que cette expérience réussisse et revête une portée internationale.

La reconstruction de l'après-guerre diffère du développement ordinaire des pays en ce qu'elle doit satisfaire des besoins colossaux – des besoins d'urgence combinés avec une quantité anormale de travail à accomplir. La reconstruction diffère également d'un plan ordinaire de secours et, par exemple, de l'activité de la Croix-Rouge, par le fait qu'elle n'a absolument rien de temporaire. Chaque chose faite dans le cadre d'une organisation rapide doit constituer la base d'une société durable – rien ne doit être envisagé simplement à titre passager. Par certains de ses aspects, la reconstruction rappelle la colonisation de l'ancien temps, sauf qu'ici la civilisation existe déjà, bien que sa substance matérielle soit détruite et doive être reconstruite. Elle se distingue également de la colonisation par le temps et l'ampleur, car le temps dont on dispose pour la reconstruction est très limité et les besoins quantitatifs sont comparativement énormes.

Il y a un besoin bien déterminé pour la recherche sérieuse et l'organisation, si la tâche doit être accomplie avec succès et que la tragédie de la guerre soit limitée de façon à ce que d'importants éléments de civilisation ne doivent pas être détruits.

On peut relever en quelques mots les difficultés de ces problèmes et montrer les obstacles auxquels se heurtera la reconstruction. Tous les pays belligérants auront besoin de reconstruire, et ce aussi rapidement que la guerre moderne fait ses ravages. Arrêtons-nous à cette petite partie du problème: la rapidité. Il y a une chose qui s'oppose à la qualité: c'est la nécessité de bâtir trop vite. Satisfaire les besoins immédiats signifie terminer les habitations le plus tôt possible. Il est clair que nous nous trouvons ici face aux problèmes qui se posaient déjà durant les périodes de colonisation. Nous savons que, dans ces circonstances, les gens construisaient d'abord des baraques. Comme ces dernières ne répondaient pas aux exigences d'une existence organisée, elles étaient remplacées par de nouvelles constructions. Même ces ‹secondes villes› étaient rarement capables de satisfaire les besoins d'une existence plus stable. Alors, on bâtissait des ‹troisièmes villes›. Que ce système de remplacement successif est peu économique!

D'autre part, nous avons des exemples de pays qui ont tenté de construire d'emblée une ville complètement terminée, bien que le temps exigé réellement pour mener à bien de tels travaux leur ait fait défaut. On trouve de tels exemples dans la premier plan quinquennal de la Russie, et nous savons que les résultats ne furent pas concluants en ce qui concerne les programmes de construction.

Il doit y avoir un troisième système, qui permette de satisfaire les besoins élémentaires de la population dans les plus brefs délais. Mais en même temps, ce système doit pouvoir sans aucune démolition, se développer au point d'arriver à satisfaire entièrement les besoins d'une société civilisée:

1° La communauté doit faire l'objet d'une planification et les maisons doivent être construites de manière à ce qu'un niveau de vie normal puisse être atteint graduellement.

2° Etant donné le manque de logements, il faut d'abord fournir une maison primitive pour satisfaire les besoins élémentaires. Mais **la construction de chacune des maisons individuelles doit être telle que, durant la période de construction suivante, il soit possible d'augmenter la qualité sans détruire** la première ‹armature›. En bref, cela signifie que nous procurerons tout d'abord un toit et des murs; deuxièmement, le chauffage et l'éclairage; troisièmement, des installations sanitaires améliorées. L'étape suivante comportera la fourniture de meilleurs matériaux. Quant à la dernière étape, elle aboutira à une maison complète et moderne en tant qu'unité d'une cité moderne.

3° Dans la première étape, bien des équipements seront collectifs, par exemple l'approvisionnement en eau, les bains, etc. Mais, plus tard, chaque maison sera dotée de ses propres installations.

4° Presque chaque élément, dans une maison individuelle, peut être construit peu à peu, comme dans une cité, sauf qu'une maison doit assurer une protection élémentaire à l'individu, tandis qu'une communauté doit pourvoir aux besoins de la population. Le financement d'un tel programme serait adapté à l'évolution de la reconstruction. Au début, les habitants paieraient un loyer modeste. Ensuite, le loyer serait majoré au fur et à mesure du franchissement des étapes suivantes. Ce système serait donc en harmonie avec le niveau de vie temporairement réduit par la guerre. Ce niveau augmenterait proportionnellement à la progression de la reconstruction.

5° La réalisation de cette idée implique la mise au point d'un programme spécial et d'un système technique pour la planification des cités et la construction des habitations. Ce système doit être synchronisé avec les possibilités d'approvisionnement en matériaux de construction. La construction par étapes représente donc aussi la seule solution possible en ce qui concerne les matériaux.

Enfin, pour réaliser un tel plan, nous devons avoir un programme spécial. L'Amérique n'a jamais connu de pénurie de matériaux. Mais la Finlande souffre d'une pénurie, imputable tout à la fois à l'insuffisance des moyens de transport et à des difficultés financières. Nous devons aujourd'hui trouver un moyen permettant de régler la croissance de nos cités sur les possibilités d'approvisionnement. De même, tous les éléments de la reconstruction, qu'ils soient idéologiques ou matériels, doivent se développer organiquement. Nous devons bâtir des maisons qui grandiront.

La maison qui grandit devrait se substituer à la ‹machine à habiter›. Pour les constructeurs d'aujourd'hui, c'est la façon humaine de s'attaquer aux problèmes posés.

Publié dans ‹Magazine of Art›, juin 1940.

L'humanisation de l'architecture

A l'opposé de l'architecture qui recherche avant tout le pur style formaliste du bâtiment, on trouve l'architecture que nous connaissons sous le nom de fonctionnalisme. **Le développement de la conception fonctionnaliste et sa traduction en structures constituent probablement les éléments de stimulation les plus vigoureux de l'architecture actuelle,** encore que la fonction, en architecture – et par conséquent le fonctionnalisme – ne soient pas très facile à définir avec précision. La ‹fonction›, c'est l'usage caractéristique, ou le travail, ou l'action d'une chose. La ‹fonction› est donc une chose ou une quantité dépendant d'une autre chose ou variant avec une autre chose. Quant au ‹fonctionnalisme›, le dictionnaire le définit carrément par ‹adaptation consciente de la forme à son utilisation› – c'est à la fois moins et plus que cela, car il doit recouvrir les deux significations de ‹fonction›.

L'architecture est un phénomène synthétique embrassant pratiquement tous les domaines de l'activité de l'homme. Dans le domaine de l'architecture, un objet peut être fonctionnel d'un point de vue et non-fonctionnel de l'autre. Au cours de cette dernière décennie, l'architecture a surtout été fonctionnelle sur le plan technique, l'accent étant mis principalement sur l'aspect économique de la construction. Ceci était souhaitable, bien sûr, car la production de bons abris pour l'homme demeure un processus très coûteux comparativement à la satisfaction d'autres besoins humains. En effet, si l'architecture doit jouer un rôle plus important sur le plan humain, le premier pas doit être d'organiser le côté économique. Mais, comme l'architecture embrasse la totalité de l'existence humaine, une architecture réellement fonctionnelle doit être fonctionnelle avant tout du point de vue humain. Si nous considérons d'une façon plus approfondie les processus de la vie humaine, nous constatons que la technique n'est qu'un auxiliaire et non pas un phénomène défini et indépendant. Un fonctionnalisme d'essence technique ne peut créer une architecture définie.

Si la possibilité existait de développer l'architecture pas à pas, en commençant par l'aspect économique et technique puis en englobant les fonctions humaines plus complexes, alors le fonctionnalisme purement technique serait acceptable. Mais une telle possibilité n'existe pas. Non seulement l'architecture embrasse tous les domaines de l'activité humaine, mais encore elle doit être développée en même temps dans tous ces domaines à la fois. Sinon, nous n'obtenons que des résultats partiels et superficiels.

En matière d'architecture moderne, le terme de ‹rationalisme› apparaît aussi souvent que le mot ‹fonctionnalisme›. L'architecture moderne a surtout été rationalisée du point de vue technique, parallèlement à l'importance accrue conférée aux fonctions techniques. Bien que la période purement rationnelle de l'architecture moderne ait donné naissance à des constructions où la technique rationalisée a été trop poussée et où les fonctions humaines ont été délaissées, ce n'est pas une raison pour combattre la rationalisation en architecture.

Ce n'est pas la rationalisation en soi qui était fausse dans la première période de l'architecture moderne. L'erreur fut de n'avoir pas approfondi suffisamment la conception de rationalisation.

Au lieu de combattre l'attitude rationaliste, le courant le plus récent de l'architecture moderne s'efforce d'élaborer des solutions rationnelles partant de la technique, mais englobant les domaines humains et psychologiques.

Prenons un exemple: L'une des activités typiques de l'architecture moderne fut la fabrication de chaises à partir de nouveaux matériaux et selon des méthodes nouvelles. La chaise tubulaire en acier est sans doute rationnelle sous le double rapport de la technique et de la construction: elle est légère, convient à la production en grandes séries, etc. Mais les surfaces en acier et en acier chromé ne sont pas satisfaisantes du point de vue humain. L'acier est un trop bon conducteur de la chaleur. Les surfaces chromées donnent des reflets trop brillants et, sur le plan de l'acoustique, ne conviennent pas non plus à une salle. Les méthodes rationnelles ayant abouti à la création de ce style de mobilier étaient sur la bonne voie, mais le résultat ne sera concluant que si l'on recourt, dans le cadre de la rationalisation, à des matériaux convenant mieux à un usage humain. Il ne fait aucun doute que l'architecture moderne entre dans une nouvelle phase, avec pour objectif particulier de résoudre des problèmes d'ordre humanitaire et psychologique.

Cette nouvelle période, cependant, n'est pas en contradiction avec la première, caractérisée par la rationalisation technique. Au contraire, elle doit être interprétée comme un élargissement
des méthodes rationnelles vers des secteurs connexes.

Au cours des dernières décennies, l'architecture a souvent été comparée à la science et des efforts ont été faits pour rendre ses méthodes plus scientifiques; on a même tenté d'en faire une science tout court. Mais l'architecture n'est pas une science. Elle demeure toujours le même grand processus synthétique, réunissant des milliers de fonctions humaines et définies, elle est toujours l'architecture.

Son but est de mettre le monde matériel en harmonie avec la vie humaine.

Rendre l'architecture plus humaine signifie une meilleure architecture, et signifie aussi un développement du fonctionnalisme au-delà de son simple aspect technique. Ce but ne peut être atteint que par des moyens architectoniques: en créant et en combinant divers éléments techniques de manière à ce qu'ils offrent à l'être humain l'existence la plus harmonieuse possible.

Parfois, les méthodes de l'architecture ressemblent aux procédés scientifiques, et la procédure de recherche telle qu'elle est appliquée dans la science peut également être adoptée en architecture. La recherche pourra être de plus en plus méthodique, mais sa substance ne pourra jamais être uniquement analytique. La recherche architecturale comportera davantage d'instinct et d'art.

Très souvent, les scientifiques utilisent des formes exagérées d'analyse, afin d'obtenir des résultats plus clairs, plus visibles – les bactéries sont colorées, etc. Les mêmes méthodes peuvent être appliquées en architecture. J'ai recueilli des observations personnelles en construisant des bâtiments hospitaliers, où j'ai été en mesure de découvrir que des réactions spéciales d'ordre physique et psychologique observées parmi les malades fournissaient de bonnes informations pour la conception des habitations ordinaires. Si nous partons du fonctionnalisme technique, nous découvrons que dans l'architecture actuelle un grand nombre de choses ne sont pas fonctionnelles du point de vue psychologique, ou des points de vue psychologique et physiologique. Pour étudier les réactions des êtres humains face aux formes et à la construction, il est utile de pouvoir disposer de personnes spécialement sensibles, telles que les malades d'un sanatorium.

Des expériences de ce genre ont été effectuées dans le Sanatorium de Paimio en Finlande, et ont porté principalement sur deux domaines spéciaux: 1º le rapport entre l'individu et la chambre où il vit; 2º la protection de l'individu contre d'importants groupes de personnes et contre la pression de la collectivité. L'étude du rapport entre l'individu et son logis, impliquait le recours à des chambres expérimentales et englobait des questions concernant la forme, la couleur, la lumière naturelle et artificielle, le système de chauffage, le bruit, etc. La première expérience portait sur une personne dans un état d'extrême faiblesse, un malade au lit. L'une des conclusions à laquelle on arriva fut la nécessité de changer les couleurs de la pièce. Sous d'autres aspects également, l'expérience montra que la chambre devait être différente d'une chambre ordinaire. La différence peut être expliquée comme suit:

La chambre ordinaire est une chambre pour une personne en position verticale; la chambre d'un malade est une chambre pour une personne en position horizontale
et les couleurs, la lumière, le chauffage, etc. doivent être conçus en fonction de ces données.

En pratique, cela signifie que le plafond devrait être plus sombre, d'une couleur choisie spécialement, adaptée au fait que pendant des semaines ce sera la seule vue du malade cloué au lit. La lumière artificielle ne doit pas venir d'une lampe ordinaire fixée au plafond, mais le principal foyer lumineux doit se trouver au-delà de l'angle de vision du malade. En ce qui concerne le système de chauffage de la chambre expérimentale, on a utilisé des corps de chauffe logés dans le plafond, mais en faisant en sorte que le flux de chaleur se dirige surtout vers le pied du lit, si bien que la tête du malade était en dehors de la source directe de chaleur. De même, l'emplacement des fenêtres et des portes a été choisi en tenant compte de la position du malade. Pour éviter le bruit, un mur, dans la chambre expérimentale, a été doté d'une isolation phonique et les lavabos (un lavabo par personne dans une chambre à deux lits) furent spécialement conçus pour que l'eau jaillissant du robinet frappe la cuvette en porcelaine sous un angle très faible, de manière à ne pas faire de bruit.

Ce ne sont là que quelques exemples tirés d'une chambre expérimentale dans un sanatorium. Ces exemples sont cités uniquement pour montrer que les méthodes architecturales sont toujours une combinaison de phénomènes techniques, physiques et psychologiques et que jamais l'un de ces éléments doit être traité isolément.

Le fonctionnalisme technique est juste, à condition d'être étendu au domaine psycho-somatique. C'est là le seul moyen d'humaniser l'architecture.

Les meubles adaptables en bois de la bibliothèque municipale de Viipuri sont le résultat d'expériences faites également au Sanatorium de Paimio. Au moment où ces essais étaient effectués, les premiers meubles tubulaires en acier chromé venaient d'être réalisés en Europe. Techniquement, les surfaces tubulaires en acier chromé représentent une bonne solution, mais, sur le plan psycho-somatique, ces matériaux ne donnent pas des résultats concluants. Un sanatorium a besoin de meubles légers, adaptables, faciles à entretenir, etc. Après de vastes expériences effectuées sur le bois, le système adaptable fut mis au point pour produire des meubles correspondant mieux à la sensibilité humaine et conférant un cadre matériel convenant mieux à de longs et pénibles séjours en sanatorium.

Le principal problème à résoudre dans le cas d'une bibliothèque, est celui de l'œil humain ou de la vue. Une bibliothèque peut être bien construite et peut être techniquement fonctionnelle, même si ce problème n'est pas résolu; mais, sur le plan de l'architecture, elle ne sera pas achevée avant d'avoir traité d'une manière satisfaisante la principale fonction humaine qui s'exerce dans un tel bâtiment, à savoir la lecture. L'œil ne représente qu'une partie minuscule du corps humain, mais c'est la partie la plus sensible et peut-être aussi la plus importante. Le fait de donner une lumière naturelle ou artificielle susceptible d'endommager la vue ou ne convenant pas à son usage revient à pratiquer une architecture réactionnaire, même si, d'un autre point de vue, le bâtiment avait une grande valeur.

La lumière du jour qui pénètre par les fenêtres ordinaires n'éclaire qu'en partie une grande pièce. Même si le local est suffisamment éclairé, la lumière sera inégale et variera en divers endroits du plancher. C'est pourquoi on utilise de préférence des châssis vitrés pour éclairer bibliothèques, musées, etc. Cependant, le châssis vitré, qui permet de couvrir toute l'aire du plancher, donne une lumière excessive, à moins que l'on procède à d'importants aménagements supplémentaires. En ce qui concerne la bibliothèque, le problème a été résolu au moyen de nombreux ‹cônes de lumière› construits d'une manière telle que la lumière pourrait être appelée lumière du jour indirecte. Les cônes de lumière sont techniquement rationnels, du fait du système – verre d'une seule pièce. (Chaque cône de lumière consiste en un appui conique en béton, de six pieds de diamètre, d'une épaisse pièce de verre arrondie, sans joint, posée dessus sans châssis.) Humainement parlant, ce système est rationnel, parce qu'il confère un genre de lumière convenant parfaitement à la lecture, mélangée et adoucie en étant réfléchie par les surfaces des cônes de lumière. En Finlande, la lumière solaire fait un angle maximum de 52 degrés. Les cônes en béton sont construits de telle façon que la lumière solaire reste toujours indirecte. Les surfaces des cônes diffusent la lumière dans des millions de directions. Théoriquement, par exemple, la lumière atteint un livre ouvert de toutes ces directions, de sorte que les pages blanches du livre ne la renvoient pas vers les yeux du lecteur. (Les reflets brillants se formant sur les pages d'un livre sont l'un des phénomènes les plus fatigants de la lecture.) De même, ce système d'éclairage élimine le phénomène de l'ombre, quelle que soit la position du lecteur. Le problème de la lecture est plus qu'un problème de la vue. Une bonne lumière permet au corps humain d'adopter de nombreuses positions et d'établir une relation convenable entre les yeux et le livre. La lecture d'un livre implique une concentration particulière. L'architecture se doit d'éliminer tous les éléments perturbateurs.

Il est possible de déterminer scientifiquement les sortes et les quantités de lumière qui, idéalement, conviennent le mieux à l'œil humain; néanmoins, en construisant un local, la solution doit être recherchée en faisant intervenir tous les éléments que l'architecture embrasse. Ici, le système des cônes de lumière est le produit combiné de la construction du plafond (un local de presque 60 pieds de largeur exige une construction de plafond avec des poutres assez hautes pour l'érection des cônes) et de normes techniques spéciales en ce qui concerne la construction horizontale des éléments en verre.

Une solution architecturale doit avoir un mobile humain basé sur l'analyse, mais ce mobile doit se matérialiser en une construction qui est probablement le résultat de circonstances étrangères.

Les exemples cités ici se rapportent à de très petits problèmes. Ils touchent cependant l'homme de très près et deviennent désormais plus importants que des problèmes ayant une portée plus grande.

Publié dans ‹The Technology Review›, novembre 1940, p. 14–16.

L'architecture et l'art abstrait

Quoique je cultive moi-même les arts, rien ne m'empêche naturellement de traiter par écrit des questions relatives à l'art, en les considérant du même point de vue que les critiques ou les théoriciens de l'art qui n'en font pas métier. Pourtant un homme du métier n'a pas l'impartialité du théoricien de l'art devant la création artistique actuelle et vis-à-vis de ses collègues. C'est pourquoi je ne vous présenterai ici qu'une série de réflexions nées à l'occasion de mon propre travail créateur.

On a toujours discuté les rapports sacrés de l'architecture et des beaux-arts – et on a exprimé le désir de les faire revivre.

Ce désir s'est le plus souvent manifesté par une plus grande commande de peinture et de sculpture pour les nouvelles constructions, ou bien on propose une collaboration entre les représentants des trois arts: l'architecture, la sculpture, la peinture – organisée je suppose à peu près suivant le schéma d'un ‹congrès pour prêtres et médecins›. Un mot d'ordre, qui revient toujours, exige plus de peinture monumentale dans les bâtiments officiels! Il est assez curieux de constater que ce désir n'est que très rarement exprimé par les grands artistes eux-mêmes. A quelques exceptions près, ce sont généralement les milieux s'intéressant le plus à l'art populaire et, dans le meilleur cas pour ainsi dire, les milieux des associations artistiques qui expriment surtout ce désir.

Je suis loin d'être ennemi du mot d'ordre ‹plus de peinture en architecture› – un des pays vers lesquels je me sens le plus attiré est l'Italie – et j'avoue que la destruction de la petite chapelle de Mantegna à Chiesa degli Eremitani fût un vrai choc pour moi. Je tiens toutefois à souligner que le problème des relations entre l'architecture et l'art abstrait est nettement plus complexe. La question pourrait certainement être résolue d'une manière plus juste et plus durable que par annexion quantitative de peintures et de sculptures.

On peut avant tout dire que les formes artistiques abstraites ont donné de fortes impulsions à l'architecture moderne – assurément d'une manière indirecte, cependant le fait ne peut être nié! Ces impulsions se sont influencées les unes les autres, et l'architecture de son côté a donné des impulsions à l'art abstrait.

Lorsque je dois résoudre un problème architectural, je me trouve tout d'abord arrêté, sans exception, par l'idée de sa réalisation – il s'agit d'une ‹espèce de courage de trois heures du matin›, dû probablement aux difficultés causées par la pesanteur des différents éléments au moment de la réalisation architecturale.

Les exigences sociales, humaines, techniques et économiques qui se présentent côte à côte avec les facteurs psychologiques

et concernent chaque individu et chaque groupe, leur rythme et frictions internes, sont si nombreuses qu'elles forment un écheveau ne se prêtant pas aux méthodes de résolution rationnelles. La complexité qui en résulte empêche l'idée principale architecturale de prendre forme.

Dans de pareils cas j'agis d'une manière complètement irrationnelle, qui est la suivante: j'oublie pour un moment tout l'écheveau des problèmes, je le raye de ma mémoire et je m'occupe de quelque chose qui peut être, au mieux, caractérisé comme de l'art abstrait. Je me mets à dessiner en me laissant entièrement guider par l'instinct – et tout d'un coup l'idée principale nait, point de départ

qui rassemble les différents éléments souvent contradictoires nommés ci-dessus et les mets en harmonie.

En projetant la bibliothèque de la ville de Viipuri (je disposais de beaucoup de temps, cinq grandes années), je fis des dessins d'enfants représentant une montagne imaginaire avec différentes formes sur les versants et une quantité de soleils comme superstructure céleste, lesquels éclairaient les divers côtés de la montagne d'une lumière égale. En soi, ces dessins n'avaient rien à voir avec l'architecture, mais de ces dessins, apparemment enfantins, naquit pourtant une combinaison de plans et de sections dont il est difficile de décrire l'entrelacement – et qui devint l'idée fondamentale de la bibliothèque, aujourd'hui malheureusement détruite. Cette idée fondamentale consistait à grouper les salles de lecture et les salles de prêt des livres, sur des plans différents – comme sur le versant d'une montagne – autour d'un contrôle central situé au faîte du bâtiment. Et au-dessus un système de soleils: les lanterneaux ronds et coniques.

Je ne parle pas des expériences purement personnelles faites en travaillant à ma table de dessin dans le but de développer une méthode. Je pressens d'ailleurs qu'une grande partie de mes collègues reconnaîtront, à travers ces anecdotes, la nature même de leur propre lutte avec les problèmes architecturaux. En fait l'exemple que je donne ici n'a rien à voir avec la qualité du résultat final. Je n'ai mentionné le procédé que pour montrer comment est née ma conviction personnelle –

car je crois, je suis convaincu qu'à leurs débuts l'architecture et les autres arts ont le même point de départ

– un point de départ qui, certes, est abstrait, mais qui est en même temps chargé de toutes les connaissances et tous les sentiments accumulés en nous. J'avais joint à notre exposition de Londres en 1933 (l'exposition de Mme Aino Aalto, architecte, et la mienne, organisée par ‹The Architectural Review›) un certain nombre d'expériences en bois, de facture abstraite, en partie directement liées à la construction des meubles que nous exposions, et en partie fusion de formes et de constructions en bois dépourvues d'utilité pratique et même de tout rapport avec celle-ci. Le critique d'art du ‹Times› taxa ces expériences de ‹non objective art›, mais engendrées par un processus opposé;

autrement dit, il considérait qu'il s'agissait ici d'un art abstrait, ayant des prolongements jusque dans le domaine des applications pratiques;

ou bien d'expériences de laboratoire purement constructives ayant abouti à un art immatériel. Peut-être avait-il raison, je voudrais aussi peu le contredire aujourd'hui, qu'en 1933. Pour ma part je désirais seulement ajouter la réflexion suivante: en un sens, l'architecture et ses détails sont de la biologie, et leur naissance a probablement lieu dans des circonstances assez compliquées. On pourrait peut-être comparer l'architecture au saumon adulte. Il ne naît pas adulte, il ne naît même pas dans la mer où il nage, mais au loin, là où les rivières se rétrécissent en ruisseaux, en filets d'eau entre les montagnes, sous les premières gouttes d'eau sourdant des glaciers –

il est comparable aux premières impulsions de l'architecture qui naissent aussi loin de la vie pratique et du résultat définitif que les impulsions initiales des sentiments et de la vie instinctive des hommes peuvent l'être de la lutte journalière, si nécessaire pour le pain quotidien qui nous lie tous les uns aux autres.

Et de même qu'il faut du temps aux minuscules œufs de poisson pour grandir et devenir peu à peu de grands saumons, tout ce qui naît dans l'esprit de l'homme exige du temps pour se développer. Et c'est l'architecture qui en réclame le plus. Comme illustrations – modeste reflet des grandes évènements mondiaux – je citerai une expérience vécue personnellement: un jeu apparemment vain et inutile devait me livrer, dix ans après ou même beaucoup plus tard, la solution d'une série de formes utilisables en architecture. D'autre part, il est certainement possible de citer autant de cas où c'est une solution architecturale qui donna naissance à une forme isolée d'art abstrait, source elle-même pour l'homme de puissantes impulsions émotives. D'où l'importance de l'architecture dans la genèse des sentiments humains.

Un jeune peintre tchèque me disait l'autre jour en me rendant visite dans mon atelier qu'il y a quelque chose de profondément humain dans l'art abstrait, et il ajouta: «Je ne puis vous en expliquer la connexité, mais mon sentiment et ma conviction me le disent.»

«Ou je sens quelque chose ou je ne sens rien du tout», me dit un médecin suisse cet été – c'était un homme qui s'y connaît en tragédies de la vie humaine. Tel était son seul critère lorsqu'il s'agissait de juger l'art.

Peut-être le point important est-il justement que l'art abstrait constitue une simplification qui nous permet de n'éprouver que des sentiments, des sentiments que la langue écrite ne sait plus transmettre.

profondément influencée par Vienne, à tel point qu'aujourd'hui encore, Mais cette simplification ne représentera un progrès que si elle laisse encore place à cette accumulation d'intelligence et de sentiments humains dont il a déjà été question.

Comment est né le chapiteau ionique? Les formes naturellement fuyantes de la colonne en bois chargée en formèrent le point de départ – mais sa création en marbre ne fut pas une imitation servile. Il y eût à la place cristallisation accumulant bien plus de motifs humains que ne l'eût fait supposer l'origine de sa construction. Dans les créations de la nature comme dans l'anatomie humaine, les formes viennent prendre naissance dans la construction. Le résultat se cristallise et se simplifie en une forme unique, sans plagier les valeurs humaines qui ne se laissent plus deviner qu'à travers cette synthèse.

La construction, dans ce cas intelligence, raison, ou tout autre qualificatif qu'on veuille bien lui attribuer, fait corps avec la création. Ici entrent en jeu des sentiments d'une profondeur indéfinissable. On accède indubitablement aujourd'hui à un haut degré de développement. Que l'on songe seulement aux résultats acquis par l'art moderne. Même si l'homme ne possède plus l'intelligence constructive indispensable au travail créateur, la cristallisation des formes lui permet de recevoir des impressions émotionnelles uniquement à l'aide de cette chose indéfinissable qu'on appelle sentiment.

Ce que je viens d'exposer ci-dessus cadre avec la vérité, exception faite naturellement des formes vulgaires et commercialisées de l'art moderne qui, de nos jours, sont aussi nombreuses que les mauvaises herbes.

Il me semble que nous sommes en train de façonner une unité de l'art qui a des sources plus profondes que la réunion superficielle des différents genres de l'art, le point de départ étant le status nascendi.

Il est évident que nous nous trouvons au commencement de ce processus – mais dans le développement culturel chaque période est d'une valeur égale – nous ne pouvons pas estimer l'art archaïque moins haut que l'Acropole – et l'art de Giotto n'était pas inférieur à celui que pratiquèrent les architectes et peintres qui vécurent plus tard que lui.

Réponse à une enquête organisée par la revue italienne ‹Domus›, publiée dans ‹Domus› 1947, *223–225*, p. 3–20; ‹Werk›, février 1959, p. 43–44.

Entre l'humanisme et le matérialisme

Je suis particulièrement heureux de pouvoir m'adresser à vous, amis et collègues et à vous, mesdames et messieurs, à Vienne pour la première fois de ma vie. A vrai dire, ce n'est pas la première fois dans ma vie que je me trouve à Vienne. Tout jeune architecte, frais émoulu, un voyage d'étude me conduisit comme chaque architecte finlandais, à Vienne. Dans ce petit coin nordique, l'éducation des architectes était très

lorsque les étudiants de l'école polytechnique d'Helsinki veulent faire une plaisanterie et caricaturer un professeur, ils commencent par les mots: ‹Otto Wagner dit…›.

Pour amener l'architecture au niveau des besoins contemporains, il fallut mener un très long combat à la pointe duquel se tenait tout particulièrement Vienne. Nous le savons tous et nous savons également que la fin de nos efforts n'est pas encore en vue,

que le combat continue et que les problèmes s'abattent sur nous les uns après les autres.

Je suis persuadé que la profonde tradition architecturale viennoise trouvera encore, dans l'avenir, l'occasion d'apporter une importante contribution à la solution des problèmes les plus difficiles.

Parfois, on considère les problèmes de l'architecture tout à fait superficiellement, un peu dans le style de la question posée aux touristes dans le port de New York: 'Are you modern or old-fashioned?' On examine beaucoup trop les choses sous l'angle formel. Les problèmes les plus ardus ne se posent naturellement pas dans la recherche de la forme à donner au cadre de notre vie présente.

Il s'agit en fait de conquérir de haute lutte des formes derrière lesquelles se trouvent de véritables valeurs humaines. Nous sommes tous conscients de vivre dans une époque qui s'accompagne d'un combat permanent contre la mécanisation et contre les machines.

Charlie Chaplin nous a fourni dans son film ‹Modern Times› une image de cette lutte contre la mécanisation démesurée du monde. Le même point de vue se retrouve dans la littérature et au théâtre. On affirme que nous devons rester les maîtres de la machine, en réalité nous en sommes les esclaves. Dans cette contradiction se trouve naturellement aussi un des grands problèmes de l'architecture.

Après une période de modernisme formel, il apparaît clairement que l'architecture a reçu une nouvelle tâche. Peut-être l'architecte sera-t-il en mesure de placer l'homme au-dessus de la machine et non le contraire, avec plus de succès que l'écrivain. Une tâche bien définie s'offre en tout cas à l'architecte: il est là pour humaniser les formes mécaniques des matériaux.

Si nous poursuivons l'analyse de plus près, en détail, il nous apparaît bientôt à tous que

l'une des principales difficultés réside dans l'impuissance actuelle de l'homme à créer sans être obligé en même temps de détruire.

Ce n'est pas seulement la mécanisation de notre époque mais aussi notre propre activité qui nous éloigne de plus en plus de la véritable nature. Lors de la construction des chemins et des routes, nous assistons à une destruction plus ou moins intense de la nature. Et si nous cherchons bien, nous retrouverons des phénomènes semblables dans toutes les branches de notre domaine d'activité. Nous disposons par exemple d'une meilleure lumière, toujours meilleure. L'éclairage électrique d'aujourd'hui est tellement plus pratique que les lampes à pétrole ou les candélabres du temps de nos parents! Mais cette nouvelle lumière est-elle qualitativement vraiment meilleure que les vieilles sources d'éclairage? Elle n'est pas meilleure. Pour lire un livre à une certaine distance, nous devons disposer aujourd'hui de 60 à 80 watts là où nos grands-parents se contentaient de deux bougies. Et maintenant, cette lumière électrique ne suffit plus, le règne de la lumière à haute tension des tubes fluorescents a commencé, une lumière qui n'est pas constante et dont le spectre est trop bleu. Pour une même activité nous consommons donc encore plus de lumière parce que les qualités physiques et psychiques de cette dernière sont insuffisantes. Et il en est partout ainsi. Une des dernières grandes plaisanteries de mauvais goût est la découverte de l'impropriété totale de la ventilation par canaux en tôle. Depuis des années, nous avons observé que les meilleurs particules de l'air, celles d'ozone, disparaissaient par suite de la friction dans les canaux de ventilation. Il a maintenant été prouvé en laboratoire que la qualité biologique active de l'air disparaît presque complètement par suite de l'introduction mécanique rapide de l'air dans les immeubles de bureaux. Nous pompons de l'air pour les pauvres sténotypistes, mais elles ne peuvent pas entreprendre grand-chose avec lui. Cet air suffit pour vivre, rien de plus. Le confort n'est pas pris en considération.

Je me suis contenté d'aborder quelques problèmes laissant un arrière-goût bien particulier mais nous savons tous que de telles contradictions, inhumaines autant qu'anti-biologiques, se retrouvent partout.

C'est le rôle de l'architecte d'appliquer de nouveau la véritable échelle des valeurs.

Je vais maintenant vous présenter quelques images, je ne suis malheureusement pas en état de vous donner des exemples vraiment caractéristiques des analyses précédentes. Ce que nous pouvons offrir, c'est seulement un humanisme à petites doses car un homme, dix hommes et même cent artistes ne sont pas en état de provoquer un changement radical du monde entier. J'aimerais du moins illustrer quelques cas mineurs à la frontière de l'humain et de la mécanisation, et montrer ainsi une tentative d'humanisation. Les images présentent quelques fruits de ma propre activité parce que, architecte de profession, je me vois difficilement critiquer l'œuvre de mes confrères. C'est, je crois, la seule façon de laisser parler l'architecture construite au lieu de faire des phrases sur elle. Comme première photo, je vous montre une vue caractéristique de mon pays. Je le fais pour vous montrer le cadre naturel des maisons dont je vais parler. Le pays est constitué de forêts et d'eau, il possède plus de 80000 lacs intérieurs. Sur un tel territoire, il est possible aux hommes de garder toujours un contact avec la nature. Les villes sont petites. La capitale compte 400000 habitants mais, par ordre d'importance, les villes suivantes comptent déjà moins de 100000 habitants ou atteignent juste ce chiffre. Une agglomération de 30000 habitants passe déjà pour ville de moyenne importance et peut être le lieu de résidence d'un gouverneur. Tant d'eau implique des berges si nombreuses que chaque homme peut habiter sans aucune difficulté au bord de l'eau et jouir des béatitudes offertes par les forêts de pins et par l'eau. En réalité, bien sûr, il n'en va pas si facilement car la réalité de la vie est plus complexe et les hommes ne peuvent s'établir là où ils le voudraient. Tout doit être correctement organisé.

Je vous montre ensuite une courte série d'images se rapportant à l'une de mes anciennes réalisations. Il s'agit d'un travail qui me fournit le premier contact avec le malheur des hommes. Il s'agit du sanatorium pour tuberculeux de Paimio. Lorsque je reçus la commande de ce sanatorium, j'étais malade et je pus un peu expérimenter sur moi-même ce que cela signifie d'être vraiment malade. Il était irritant de gire toujours à l'horizontale et je remarquais bientôt que les chambres sont conçues pour des hommes en position verticale et non pour ceux qui reposent tout le temps dans un lit. Comme des mouches autour d'une lampe, les yeux cherchaient toujours la lumière électrique et aucun équilibre interne, aucune paix n'avaient été prévus dans la pièce pour un homme malade contraint de garder la position couchée. J'ai donc tenté de concevoir pour des malades affaiblis, des chambres susceptibles d'offrir à des hommes couchés une athmosphère apaisante. Je n'ai pas eu recours, par exemple, à une ventilation artificielle dont les courants d'air pulsé sont éprouvés comme désagréables au niveau de la tête. La ventilation s'opère à l'aide d'un courant d'air frais, légèrement préchauffé en pénétrant de biais à travers le chassis de la fenêtre.

Ces exemples sont là pour montrer combien peu nous pouvons faire, pour soulager les maux des hommes. Voici encore l'exemple d'un lavabo. J'ai tenté de créer un lavabo dans lequel l'eau ne fasse aucun bruit. L'eau tombe à angle aigu sur la porcelaine et le voisin de chambre n'est opportuné par aucun bruit lorsque l'eau coule.

Je fais maintenant un grand saut du sanatorium de Paimio à une université du nord de la Finlande. Il s'agit du bâtiment principal de l'université, de la bibliothèque, des installations de sport, du lycée et d'une grande école. Nous savons tous que l'éducation moderne est très collectiviste. Nous ne pouvons éduquer nos enfants que dans un système à peu près équivalent pour tous; il n'est plus possible aujourd'hui de parler d'un véritable individualisme dans l'éducation. Nous savons tous que la collectivité recèle beaucoup de bien en soi mais qu'elle peut aussi se révéler néfaste pour les hommes. Le juste milieu doit se trouver à équidistance entre l'individualisme forcené et le super-collectivisme. Les écoles deviennent de plus en plus grandes, car cette disposition réduit les frais d'administration mais il est indispensable de trouver aussi pour les établissements d'éducation la limite optima. Je vous montre ici une école primaire tout à fait ordinaire mais qui fonctionne comme institut pédagogique pour les maîtres et les étudiants. En général, les bâtiments de classes apparaissent, à vue d'œil, comme trop grands et le nombre impressionnant de classes signifie une collectivisation intense. A la place d'une école avec beaucoup de classes, j'ai donc cherché à construire un assemblage de beaucoup de petites écoles. Trois salles de classe et un escalier constituent toujours une unité, de manière à donner l'illusion d'une petite école, annexée administrativement au complexe entier.

Je vous montre maintenant un tout autre objet: un crématoire. Si nous avons parlé des effets désagréables produits dans les écoles par le collectif, il existe une autre forme de la routine humaine organisée qui est susceptible de blesser gravement. Dans une ville atteignant le million, c'est une expérience terrible que de visiter un crématoire bien organisé où chaque visiteur doit chercher en a, b, c ou d, suivant le programme, l'endroit où repose le mort. L'organisation doit fonctionner de manière à ne pas heurter la sensibilité de l'assistance. Pour ce crématoire, par exemple, il existait un programme d'après lequel un certain nombre de cérémonies devaient se dérouler par jour. Exprimé brutalement, la chapelle funéraire devait posséder une capacité donnée. Ceci aurait provoqué des collisions entre les divers cérémonies. Aussi ai-je recherché un plan qui exclue ces collisions. J'ai donc créé une grande chapelle ici, une plus petite là et encore une plus petite là-bas, chacune possédant son entrée particulière.

Je crois qu'il existe beaucoup de circonstances dans la vie humaine où l'organisation s'impose trop brutalement. C'est la tâche de l'architecte de donner à la vie une structure plus sensible.

Je vous montre maintenant la nouvelle école polytechnique d'Helsinki, située à vingt km de la capitale. Lorsqu'on vient de la ville, des allées de vieux arbres conduisent au bâtiment principal, aux laboratoires, aux logements des professeurs, des étudiants, du personnel administratif et aux installations de sport. Les cheminements sont disposés de telle manière qu'un professeur, par exemple, puisse se rendre de sa maison à son cours sans croiser une chaussée. Les autos sont déviées à l'extérieur de sorte qu'il n'existe que des jardins entre les bâtiments. Il n'est plus question de bannir les automobiles de notre vie quotidienne mais elles ne doivent emprunter que les pistes qui leurs sont réservées, c'est-à-dire disposer de leurs zones propres, de même que l'homme a besoin des siennes pour travailler et se promener. Il est important que la zone réservée au travail et à la détente des hommes domine toujours de plusieurs mètres la zone réservée à la circulation automobile. Nous savons que les combustibles, tel que l'essence, dégagent des gazes auxquels certaines parties sensitives du corps humain réagissent tout particulièrement. Peut-être y a-t-il là une explication à la genèse des cancers. Si nous ne disposons pas de preuves formelles, aucun spécialiste, du moins, n'ose battre en brèche sérieusement une telle hypothèse. Il est dramatique de penser que les grandes ressources de notre époque recèlent en même temps un grand danger, le plus grand ennemi des hommes qui doivent travailler, sans pouvoir s'en libérer. Il n'existe pratiquement pas d'ateliers, de chantiers où le danger des gazes toxiques soit complètement éliminé. Ici, dans cette école polytechnique, l'essai n'a pas dépassé le stade du dilettantisme. Bien sûr c'est un premier pas de canaliser les automobiles à l'extérieur, de concentrer les espaces verts au milieu et de situer les logements plus haut, de sorte qu'il est peut-être permis d'affirmer que l'air est ici plus pur, moins mélangé à des gazes dangereux.

L'école possède de vastes installations de sport pour les étudiants et une grande salle de sport où l'on peut pratiquer en hiver, les sports d'été. Je suis personnellement contre l'universalisation du sport, contre la tendance de faire de l'hiver l'été et réciproquement. Je pense que si l'on fait du sport, celui-ci doit varier avec les saisons pour en souligner le changement naturel. Lancer le javelot dans la salle de sport n'a pas la même valeur qu'à l'air frais, dans les forêts ou au bord d'un lac. Dans les piscines couvertes et dans les halles de hockey sur glace, les saisons sont transformées de facto, les ‹hobbies› des hommes perdent leur caractère naturel.

Il est bien juste de consacrer les derniers mots de ma conférence à l'autre face de l'architecture, le côté formel. Quoique la solution du problème architectural soit par nécessité une procédure d'humanisation, il n'en reste pas moins que la vieille question de la forme et de la monumentalité reste aujourd'hui concrète pour les architectes. Toutes les tentatives d'escamoter cette question ont échoué. Elles équivalent à peu près à l'essai de retrancher des grandes religions l'idée du ciel.

Même si nous savons que le sauvetage du pauvre petit homme est presqu'impossible, ce que nous essayons toujours malgré tout, la principale tâche de l'architecte réside quand même dans l'humanisation de l'ère du machinisme. Mais ceci ne peut se concrétiser sans forme.

Celle-ci est un mystère dont nous ne savons pas ce qu'il est en réalité mais qui donne à l'homme une sensation d'agrément totalement différente de celle éprouvée pour un travail de sauvetage social. Voilà pourquoi je terminerai ma conférence par quelques considérations formelles.

Pour nous, la brique est un élément important pour la création de formes. J'étais une fois à Milwaukee en compagnie de mon viel ami Frank Lloyd Wright qui devait y donner une conférence. Il la commença en ces termes: «Savez-vous, mesdames et messieurs ce qu'est une brique? C'est une bagatelle, elle coûte 11 cents, c'est une chose banale et sans valeur mais qui possède une propriété particulière. Donnez-moi cette brique et elle sera immédiatement transmuée en la valeur de son poids en or.» Ce fut peut-être l'unique fois que j'entendis énoncer aussi brutalement, aussi clairement devant un public ce qu'est l'architecture. L'architecture, c'est la transmutation d'une brique sans valeur en une brique en or. Nous éprouvons des difficultés en Finlande dans ce processus de transformation.

Nous avons essayé de construire une maison laboratoire pour tenter d'y remettre les choses dans le bon chemin. Nous avons réalisé plusieurs murs d'essai à l'aide de briques différentes et pendant les journées que nous passions là-bas, nous pouvions parler un peu avec les briques car, d'une certaine façon, il est plus facile lors de telles recherches en milieu stérile, de découvrir la qualité. Nous avons aussi examiné l'action des plantes sur les briques. Ça donne un choc à l'architecte lorsqu'il découvre tout à coup sur les briques une floraison jaune de plantes parasites et quelque soit le bizarre de ces petits riens, il agit malgré tout en stimulant.

On me demanda un jour: «Pourquoi ne travailles-tu plus aussi souvent avec la forme libre que tu utilisas pour le pavillon de New York?» C'était un esthète qui posait la question. Ma réponse fut: «Je ne dispose pas du matériau adéquat.» Nous ne pouvons pas créer avec des éléments standardisés, une architecture aux formes libres. Le mur de brique gardera sa forme cubique jusqu'à ce qu'on trouve une brique permettant un langage de forme libre. Il devrait être possible de trouver une telle forme susceptible de s'incorporer au mur de brique et de créer en même temps un mur rond ou négatif, convexe, concave ou rectangulaire.

Puisque je parle ici en Europe centrale qui vit naître la brique moulée, il est peut-être juste de terminer en soulignant que nous sommes encore loin de posséder les matériaux dont nous aurions besoin pour la forme architecturale. Notre standardisation manque surtout de souplesse. Ce n'est pas seulement la brique que l'on devrait doter d'une forme universelle permettant de tout réaliser, il en est de même, avec tous les autres éléments standardisés.

Si nous réussissons un jour à atteindre plusieurs buts avec un seul élément standardisé, c'est-à-dire à incorporer aux choses la souplesse en guise d'âme, alors nous aurons ouvert un chemin dans les contrées dangereuses de Charybde et Scylla, entre l'individualisme et le collectivisme.

Conférence donnée à Vienne devant l'association centrale des architectes durant l'été 1955, publiée dans ‹Der Bau› 1955, *7/8*, p. 174–176.

R.I.B.A. – Discours annuel 1957

La révolution architecturale qui se développe depuis plusieurs décennies, a suscité beaucoup d'intérêt et d'enthousiasme pour l'architecture. Mais elle est comme toutes les révolutions: elle débute dans l'euphorie et s'arrête dans une sorte de dictature. Elle s'écarte de son chemin. Une bonne chose subsiste aujourd'hui encore: partout dans le monde, que ce soit en Uruguay, en Scandinavie, en Angleterre, en Afrique du Sud – dans tous ces pays – nous rencontrons des groupes bien organisés, formés de créateurs, s'appelant eux-mêmes des architectes, avec une nouvelle, réelle – comment dire? – direction pour le monde. D'artistes formalistes qu'ils étaient, ils se sont peu à peu déplacés vers un autre domaine. Ils forment aujourd'hui

la garde d'honneur, l'escadron qui combat durement pour humaniser la technique contemporaine.

Il y a quelques jours, à Paris, j'ai eu une discussion avec un client au sujet d'une question aussi simple que la ventilation. Ce client déclara: «La technique sans l'esprit, c'est la pire des choses au monde» – ce qui est exact.

Est-ce que nous faisons notre travail comme il faut? Prenons deux extrêmes. Si je descends à la gare centrale de New York, ou à une gare de Chicago, et que de jeunes architectes s'y trouvent, la première question – s'ils ne me connaissent pas – est: «Etes-vous pour l'ancien ou le moderne?» Cette question m'a été posée dans toutes les langues; la dernière fois au Portugal, à l'Estoril. Je pense qu'il n'y a pas de formule plus naïve et plus courante – «Etes-vous pour l'ancien ou le moderne?». Si nous analysons cette question plus à fond, nous remarquons bien vite qu'elle est dépourvue de sens.

En art, il n'existe que deux alternatives: l'humanité ou pas.

La seule forme ou quelque détail ne peuvent, par eux-mêmes, créer quelque chose d'authentiquement humain. De nos jours, nous avons passablement d'architecture superficielle et plutôt mauvaise, et qui est pourtant ‹moderne›. Il serait certainement difficile de trouver un architecte capable de dessiner aujourd'hui un détail gothique ou géorgien.

Prenons une capitale du divertissement ou du spectacle – Hollywood par exemple. Bien sûr, toutes les maisons sont modernes.

Mais vous ne trouverez que peu de maisons donnant vraiment aux êtres humains l'esprit d'un authentique vie physique.

Prenons l'autre extrême. Il y a quelques mois, un architecte visitait la Finlande, recouverte de neige – je crois qu'il venait de Bombay ou de la Nouvelle Delhi – et il avait un cahier dans lequel il avait consigné toutes les questions considérées comme les plus importantes dans l'art de construire. S'étant assis, la première chose qu'il demanda (après avoir dit: «Comment allez-vous?») fut

«Quel est le module de ce bureau?» Je ne lui ai pas répondu, parce que je ne le savais pas.

L'un de mes principaux assistants était assis à mes côtés. Il déclara: ‹Un millimètre ou moins›.

Ce sont-là deux extrêmes démontrant tout d'abord la nature byzantine des formes les plus courantes de discussion et deuxièmement cette absurdité qui est la recherche d'un module universel. Ceci représente en même temps la dictature qui termine la révolution, l'esclavage de l'homme vis-à-vis des futilités techniques qui, en elles-mêmes, ne comportent rien d'authentiquement humain.

Comment poursuivre notre combat? Par quel moyen? Quels devraient être les vrais rapports entre tous les architectes du monde et que devrions-nous dire au public? Il y a quelques jours, l'Institut des architectes finlandais a suggéré au Secrétariat Général de l'Union Internationale des Architectes, à Paris,

de déterminer les obstacles qui arrêtent le bon produit,

de déterminer pourquoi si peu de villes sont bien conçues, pourquoi tant de bons plans d'urbanisme sont écartés, pourquoi le pourcentage des bonnes habitations est si faible et pourquoi, à notre époque, nous manquons presque toujours de bâtiments officiels, symboles de la vie sociale, symbole de ce qui peut être appelé la démocratie – le bâtiment propriété de tous.

Les raisons pour lesquelles deux, trois ou cinq pourcent seulement de l'activité créatrice humaine possèdent une signification culturelle, sont très complexes et difficiles à analyser. Ici se pose la question de notre temps, la question de la signification profonde de la civilisation et de la culture, la question du mouvement allant, disons, de la société de 1700 à notre industrialisme. Aujourd'hui, chaque objet est fabriqué selon des méthodes différentes de celles d'autrefois. Notre existence a pris une forme entièrement différente. Il est clair que cela blesse. Il ne peut donc pas s'agir d'une évolution paisible. Il y a, naturellement, des obstacles empêchant de parvenir à faire une plus grande quantité de bons produits. Mais bien des choses pourraient être éliminées avec un peu de bonne volonté. Et, si nous consentions à étudier ces questions, je crois que nous arriverions à faire beaucoup plus pour l'homme vivant dans nos démocraties actuelles.

Je voudrais ajouter ceci: la discussion devrait être aussi large, aussi ouverte que possible. On dénote aujourd'hui une tendance qui n'est pas très sympathique. On organise des expositions d'architecture et de l'art ou des arts industriels. Ces expositions se comptent par centaines, montées non seulement ici, mais sur tout le continent. Les journalistes disent: «Aujourd'hui, la Suède est en tête pour le verre; demain, la Finlande sera en tête pour le verre; ce pays est en tête pour la poterie, le Brésil est en tête pour les façades colorées.» Je ne pense pas que cela représente la bonne voie.

Nous devrions jouer cartes sur table, parler ensemble, élaborer des projets ensemble et parler ouvertement de nos faiblesses.

Nous ne devrions pas être comme des marionnettes et dire: «Oui, nous sommes aujourd'hui en tête pour le verre.»

Nous devrions nous souvenir des grandes époques de la littérature, du temps de Voltaire, de Rousseau, ou même de courants littéraires plus récents. Il y a Bernard Shaw, Strindberg ou Anatole France. Qu'est-ce qui fit la grandeur de ces hommes? Leur attitude critique et leur esprit combatif jointe à la haute tenue de leur art. Vous ne pouvez songer à Bernard Shaw sans penser en même temps à lui comme homme menant un combat.

Dans leur signification la plus profonde, je pense que le combat et le niveau le plus élevé de l'art se rencontrent, et, dans leur signification la plus profonde, ils ne font qu'un.

Il se peut que jamais l'art n'atteignit un niveau élevé sans cette association mystérieuse.

Je pense que dans le domaine de l'architecture, nos rapports, nos discussions et nos contacts, de même que le langage employé avec le public devraient être semblables à ceux utilisés par les écrivains, même si la littérature et l'architecture sont très éloignées l'une de l'autre et parfois vont jusqu'à se perdre de vue.

Quels sont les principaux obstacles nous empêchant d'avoir une production à 100%? Je ne peux les citer tous, mais j'en choisirai quelques-uns parmi ceux qui pourraient être éliminés.

Premièrement,

il s'avère extrêmement difficile d'initier le public à l'architecture.

Avant d'avoir un écho et de pouvoir être compris, il faut connaître de nombreux domaines et posséder un niveau culturel peu commun. Une fois, je fus très fier en voyant ici, en Angleterre, un petit livre scolaire donnant un enseignement préliminaire en architecture. Il était destiné aux très jeunes enfants d'une école élémentaire. Je pense qu'il est très bien de faire cela, mais je crains que l'architecture, qui couvre l'ensemble du monde des formes et des structures qui nous entourent, ne soit trop compliquée pour être enseignée à des enfants. De donner des cours d'architecture à des enfants de 7 ou 8 ans revient à peu près au même que de donner des leçons d'éducation sexuelle dans la première classe d'une école primaire.

Cependant, je crois qu'un enseignement très valable pourrait être dispensé au niveau supérieur. Je pense cependant qu'il ne devrait pas suivre la même voie que la critique d'art ordinaire. En suivant ce chemin, nous pourrions alors perdre notre ligne horizontale. La critique d'art a à peu près cent ans. L'usage consistant à rédiger des articles critiques au sujet d'artistes particuliers n'est probablement pas plus ancien. Cette habitude se répand de plus en plus dans la presse et elle continuera à se développer dans la même direction. Ce sera tout juste la critique de cas individuels et la ligne vraie sera perdue. La ligne vraie consiste à étudier des solutions et à construire pour l'homme moyen, dans son propre intérêt.

Il se peut que nous constatons que la meilleure méthode de travail soit de construire par exemple un petit groupe d'habitations dans le cadre de recherches expérimentales, et les présenter au public.

Nous travaillons dans un domaine très ingrat, en ce sens que nos constructions ne sont pas précédées par des ‹essais de laboratoire›.

Dans le monde industriel moderne, nous sommes les seuls à construire directement à partir du dessin. Entre les deux étapes, il devrait y avoir une période de laboratoire. Cela peut être fait à titre individuel, mais

chaque pays civilisé devrait toujours avoir un programme de cités expérimentales et de constructions expérimentales.

De très bonne heure, l'Angleterre a eu quelque chose de semblable. Nous pourrions parler de Raymond Unwin, du Weissenhof en Allemagne où un art atteignit un point culminant, un art individuel qui n'était cependant pas réellement considéré comme une période de laboratoire. Je ne pense pas qu'on puisse vraiment apprendre aux gens comment ils devraient vivre sans avoir ce genre de chose.

Comme deuxième obstacle, prenons

la mécanisation et la standardisation qui envahissent notre époque.

Nous sommes tous concernés par la mécanisation. C'est un des aspects de la démocratie. C'est la seule possibilité de donner davantage de choses à davantage de gens. Mais nous savons en même temps que la mécanisation et la standardisation abaissent la qualité. Cela signifie que, biologiquement, la démocratie est un processus très difficile. Nous ne pouvons pas offrir à chacun la même qualité qu'il est possible d'offrir à un petit nombre, comme cela se faisait dans le passé.

Dans un pays d'outre-mer, Madame Aalto eut une fois une conversation avec un grand industriel. Il disait avoir une nouvelle et merveilleuse idée de véritable rationalisation dans un domaine où n'existait encore ni standardisation ni rationalisation. Il demanda: «Avez-vous vu le nombre de navires et de bateaux transportant le café du Brésil vers d'autres pays? C'est un moyen peu pratique. Le café est un produit naturel et n'est pas un produit rationalisé.» Il possédait trente brevets relatifs à une méthode permettant de comprimer 1 m³ de café dans une petite pilule, ce qui aurait permis de réduire le tonnage des navires utilisés pour ce transport à cinq pour cent du chiffre initial. Vraiment une merveilleuse idée de rationalisation. La pensé humaine avait donné là la preuve de sa toute-puissance. Mais Madame Aalto lui demanda: «Et le café – quel goût a-t-il?» La réponse fut: «Oh, l'embêtant, c'est qu'il n'a plus son véritable goût!»

Ceci montre en deux mots combien il est difficile de maintenir chaque homme au même niveau et de lui donner l'égalité. Les difficultés augmentent encore lorsque nous passons des qualités matérielles aux qualités de l'esprit. Là, le monde a bien mauvaise mine aujourd'hui.

Il y a néanmoins des possibilités d'utiliser la standardisation et la rationalisation pour le bien des hommes.

La question qui se pose est celle-ci: que faut-il rationaliser et que faut-il standardiser?

Nous pourrions fixer des normes élevant non seulement le niveau de l'existence, mais aussi le niveau spirituel. Une chose importante serait de pouvoir créer une standardisation souple, une standardisation qui ne serait pas notre maître, mais dont nous serions les maîtres.

Lentement, graduellement, la dictature de la machine étend de plus en plus son règne.

Nous nous cramponnons à des méthodes philosophiques. Or, si nous voulons être maîtres de la matière, le nom de la philosophie est architecture et rien d'autre. Dès lors, nous pourrions travailler à une standardisation qui aurait des qualités humaines. Nous pourrions expérimenter des choses susceptibles d'apporter davantage aux êtres humains. Le degré de standardisation des câbles électriques ou des roues d'automobiles n'a pas d'importance. Mais dès que nous touchons aux choses qui nous sont proches, le problème est différent – il devient une question spirituelle, il devient une question s'inscrivant dans le chapitre intellectuel de la standardisation.

Un jour, j'ai tenté de standardiser des escaliers. Il s'agit probablement de l'un des premiers objets de la standardisation. Nous dessinons bien sûr chaque jour de nouvelles marches d'escalier pour toutes nos maisons. Mais une marche standardisée dépend de la hauteur des immeubles et d'une foule d'autres choses. Vous ne pouvez pas utiliser exclusivement la même marche, parce qu'elle doit être suffisamment adaptable pour être posée n'importe où. Nous avons essayé de résoudre le problème en recourant à un système souple, dans lequel les marches pouvaient entrer les unes dans les autres, mais de façon que le rapport du plan horizontal au plan vertical respecte toujours la formule que nous connaissons depuis la Renaissance, de Giotto je crois, ou même depuis des temps plus reculés – le siècle de Périclès. Pour le mouvement de l'être humain, il y a une forme rythmique spéciale. Nous ne pouvons pas faire une marche comme bon nous semble. Il doit y avoir un rapport spécial. Je traitais cette question à l'université de Göteborg. Le Recteur déclara alors: «Attendez un moment, je vais aller à la bibliothèque.» Il se rendit à la bibliothèque et revint avec un livre, la Divine Comédie de Dante. Il l'ouvrit à la page où il est dit qu'en enfer la pire des choses, c'est que les marches d'escalier ont de fausses proportions.

C'est à partir de ces petites choses que nous devrions nous efforcer de bâtir un monde harmonieux pour les hommes.

Des possibilités existent si chacun essayait de faire cela et essayait de faire en sorte que les gens de l'Administration suivent nos conceptions.

Une chose encore: nous travaillons tous avec des capitaux très importants. Chaque chose que nous faisons implique un gros investissement. La planification des cités est certainement le plus volumineux. Le simple fait de vouloir modifier le trafic coûte tellement cher que personne ne veut, politiquement, franchir le pas qui permettrait de procéder aux changements indispensables. Nous constatons que l'homme, dans les villes, ‹baigne› littéralement dans le flot des voitures. Chaque minute, même dans les petites villes, des centaines de voitures dépassent le piéton. Le piéton est dans une position beaucoup plus mauvaise que les ingénieurs travaillant huit heures par jour dans une fabrique de papier. Dans une usine de papier, il n'y a généralement pas de moteurs, mais seulement des transmissions électriques et s'il y a des moteurs, ils sont peu nombreux. Mais dans la rue, il y en a des centaines, qui ne cessent de vous dépasser. Nos rues et nos cités ont été conçues pour des buts complètement différents – par exemple le boulevard des Italiens a été dessiné en fonction des voitures à chevaux, quelques chevaux ici et là. Aujourd'hui, il est plein d'automobiles – et nous savons qu'elles ne sont pas inoffensives. Elles dégagent des gaz très toxiques, des gaz lourds restant sur la chaussée. Presque tous mes amis appartenant au corps médical pensent que nous sommes en train de payer très cher notre incapacité de bâtir un nouveau système de trafic, où les piétons et les automobiles seraient à bonne distance les uns des autres, sans parler des habitations – qui devraient être très loin de toute circulation. La réponse, c'est le cancer.

Le prix que nous payons pour nos rues, ce sont les factures que représentent les hôpitaux énormes que nous construisons partout dans le monde.

Puis il y a notre vieil ennemi: le spéculateur foncier. C'est lui l'ennemi numéro un de l'architecte. Mais l'architecte a aussi d'autres ennemis qu'il est peut-être encore plus difficile de vaincre. Par exemple, nous avons dans notre pays – et cela existe sous d'autres formes dans d'autres pays, car, dans ce domaine, nous sommes tous logés à la même enseigne – la ‹ligne théorique de la construction économique› qu'on exprime d'une façon plus courante par: «Quelle est, pour une maison, la forme la plus économique?» Si nous avons, disons, un immeuble locatif de cinq, six ou huit étages, la question est: «De quelle épaisseur, de quelle longueur? Quel est le moyen le meilleur marché de donner aux gens ces habitations dont ils ont tant besoin?» On peut bien sûr appeler cela de la science. Mais ce n'est pas de la science. La réponse est très, très simple – la maison la plus épaisse est la meilleure marché. C'est clair.

On peut aller plus loin et dire que la maison la plus inhumaine est la moins chère.

La lumière la plus chère que nous ayons est la lumière du jour – laissons cela et alors nous aurons des habitations meilleur marché. La chose la plus chère est l'air pur, parce que ce n'est pas seulement une question d'aération, mais aussi une question de planification des cités. L'air pur pour les êtres humains coûte des acres de terrain, de jardins, de forêts, de trafic et de prairies.

Ce n'est pas de cette façon ridicule qu'on arrivera à bâtir économiquement. Dans la construction, l'économie réelle, c'est combien de bonnes choses il est possible d'offrir à un prix intéressant. Il en va de même pour toute économie – le rapport entre la qualité et le prix du produit.

Mais si vous négligez la qualité du produit, toute l'économie, dans tous les domaines,
est absurde, et c'est pareil en architecture.

Ce genre de ‹ligne› convient très bien à la propagande. Une propagande où le mot ‹économique› est utilisé d'une manière erronée est antihumaine. Cela va parfois si loin que l'on arrive à des résultats contraires. Je connais des écoles qui sont le fruit de ce genre de propagande; elles sont certainement bon marché dans les chiffres, mais très chères par enfant.

Permettez-moi d'examiner encore un autre aspect. Je saute des considérations économiques au

problème de la décoration.

Nous savons tous que la décoration existe en tant qu'art indépendant. Il existe dans l'industrie un art appliqué ayant rompu tout contact avec son origine, l'architecture. La décoration comme telle se laisse utiliser partout.

C'est une chose très comique que la fausse rationalisation. L'usage aberrant du mot ‹économique› et de la décoration sont les ‹trois cochons› – ils œuvrent ensemble. Il y a une semaine, j'ai vu en Suisse de grands complexes, conçus selon des normes mécaniques et d'où tout esprit était absent, mais qui faisaient bon ménage avec la décoration. La décoration était là pour dissimuler des choses qui, autrement, auraient eu l'air trop dures et trop inhumaines.

Mais cette activité triangulaire mène à une société sans culture et à des constructions non culturelles – cette combinaison de trois choses qui n'ont rien à voir ensemble. Nous nous dirigeons vers une société inorganique. Nous devrions œuvrer pour des choses simples, bonnes, non décorées, mais des choses en harmonie avec l'homme et convenant organiquement à l'homme de la rue.

Conférence donnée au Royal Institute of British Architects, publiée dans ‹The R.I.B.A. Journal›, mai 1957, p. 258.

Les relations entre l'architecture, la peinture et la sculpture

Au sujet de la synthèse de l'architecture, de la peinture et de la sculpture: il me vient à l'esprit l'exemple d'une école d'arts que je connais. A l'occasion d'un concours, un étudiant en architecture, un peintre et un sculpteur devaient réaliser ensemble un projet de salle de bain. Je rejette évidemment une interprétation aussi naive de la synthèse de l'architecture, de la peinture et de la sculpture. Participation de trois personnes différentes à une œuvre d'art n'est de loin pas synonyme d'har-

monisation des trois sortes d'art. Le centre d'intérêt se trouve déplacé de l'art sur l'individu; il se produit une confusion dangereuse entre art et individu. Il peut naturellement arriver qu'une constellation particulièrement favorable aboutisse à un résultat réjouissant dans un travail d'équipe, mais ces cas sont très rares. Il est beaucoup plus probable qu'aucune de ces trois personnes travaillant ensemble ne soit un vrai artiste. C'est pourquoi il me semble qu'il vaut mieux trouver trois artistes réunis en un individu que pas d'artiste du tout parmi trois personnes.

Quand Fernand Léger discutait avec des amis il employait souvent l'expression ‹chef d'orchestre› pour désigner l'architecte. Les arts forment un orchestre dont l'architecte est le dirigeant. Cette conception nous rapproche déjà bien davantage de l'idée de l'harmonie entre les trois sortes d'art. Autrefois il était impensable de séparer ces trois arts et c'est même à l'architecture que revenait la place d'honneur. De nos jours pourtant l'architecture n'est plus aussi étroitement liée aux deux autres arts, bien que la peinture et la sculpture supposent très souvent la création d'un espace.

Mais il doit exister une relation plus étroite encore entre ces trois formes d'art

et, pour la trouver, je voudrais vous parler de deux étapes dans le processus de création d'une œuvre d'art qui, à mon avis, sont communes aux trois formes d'art.

En architecture il est possible de trouver une solution formelle grâce à la fantaisie et à l'intuition, c'est-à-dire que l'on peut en quelque sorte imaginer le motif principal.

La fantaisie et l'intuition sont également indispensables pour harmoniser les nombreux éléments souvent contradictoires (matériels, sociaux, économiques) qui déterminent aussi l'architecture.

Mais l'instinct et la fantaisie ne créent rien d'autre que des représentations. Si en fait l'idée première se révèle presque toujours avoir été la bonne, il est pourtant indispensable de se confronter aux matériaux.

Par le travail les idées s'affermissent et se concrétisent.

Ce n'est que grâce au coup de crayon sur le papier que l'idée devient réalité. Ceci est la seconde étape indispensable dans la réalisation d'une œuvre architecturale.

Il en est presque de même en peinture et en sculpture. Bien sûr, on peut imaginer les couleurs sur la toile mais on ne peut parler de peinture que lorsque l'on manie réellement le pinceau et les couleurs, lorsqu'on transforme le rêve en réalité. Braque a dit une fois: «Le plus grand plaisir lorsqu'on peint est que l'on ne sait jamais ce que sera l'œuvre achevée. On commence quelque chose qui se développe sans cesse et le résultat est tout différent de ce qu'on attendait au départ.»

Dans ces deux étapes du processus de création d'une œuvre d'art (l'étape de la représentation dans l'imagination et celle de la réalisation pratique), nous découvrons une relation entre les trois formes d'art qui est plus profonde que le simple fait qu'elles apparaissent simultanément. Cette relation se trouve profondément enfouie dans notre subconscient.

On ne peut transposer en architecture ni une forme peinte ni une sculpture car elles sont indépendantes de tout élément économique et social. Il n'est donc pas vrai que l'on trouve d'abord une forme indépendamment des grands devoirs de l'architecture pour y insérer ensuite les buts utilitaires. Mais l'inverse également, la transposition de l'architecture en peinture ou en sculpture me semble impossible. Il m'est d'ailleurs arrivé un jour la chose suivante: j'avais choisi comme motif de peinture un projet d'urbanisation; j'ai commencé à peindre et me suis de plus en plus concentré sur ma peinture: le résultat devint tout différent de l'original. Il ne m'était pas possible de transposer les formes architectoniques en formes peintes.

Le rapport est ailleurs. Une forme peinte peut inspirer l'architecture sans qu'elle soit prise directement en tant que telle. Mais il est difficile de saisir cette relation. Quel est au fond le programme de l'architecture? Sa base devrait être la vie humaine. L'homme s'y meut, y vit et y accomplit ses activités quotidiennes. On peut donc dire que l'architecture est fondée en quelque sorte sur un processus ‹bio-dynamique›. C'est autour de ce processus que l'architecture doit être construite, en tant qu'enveloppe pratiquement, mais une enveloppe avec des intérieurs et avec tous les aménagements indispensables. Il ressort de tout ceci qu'il est pour ainsi dire inhumain de créer d'abord la forme pour introduire ensuite la bio-dynamique.

> On pourrait comprendre d'après ce que vous avez dit que la forme est une résultante de la destination, comme si le fonctionnalisme pur avait encore de la validité.

Les formes fonctionnelles étaient au départ une combinaison d'idées, qui prenait comme base la vie humaine; plus tard on créa trop de choses formelles et forcées qui ne peuvent plus être considérées comme le résultat d'une analyse de la vie humaine. Les bâtiments publics en sont un exemple type.

> Mais qu'en est-il des formes que l'on a essayé de dériver directement des fonctions utilitaires? Je crois que dans votre œuvre justement on peut constater qu'il existe apparemment quelque chose de plus que seulement la forme qui se conforme à l'utilitarisme?

Oui, c'est exact – mais que les formes utilitaires correspondent, cela dépend de ce que l'on entend par destination utilitaire et à quel point on analyse la vie humaine. Comme je l'ai déjà dit,

les trois formes d'art que constituent l'architecture, la peinture et la sculpture sont reliées entre elles par le fait qu'elles sont l'expression d'un spiritualisme humain se basant sur la matière.

> Quel sens donnez-vous au mot ‹matière›? S'agit-il simplement de la matière en tant que matériau, c'est-à-dire de moyen pour créer la forme visible ou bien donnez-vous à ce mot un sens plus étendu, le sens philosophique même?

Je pense naturellement surtout à la matière en tant que matériau et pourtant ce mot matière signifie plus pour moi car il transpose l'activité purement matérielle en un processus spirituel qui lui est lié.

Une partie essentielle des principes de la culture humaine repose sur le concept de matière. Je pense même que ce mot magnifique de ‹matière› est finalement celui qui unit entre elles les trois formes d'art: l'architecture, la peinture et la sculpture.

Ce ne sont pas uniquement de simples esquisses et une ressemblance de formes qui exercent une influence réciproque, mais c'est la ‹matière›, c'est-à-dire la confrontation intellectuelle avec le matériau choisi.

Je ne vois dans mes travaux aucune autre relation entre les trois formes d'art que les relations matérielles. Que je dessine un croquis, que je fasse une aquarelle ou une peinture à l'huile revient pour moi à faire un essai de différents matériaux. La peinture à l'huile par exemple nous donne des nuances de possibilités qui vont de la surface plane jusqu'au relief. La cause en est la propriété onctueuse du matériau de peinture. La peinture à l'huile est pour moi une combinaison de couleur et de relief. Lorsque je fais des aquarelles il faut que je me concentre uniquement sur la composition des couleurs et pourtant, là aussi il existe une contrainte matérielle: celle entre le papier, l'eau et la possibilité de mélange des couleurs. Ce ‹travail avec des matériaux› est d'une très grande importance pour un architecte. J'aurais par exemple de grandes difficultés à surmonter si je voulais faire une sculpture en bois sans tenir compte de la texture du bois, de la manière dont les fibres sont disposées. C'est le bois tel qu'il a poussé avec son caractère spécifique et la disposition de ses fibres qui me suggère la forme future. Le matériau, la confrontation avec ce matériau, la matière donc est la substance qui unit entre eux les trois arts.

Le matériau est un trait d'union. Il a une action unificatrice. Toutes les formes d'art naissent du matériau, il faut qu'elles se confrontent au matériel. La contrainte dans la matière laisse libre champ à la création d'une synthèse harmonieuse car finalement les trois catégories d'art sont identiques: la théorie de travail est la même pour toutes les trois, de même que le résultat, dans la mesure où nous voulons considérer les choses dans leur rapport profond. L'art est un processus sans fin pour épurer le matériau, non dans un but désintéressé, mais pour satisfaire des exigences humaines.

Les matériaux dont les trois arts se servent pour s'exprimer existent déjà depuis des millénaires. Ils sont aussi vieux que la culture humaine elle-même, suivant l'époque à laquelle nous plaçons le début de cette culture. Le mot, parlé ou écrit, exerce l'action la plus directe sur les hommes; le matériau, par opposition, ‹parle› plus lentement; cela explique peut-être pourquoi les matériaux utilisés aujourd'hui encore sont si vieux. Ils ont besoin d'une longue période de développement jusqu'à ce qu'ils deviennent efficaces dans la culture humaine. Du point de vue de l'artiste aussi le matériau se trouve dans un éternel processus de développement dans lequel il découvre naturellement toujours de nouvelles possibilités de combinaison.

Peut-être l'art concret suit-il spécialement un processus si lent afin que les matériaux naturels aient le temps de s'adapter servilement à l'homme et à sa culture.

Le bois, matériau naturel par excellence, est le plus proche de l'homme, autant biologiquement que comme contexte des formes de culture primitives. L'homme utilisa déjà très tôt ce matériau assez facile à travailler pour la formation de son espace vital et l'on peut supposer que le bois joua avant même la parole un rôle essentiel dans la culture humaine. Le bois s'adapte également de par son utilisation à la durée de la vie humaine. Le bois, ce matériau primitif utilisé pour les toutes premières constructions et point de départ du génie de la construction, est encore au XXe siècle dans beaucoup de pays le matériau traditionnel le plus communément utilisé. Mes collègues parlent souvent du bois comme du matériau naturel dans mon pays nordique. Ce n'est pas tout à fait exact: on ne construit plus autant en bois dans les pays froids car presque chaque ville finlandaise par exemple a été détruite au moins une fois par un incendie du fait qu'elle était construite en bois. Il est vrai que j'utilise le bois, mais pas pour des raisons sentimentales; et mon architecture n'est pas faite de bois dans l'ensemble. Il ne faut pas oublier qu'en tant que vieux matériau traditionnel le bois se trouve prêt à l'utilisation par l'homme, et non seulement pour des buts constructifs mais également psychologiques et biologiques. Il ne mérite donc pas d'être méprisé et délaissé pour les nouveaux matériaux de combinaison. Le professeur Edward Thonsel du Danemark a dit une fois: «Tant de gens croient que l'architecture moderne est dépendante de nouveaux matériaux synthétiques, mais toi, tu bâtis également avec les vieux matériaux des constructions entièrement modernes.» On peut s'imaginer combien ces paroles m'ont fait plaisir car moi aussi je suis de l'avis que ce mot mystique ‹architecture moderne› n'est pas simplement identique à Plexiglas et produits en plastique. Pour moi le bois est un matériau plus biologique que traditionnel et je conçois son travail différemment qu'on ne le faisait au Moyen Age. En ce temps-là, dans les pays nordiques, on se servait du bois pour faire les sculptures; on n'y connaissait encore ni le marbre de Carrare, ni le bronze. On sculptait les motifs dans le bois comme si c'était une masse neutre, mais pour moi le bois est beaucoup plus qu'une simple substance neutre: c'est un matériau vivant qui se forme à partir de fibre vivante, un peu comme la musculature humaine. C'est pourquoi il m'est impossible de tailler des motifs dans le bois comme si c'était du fromage. La structure interne de la fibre joue toujours son rôle et il faut que je respecte ceci. C'est pourquoi les formes que je sculpte dans le bois suivent toujours – ou du moins j'essaye de leur faire suivre toujours – la structure naturelle du bois. J'ai un jour fait cadeau d'une de mes sculptures en bois à un ami, l'un des grands physiciens de notre époque. Peu après je reçus de lui une lettre inattendue dans laquelle il écrivait: «Je viens de conclure mon étude sur les molécules et il me paraît possible que la molécule isolée n'existe pas, que tout est chaîne de molécules et les fibres du bois en sont un symbole sur une échelle plus grande.»

Pierre naturelle: Prenons comme exemple le granite des Alpes qui est également un matériau traditionnel dans beaucoup de pays, et le marbre de Carrare, pierre employée primitivement dans les formes d'architecture monumentale. La pierre aussi est un produit naturel, mais beaucoup plus vieux encore que les arbres qui nous entourent. Mais ces matériaux si vieux il faut également les travailler avec sentiment. Les différences de porosité demandent des formes architecturales différentes ainsi que des formes d'architecture sculpturale différentes. Nous avons peut-être plus de mal à concevoir le phénomène biologique dans la pierre, mais ce phénomène existe. J'ai vu des façades de marbre qui avaient l'air d'être en tôle blanche parce que le matériau n'avait pas été compris. Ici aussi les formes doivent s'harmoniser de manière heureuse avec la structure du matériau et même avec les nuances infimes des couleurs.

La vue du **métal,** du bronze par exemple, qui est en ébullition à des milliers de degrés me laisse toujours une impression très vive. Dans cet état de surchauffe le métal prend des formes qui sont différentes de celles qu'on obtient en le coulant dans des moules de plâtre. Les alliages de métaux sont des matériaux plus récents, inventés techniquement par l'homme mais ils ont également une forme au moment de leur création, et cette forme à son tour devrait guider le travail artistique.

Il me reste à mentionner encore une chose: la couleur. Les couleurs sont dépendantes du matériau et en un sens elles déterminent la forme. La couleur à l'huile, un des matériaux les plus récents dans l'art classique, ne donne pas uniquement une coloration; c'est au contraire une substance qui par son onctuosité permet d'obtenir un effet plastique de relief.

Chaque année de nouveaux matériaux synthétiques apparaissent dans le domaine semi-industriel et industriel. Mais le matériau exige du temps et tous les nouveaux matériaux ne sont pas encore assez mûrs pour être employés pleinement à des buts humanistes.

Architecture moderne ne signifie pas employer de nouveaux matériaux sans maturité, ce qu'il faut c'est ennoblir le matériau dans un sens humaniste.

Notes prises au cours d'une conversation avec Alvar Aalto en février 1969.

Illustrations
Bildteil
Illustrations

32 × 48 cm
1945
Water color, Aquarell, Aquarelle

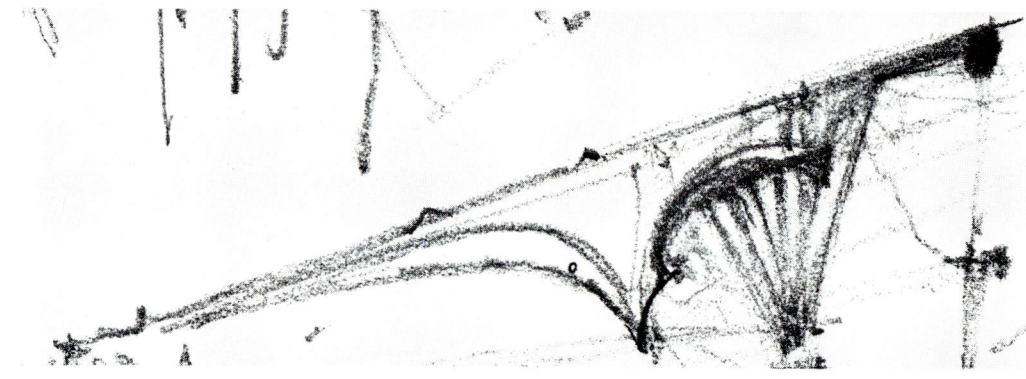
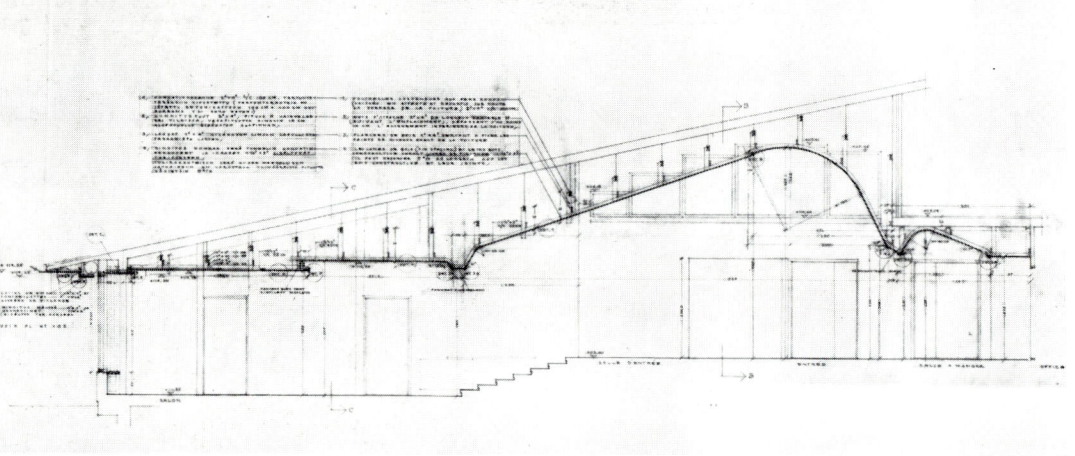

30 × 38 cm
1946–47
Oil, Öl, Huile

32,5 × 39,5 cm
1946–47
Oil, Öl, Huile

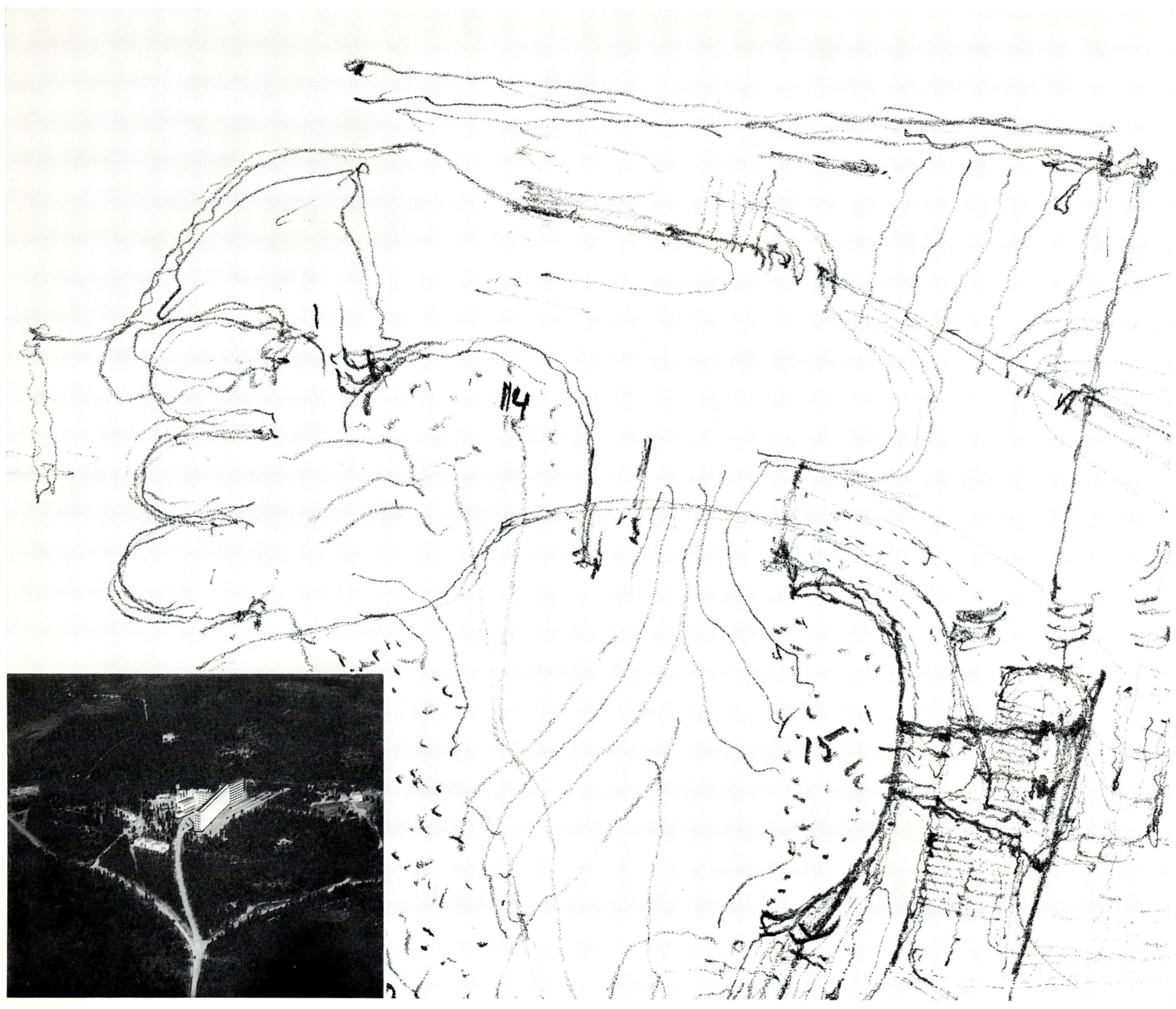

75

Detail from illustration page 73
Ausschnitt aus Abbildung Seite 73
Détail de l'illustration page 73

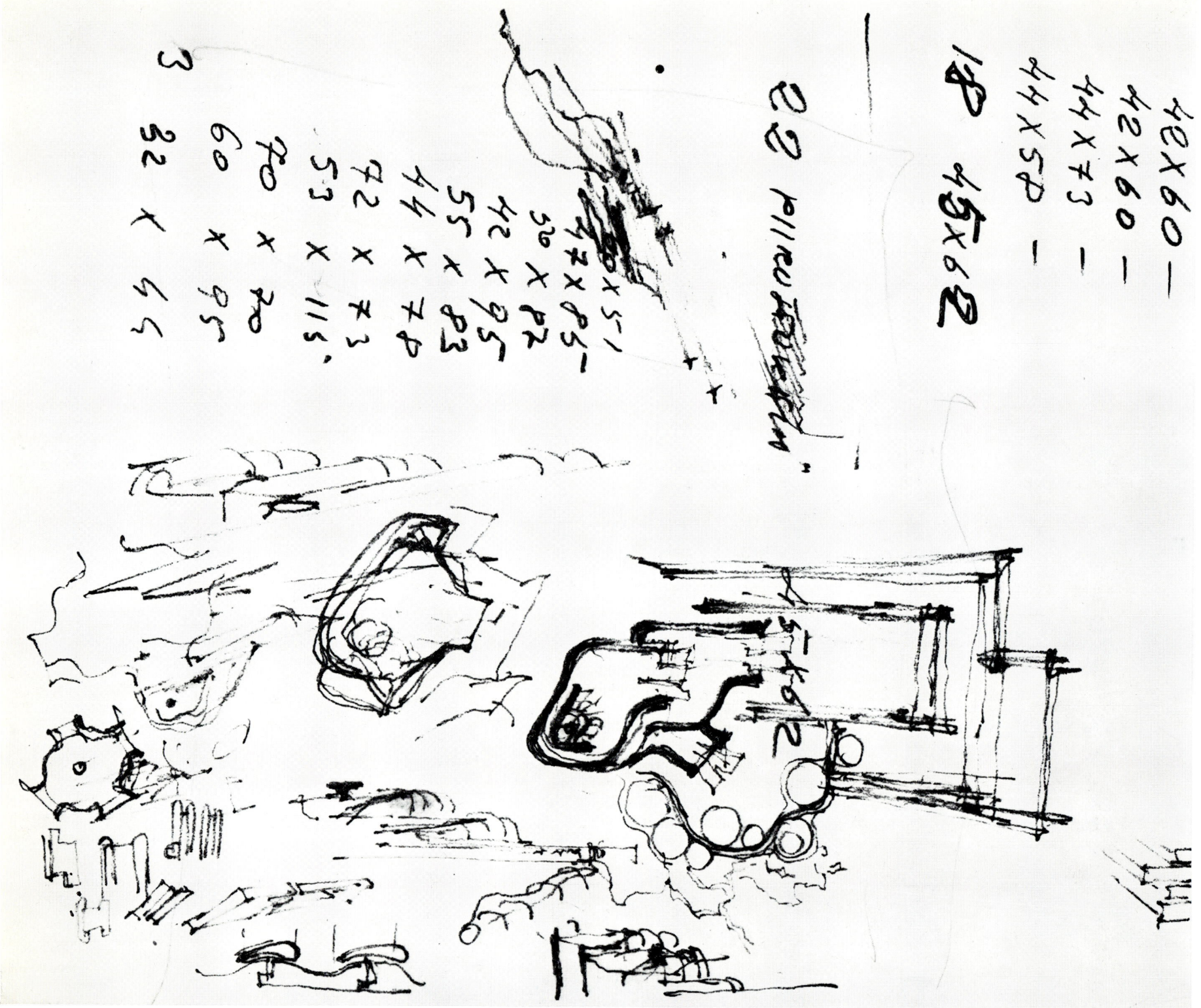

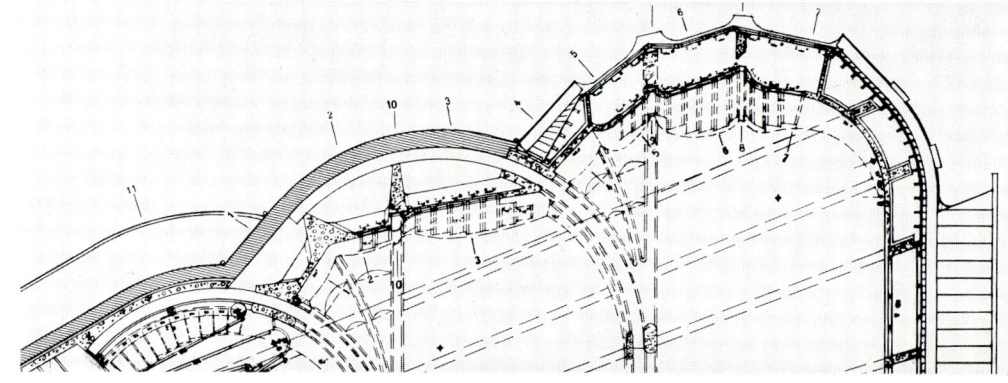

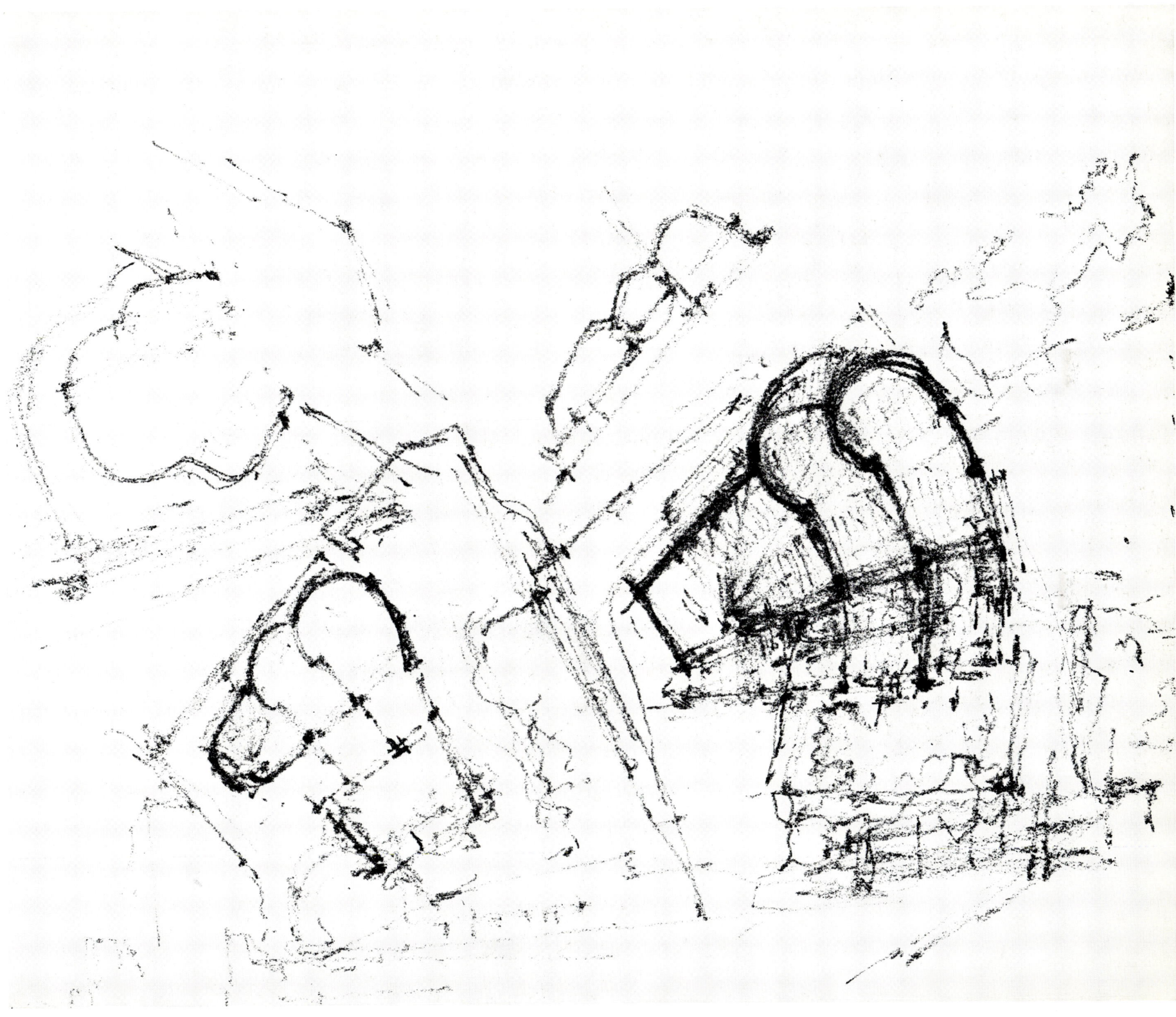

81

44 × 36 cm
1949
Oil, Öl, Huile

32,5 × 42,5 cm
1949
Oil, Öl, Huile

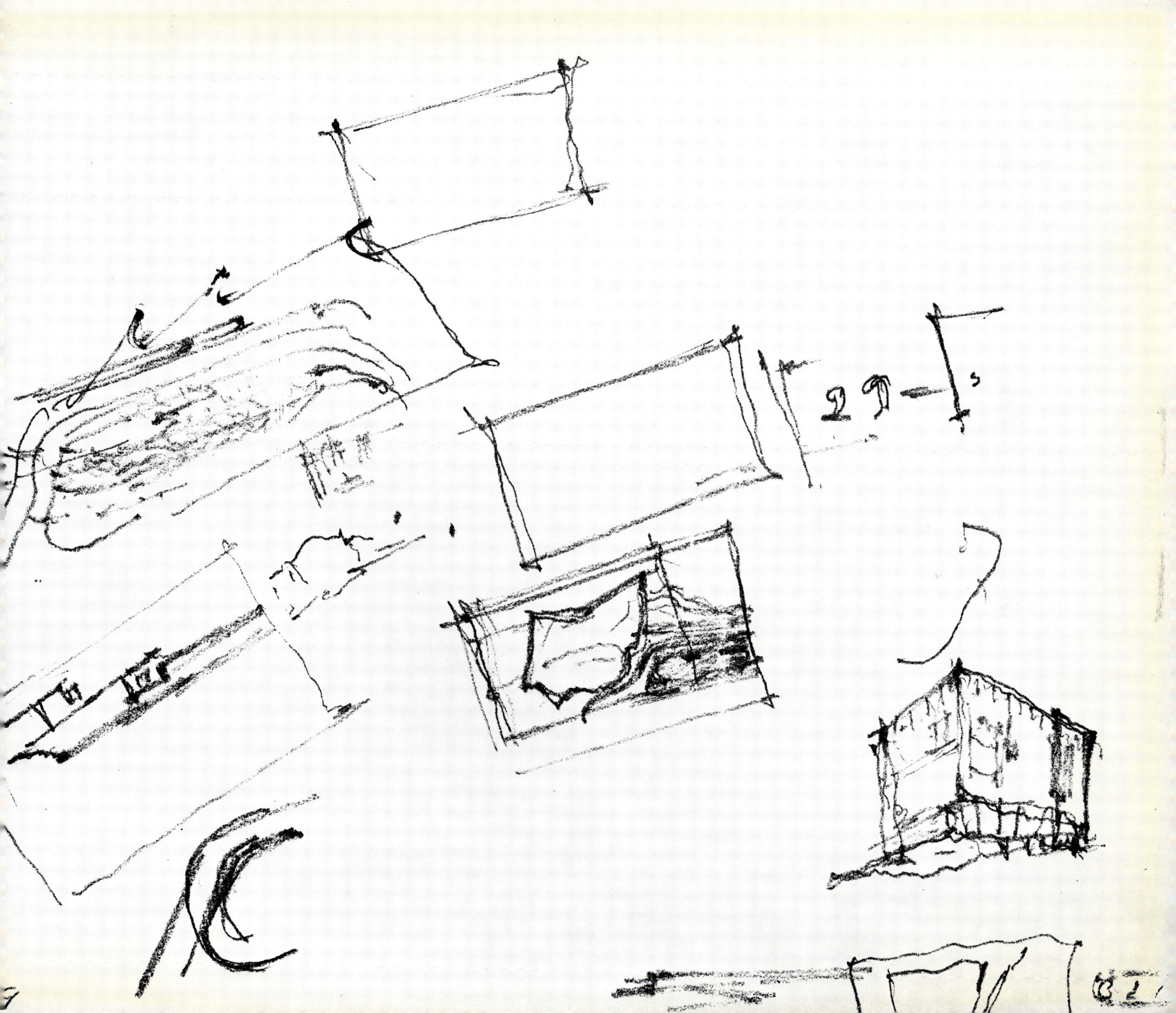

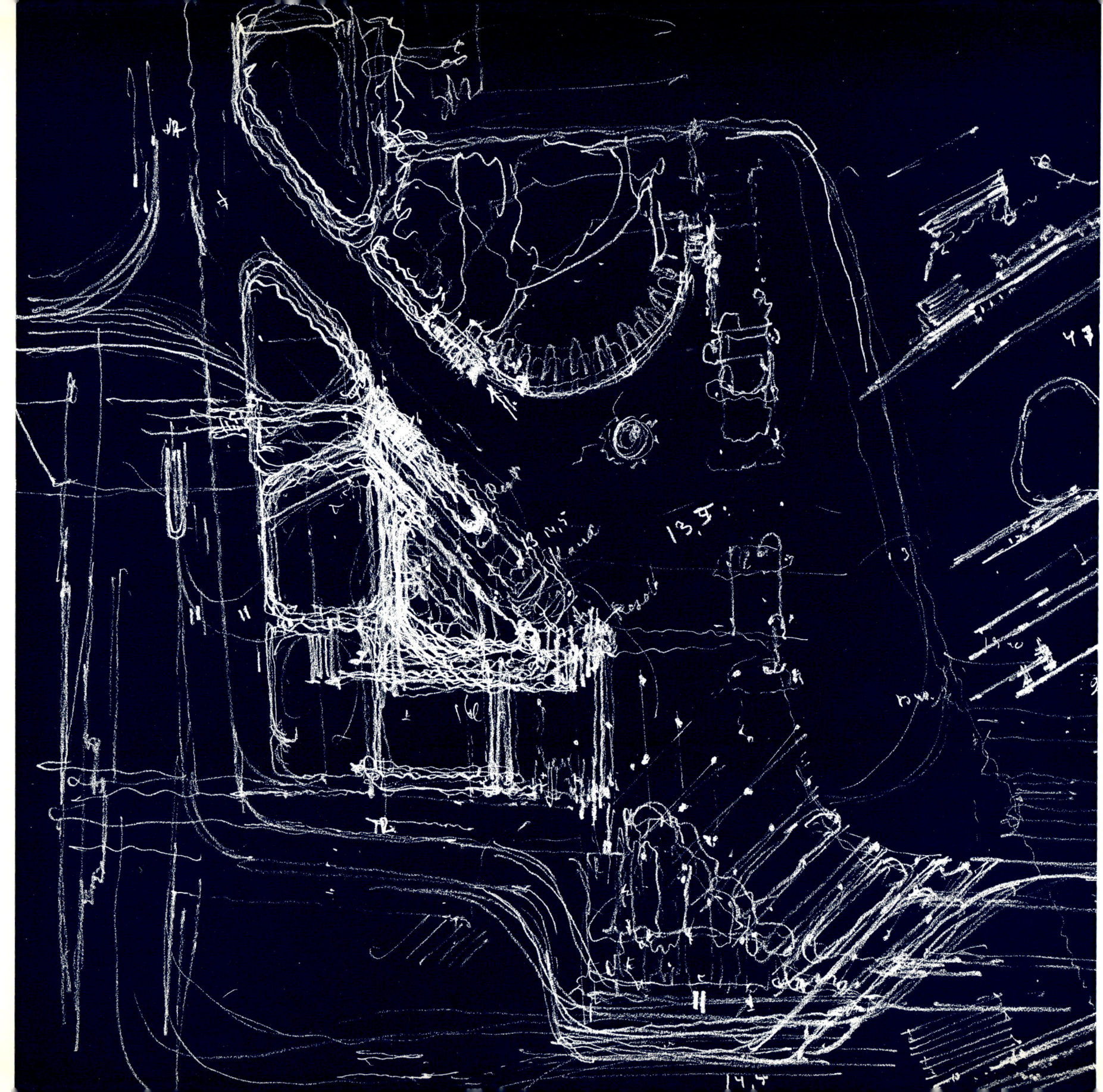

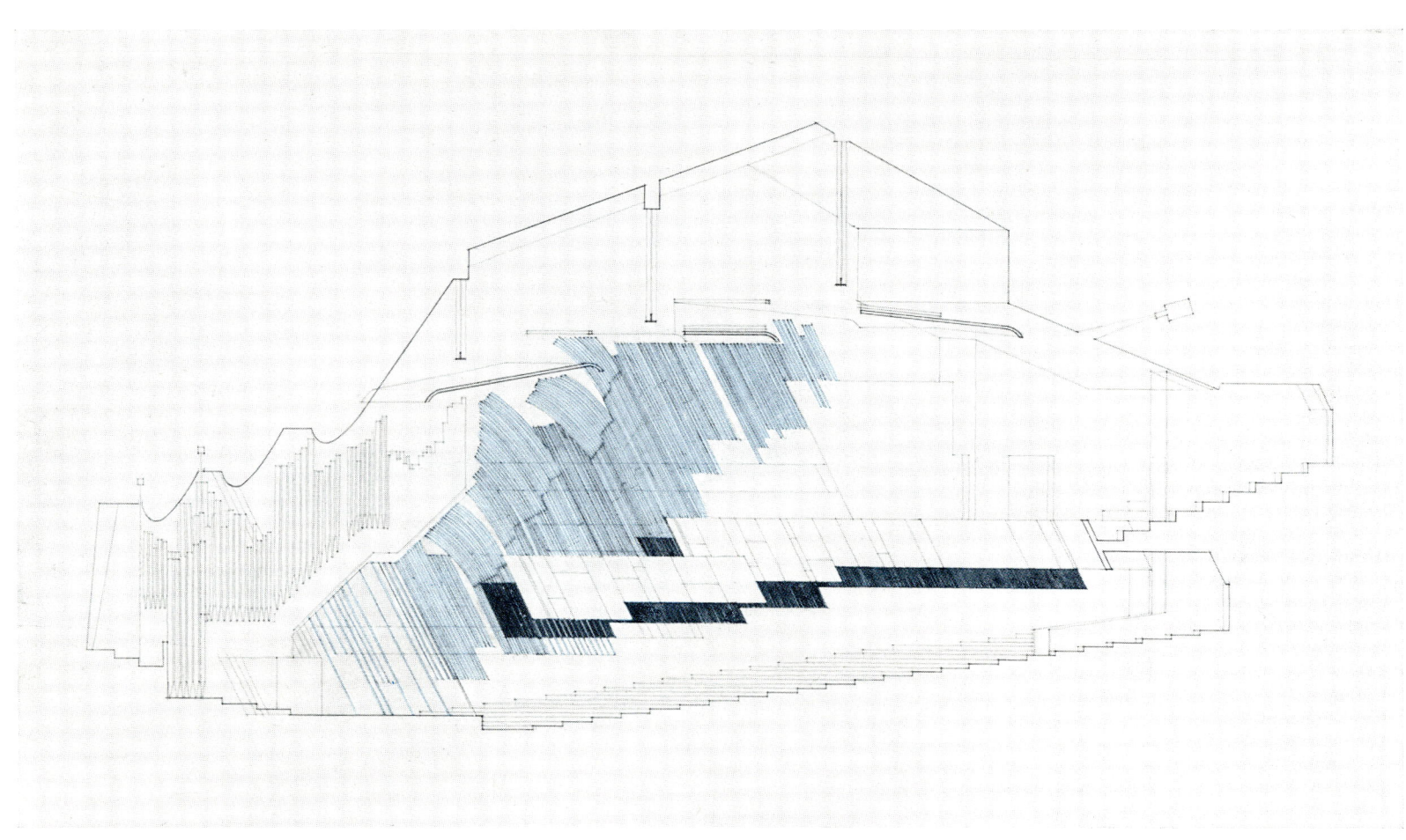

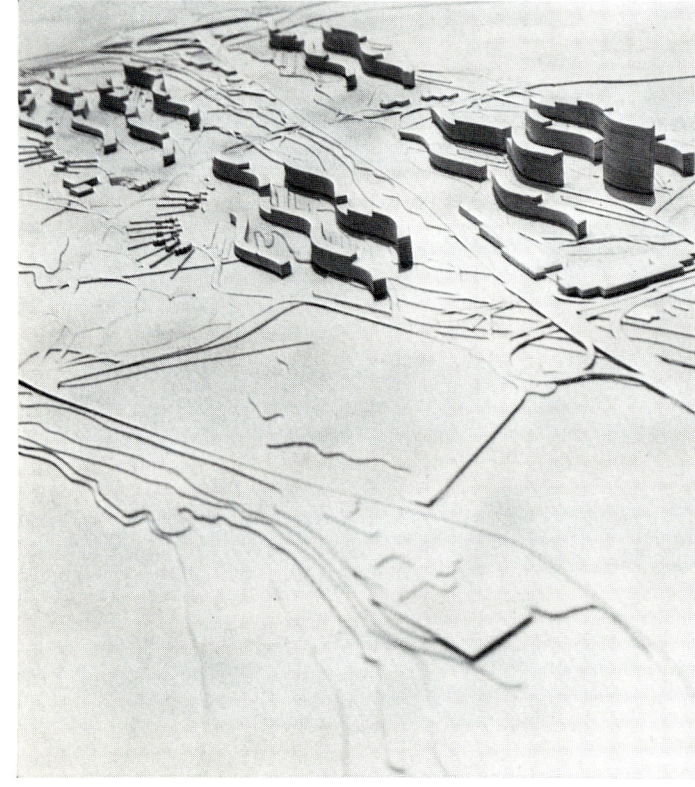

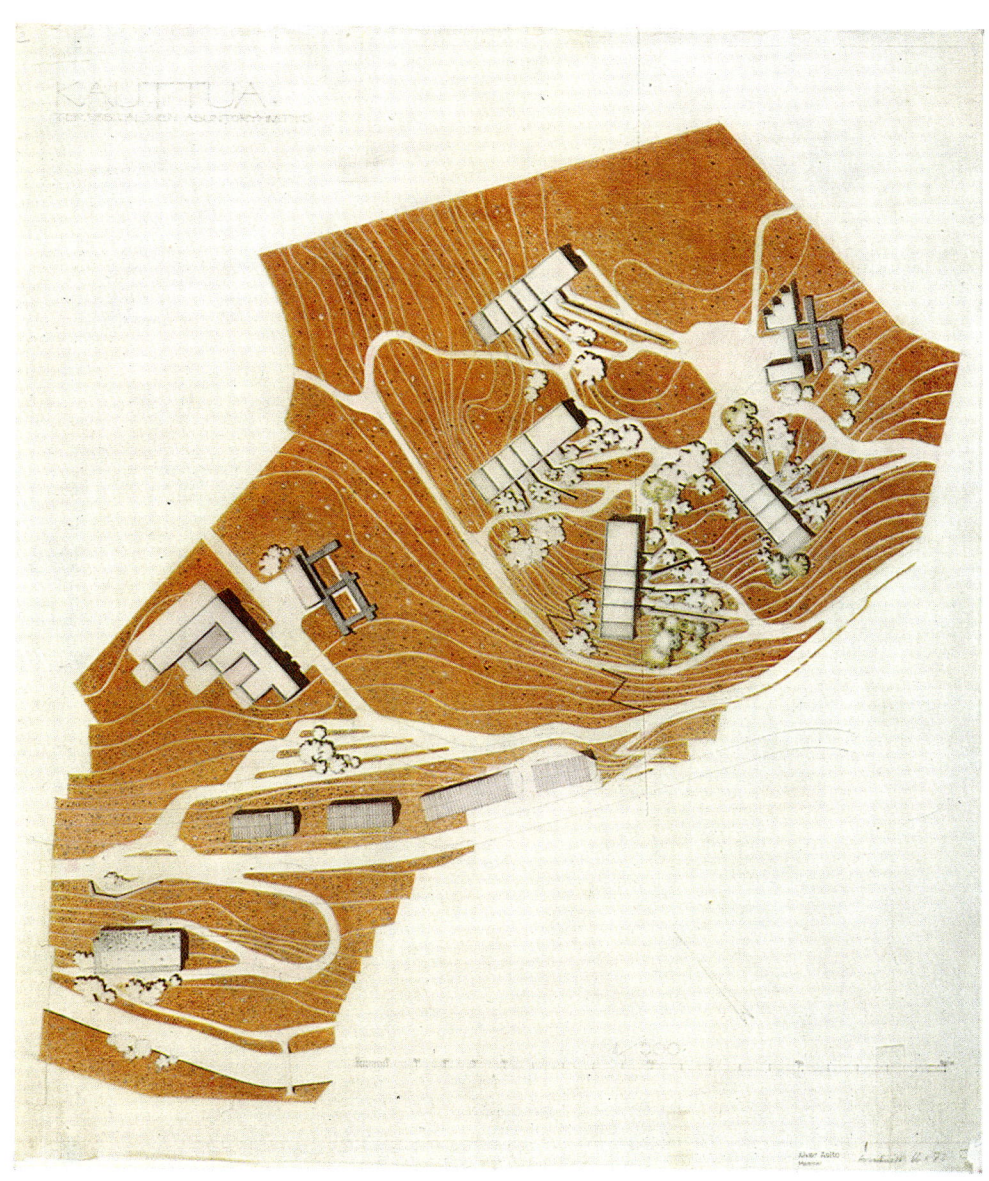

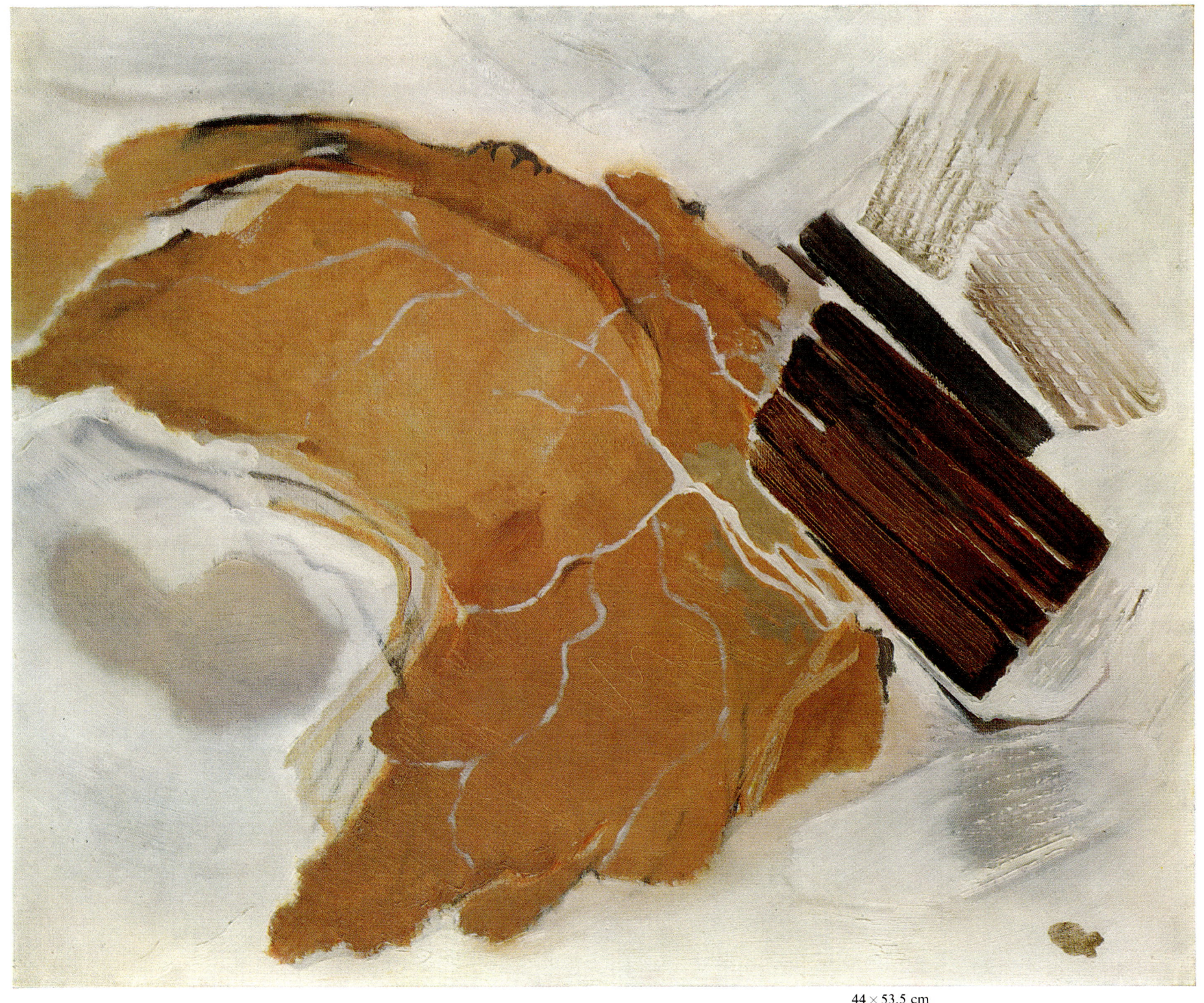

44 × 53,5 cm
1946
Oil, Öl, Huile

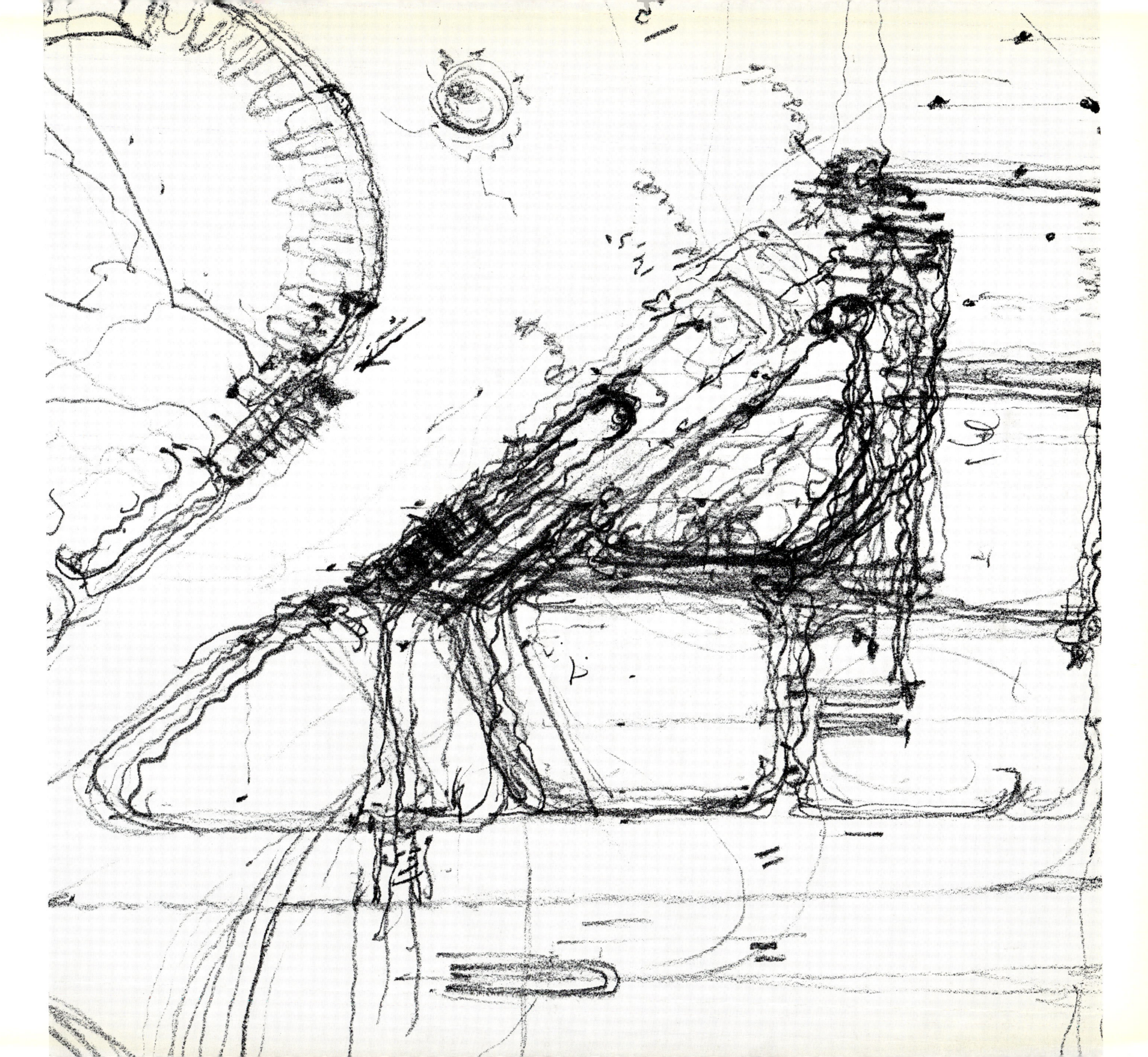

64 × 80 cm
1949
Oil, Öl, Huile

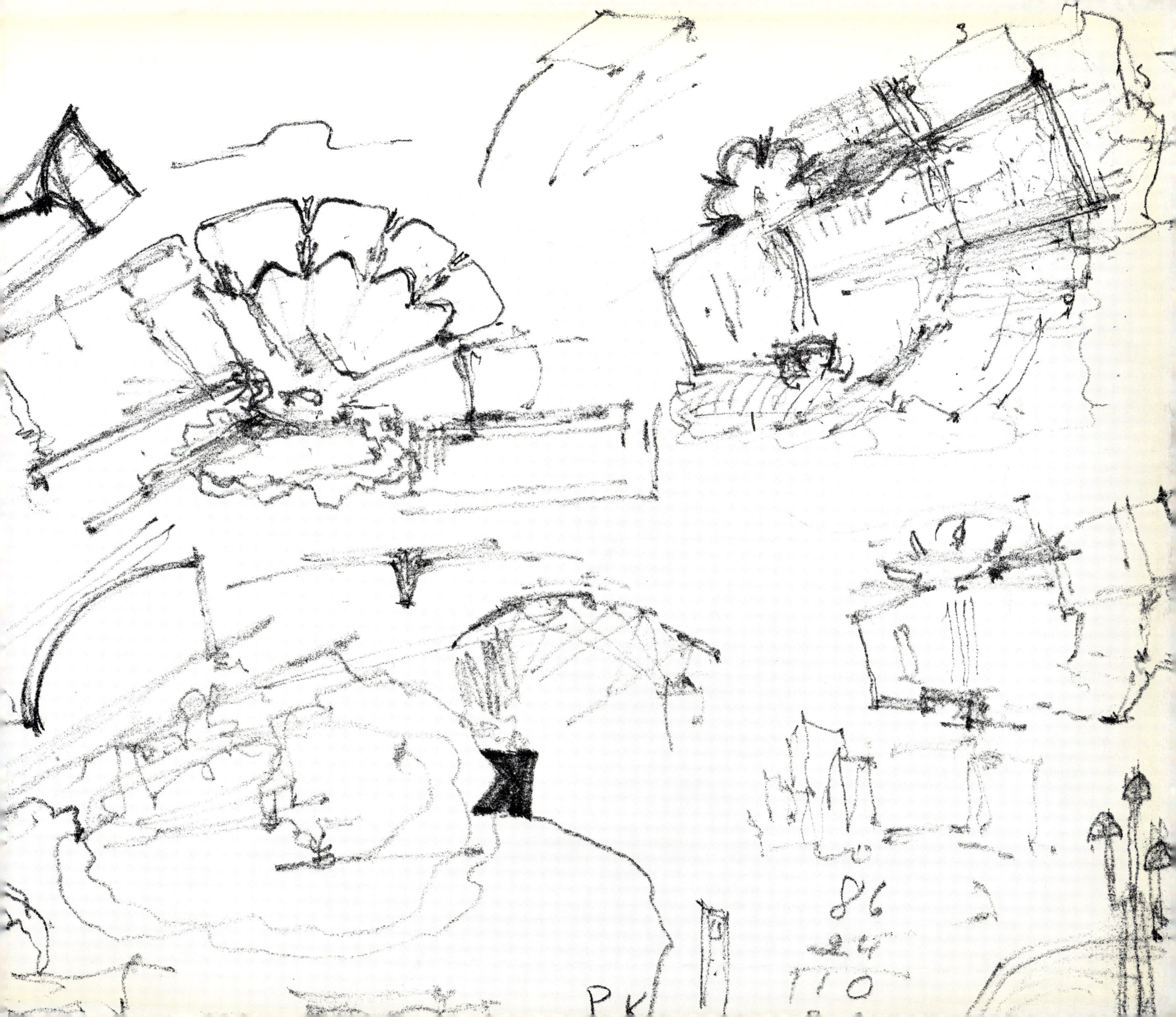

Detail from illustration page 109
Ausschnitt aus Abbildung Seite 109
Détail de l'illustration page 109

43 × 52 cm
1955
Oil, Öl, Huile

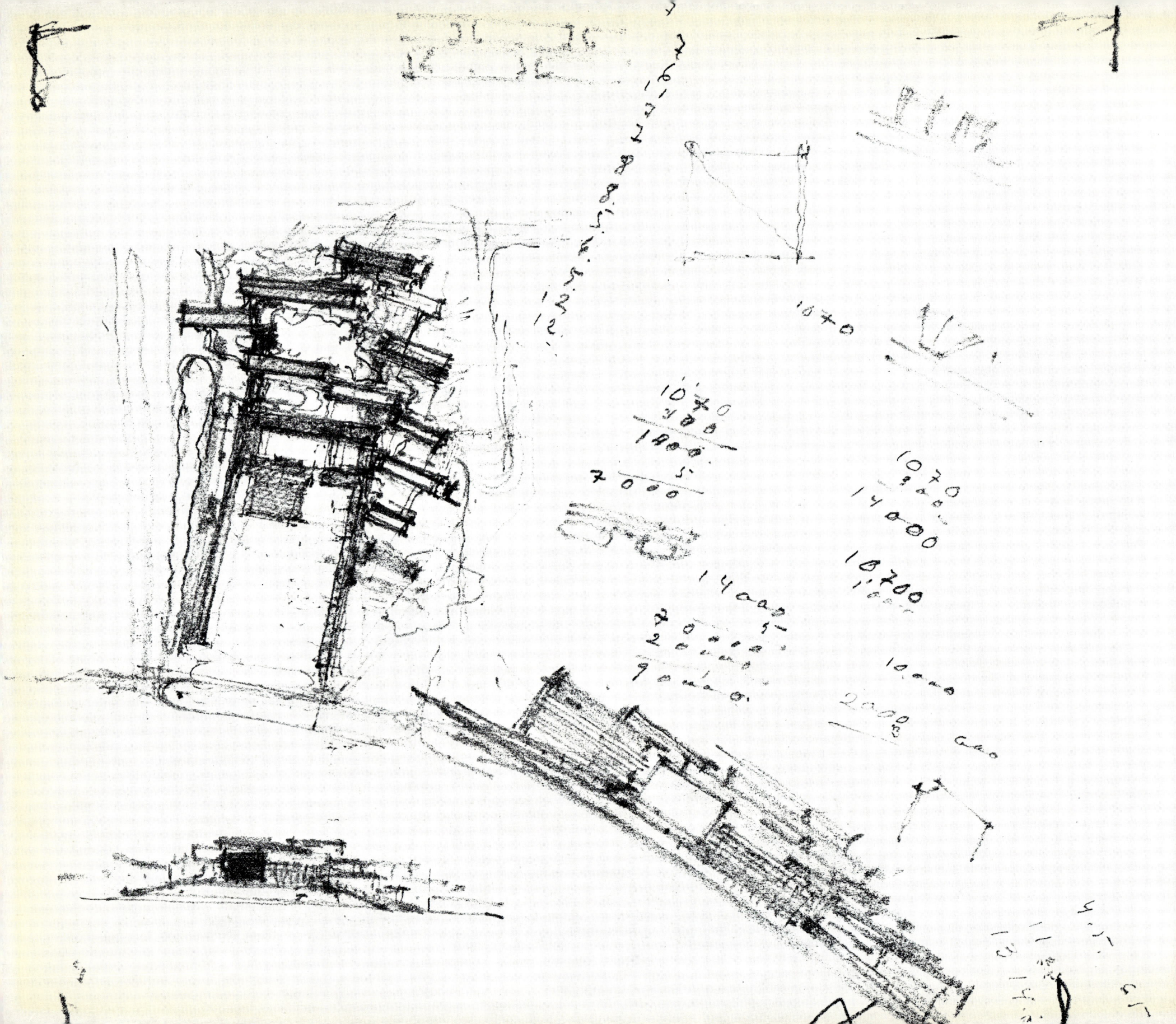

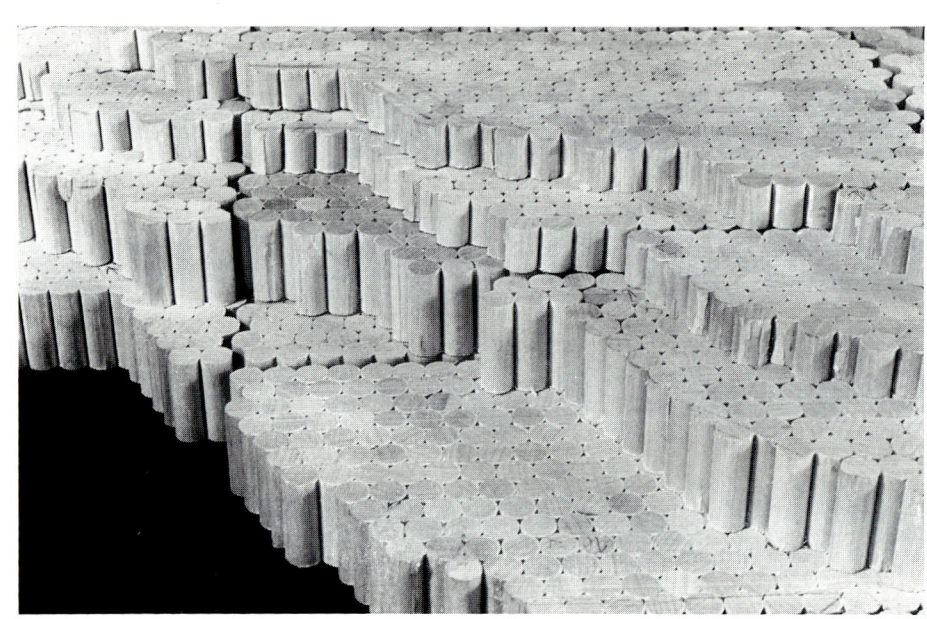

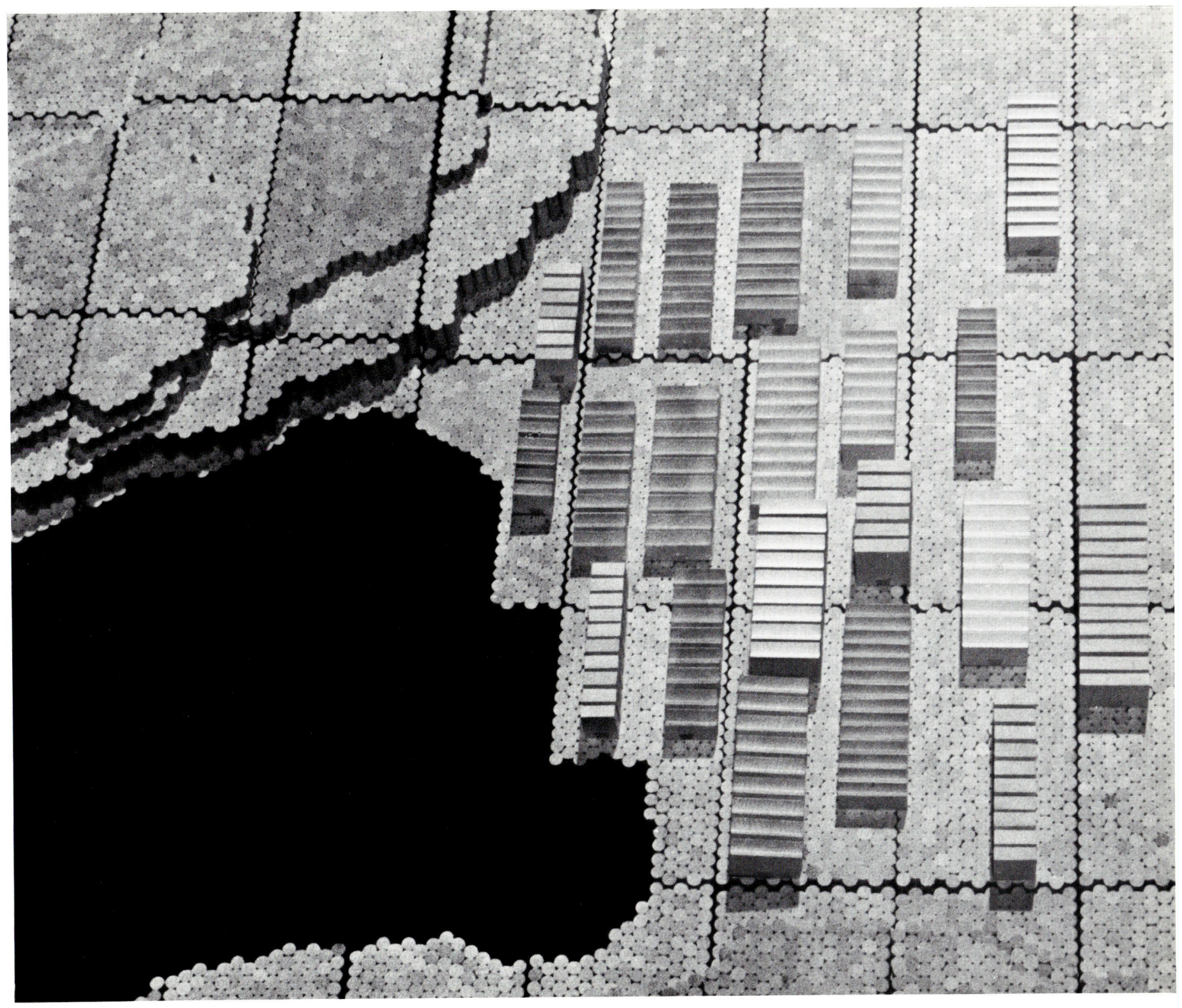

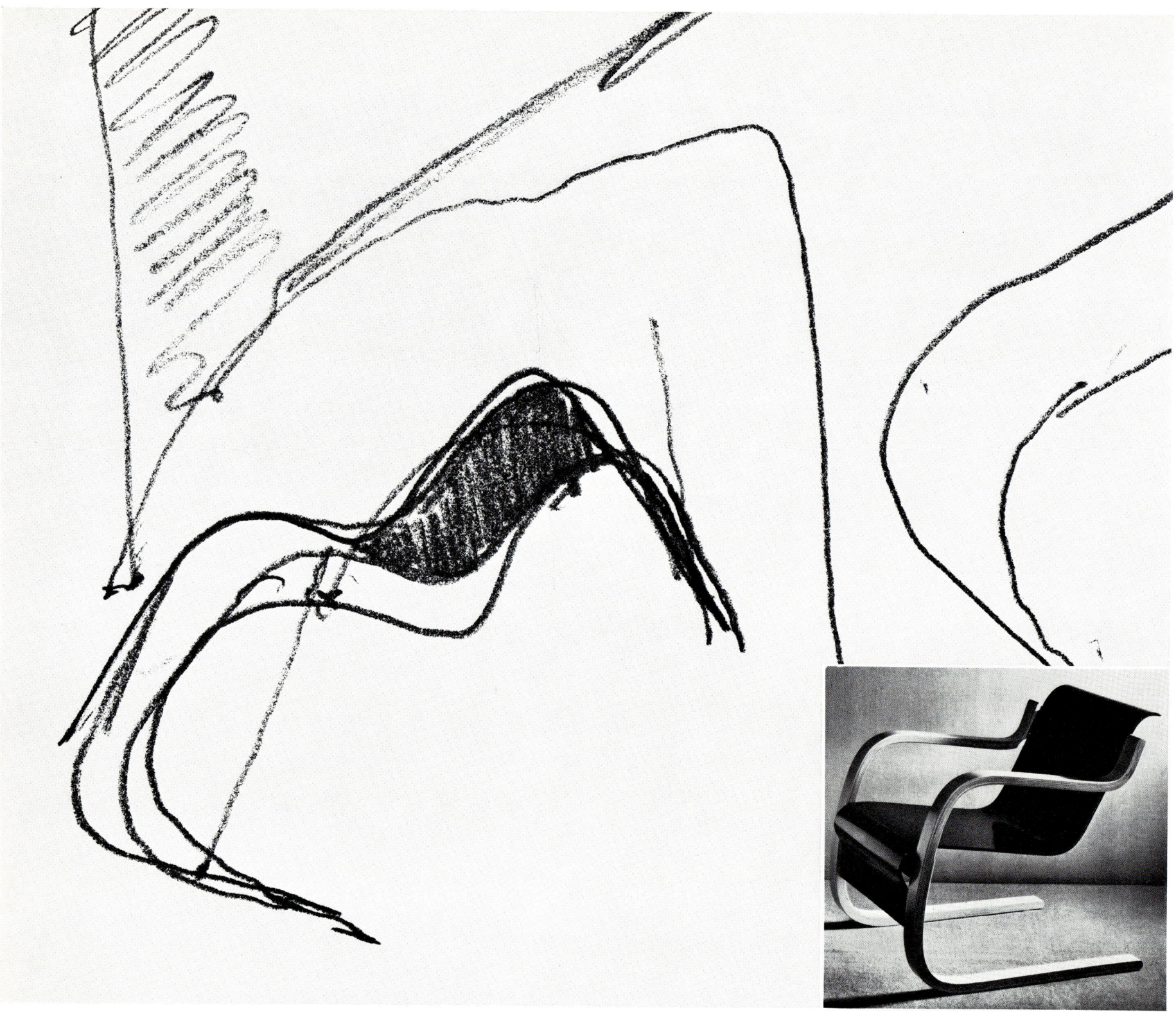

117

53 × 67 cm
1959
Oil, Öl, Huile

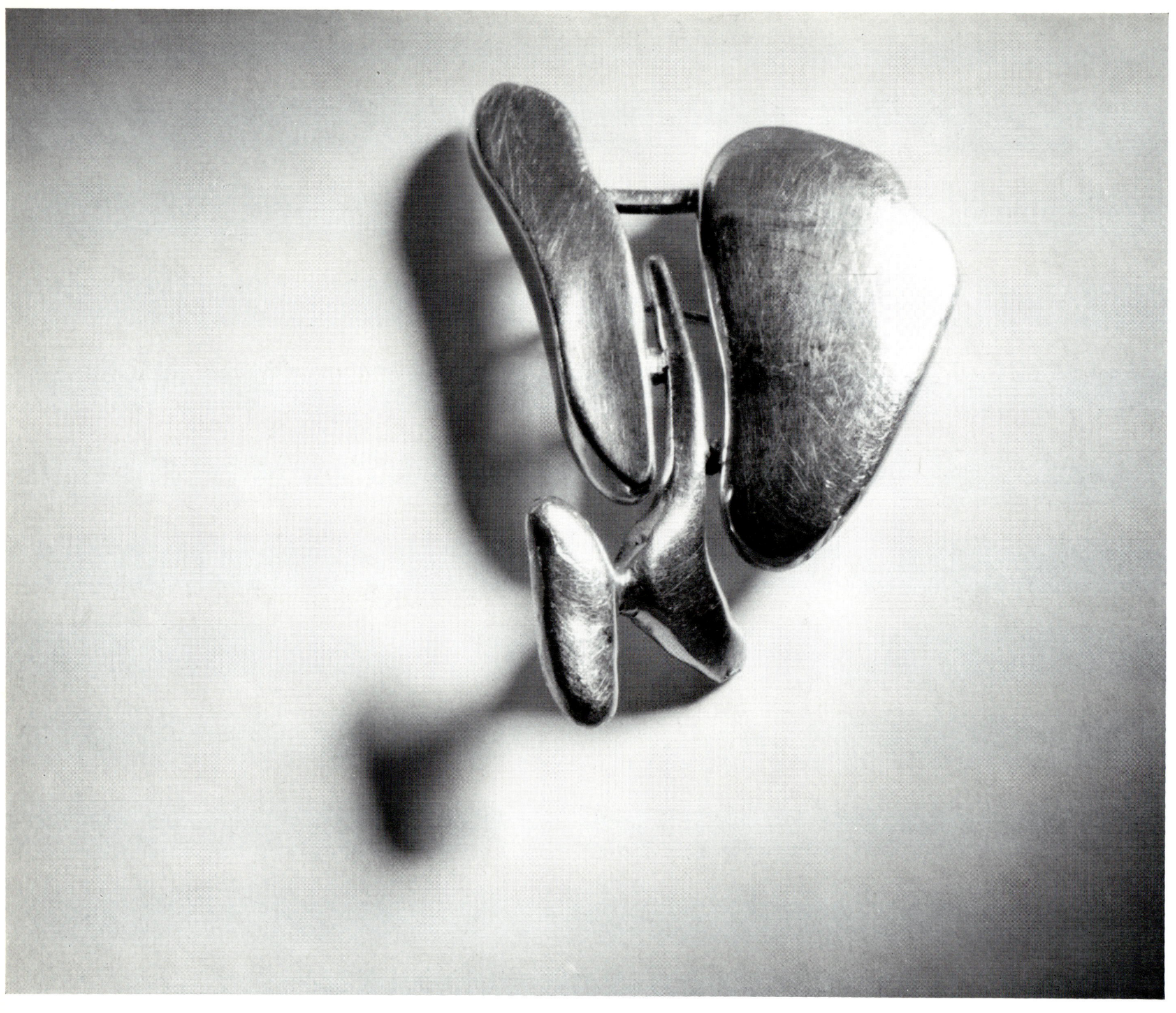

Detail from illustration page 161
Ausschnitt aus Abbildung Seite 161
Détail de l'illustration page 161

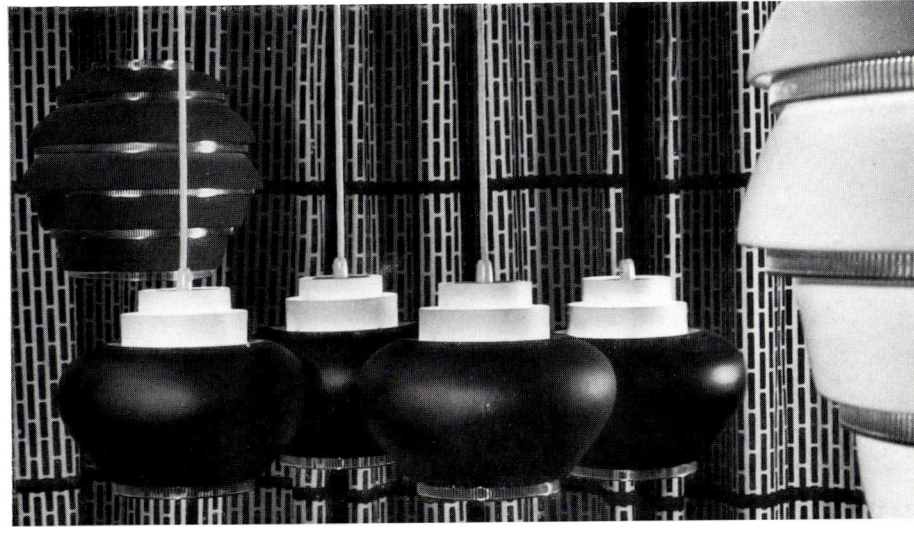

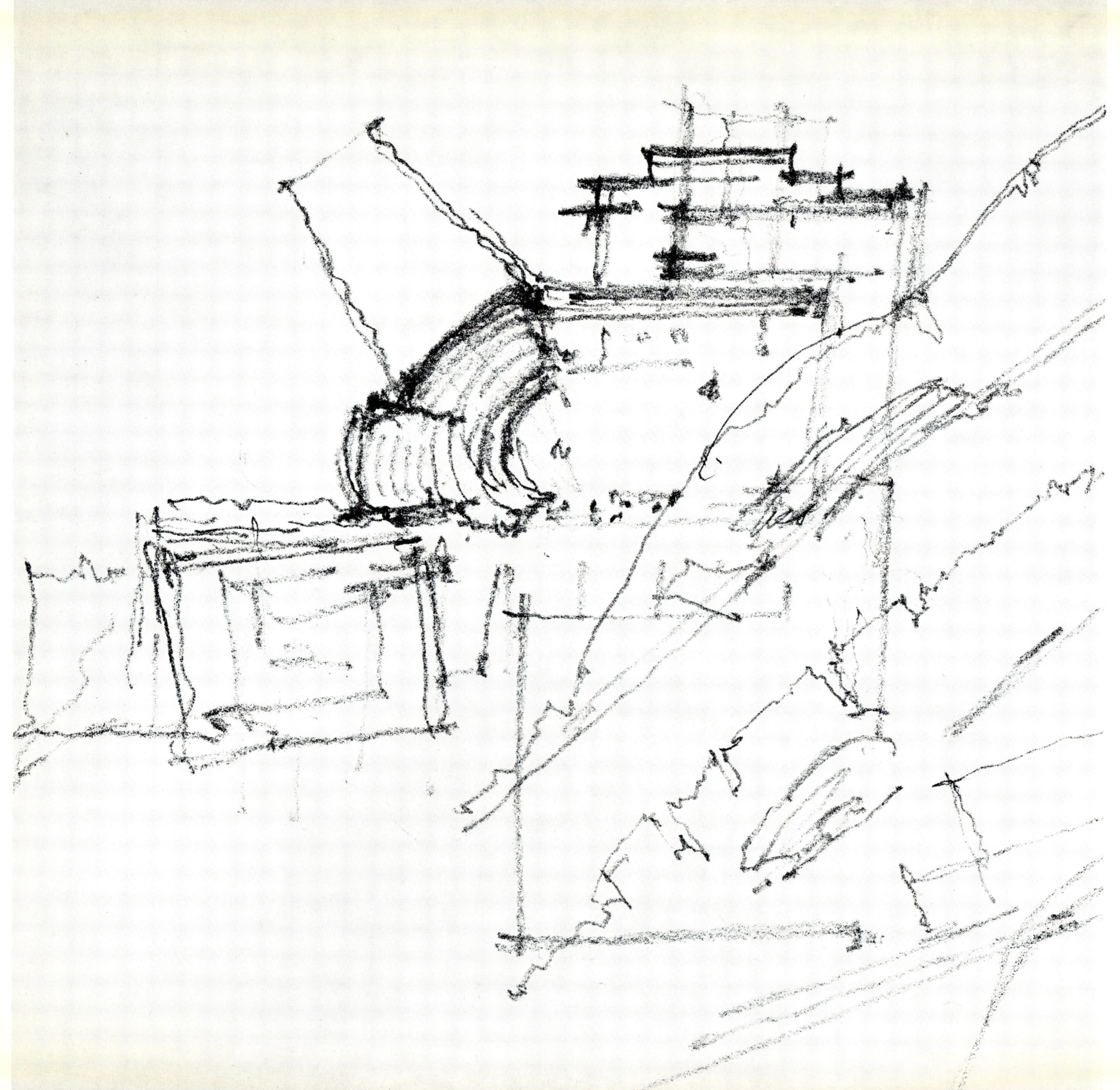

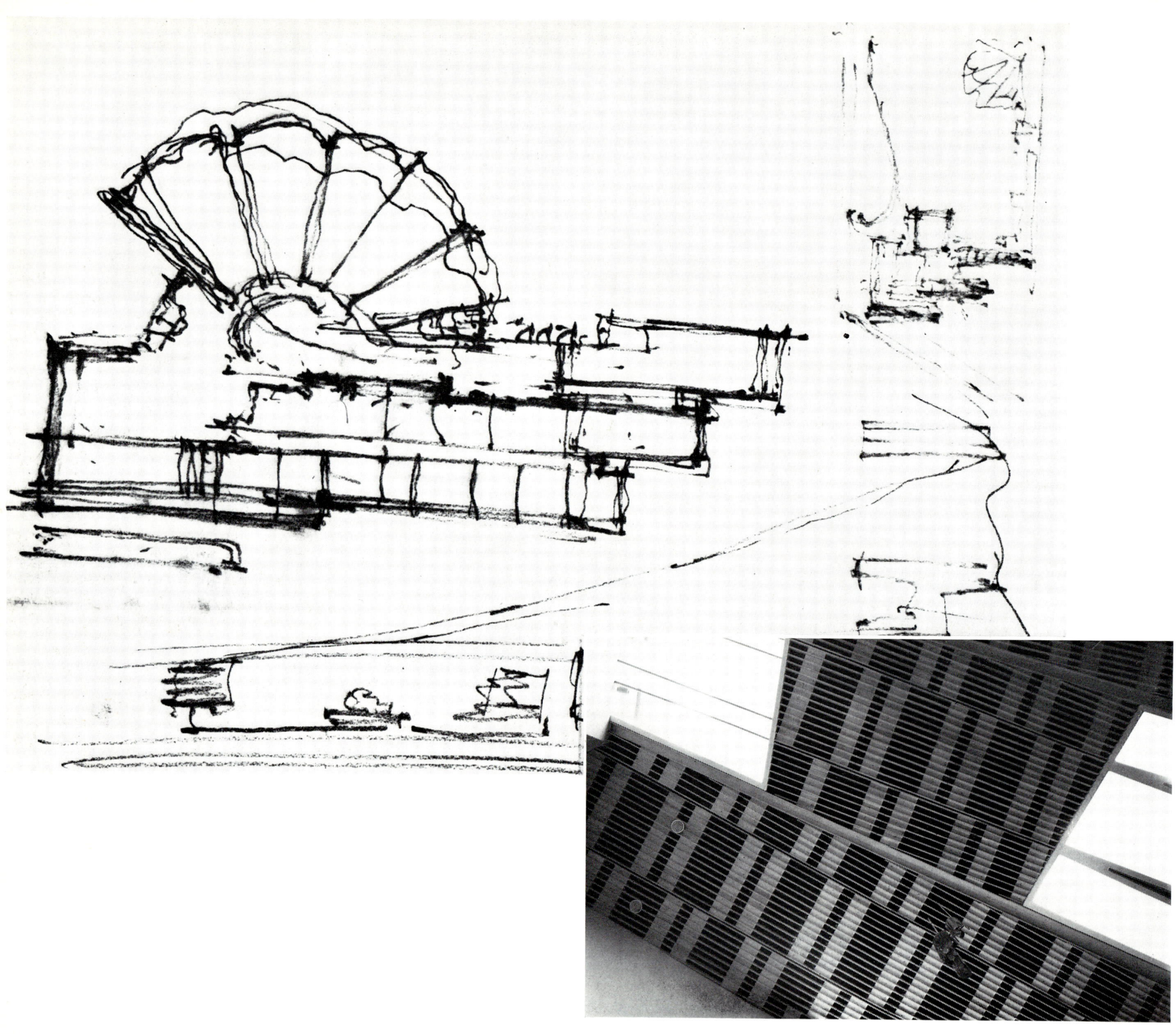

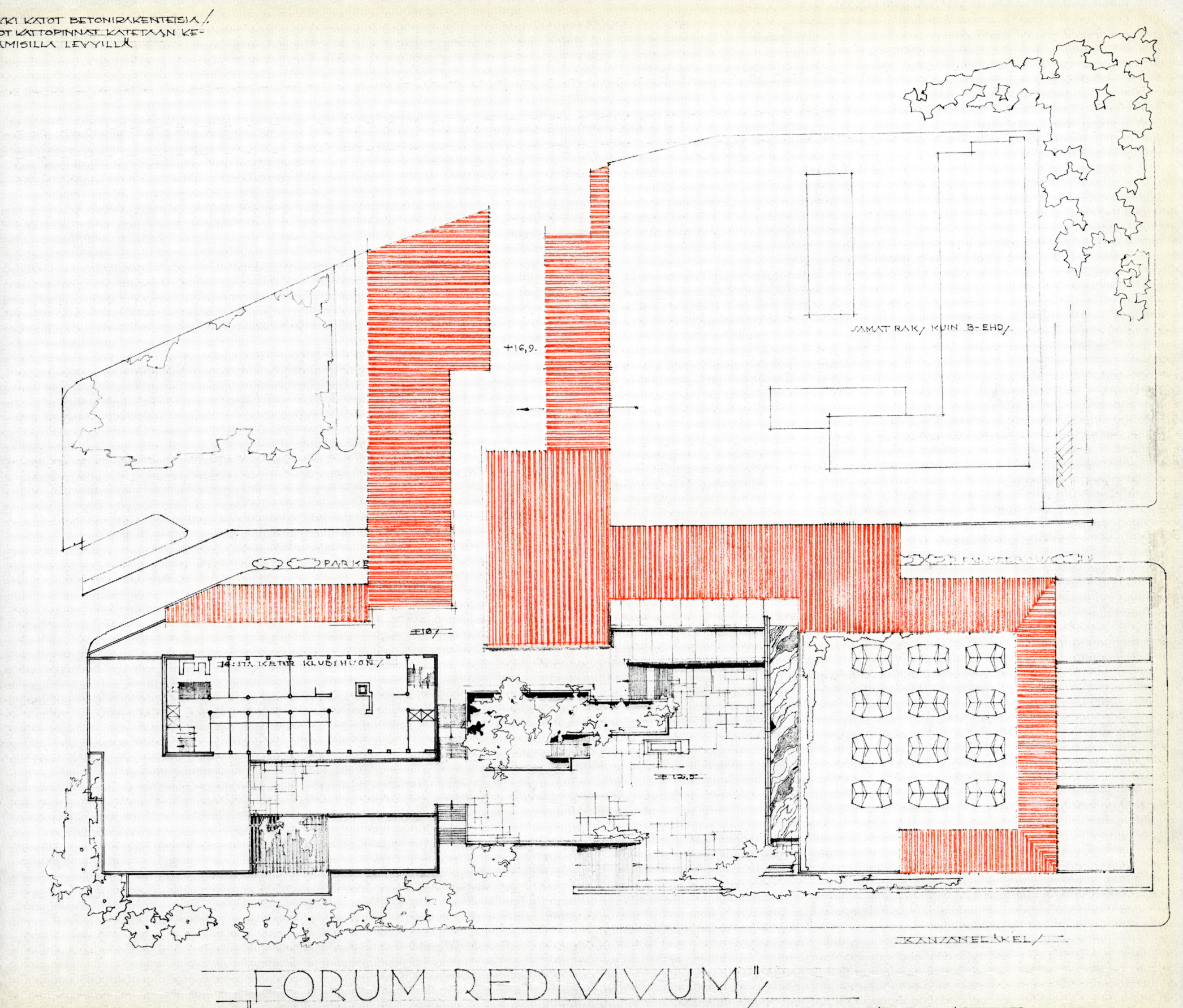

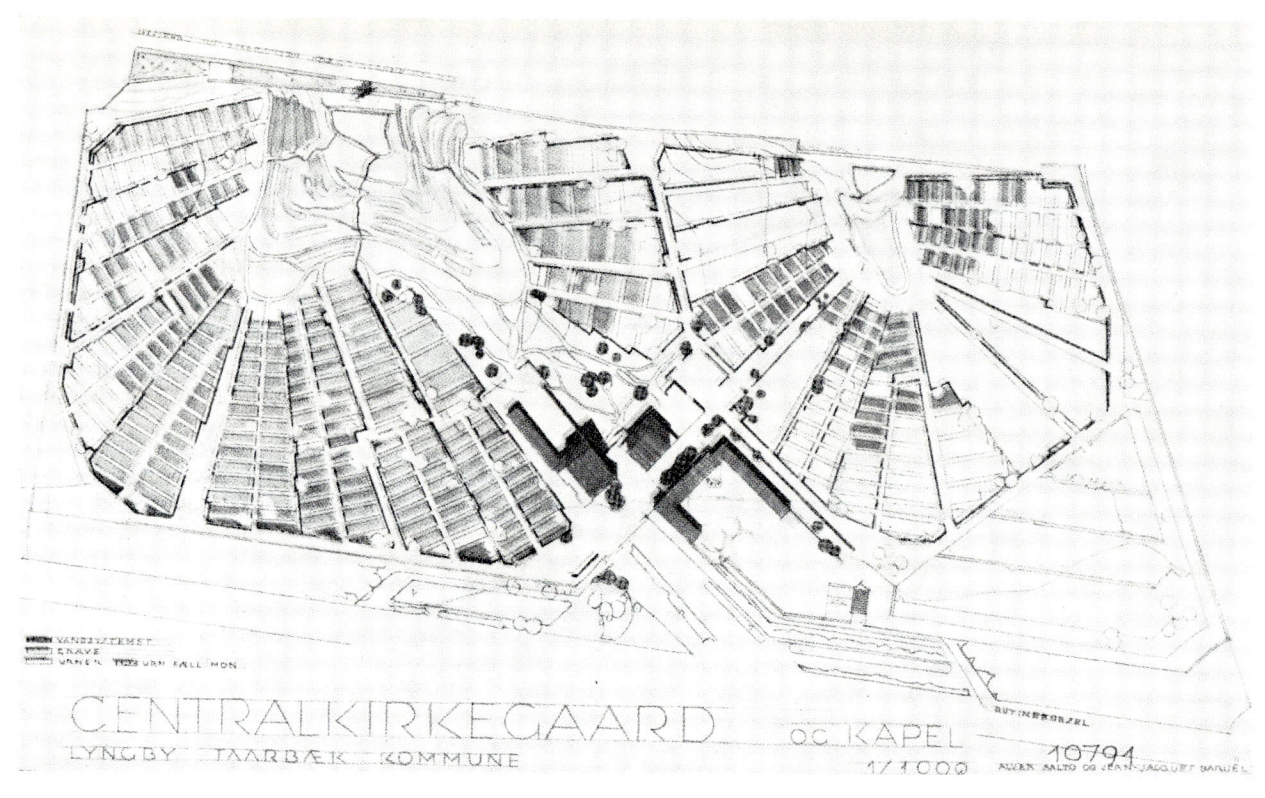
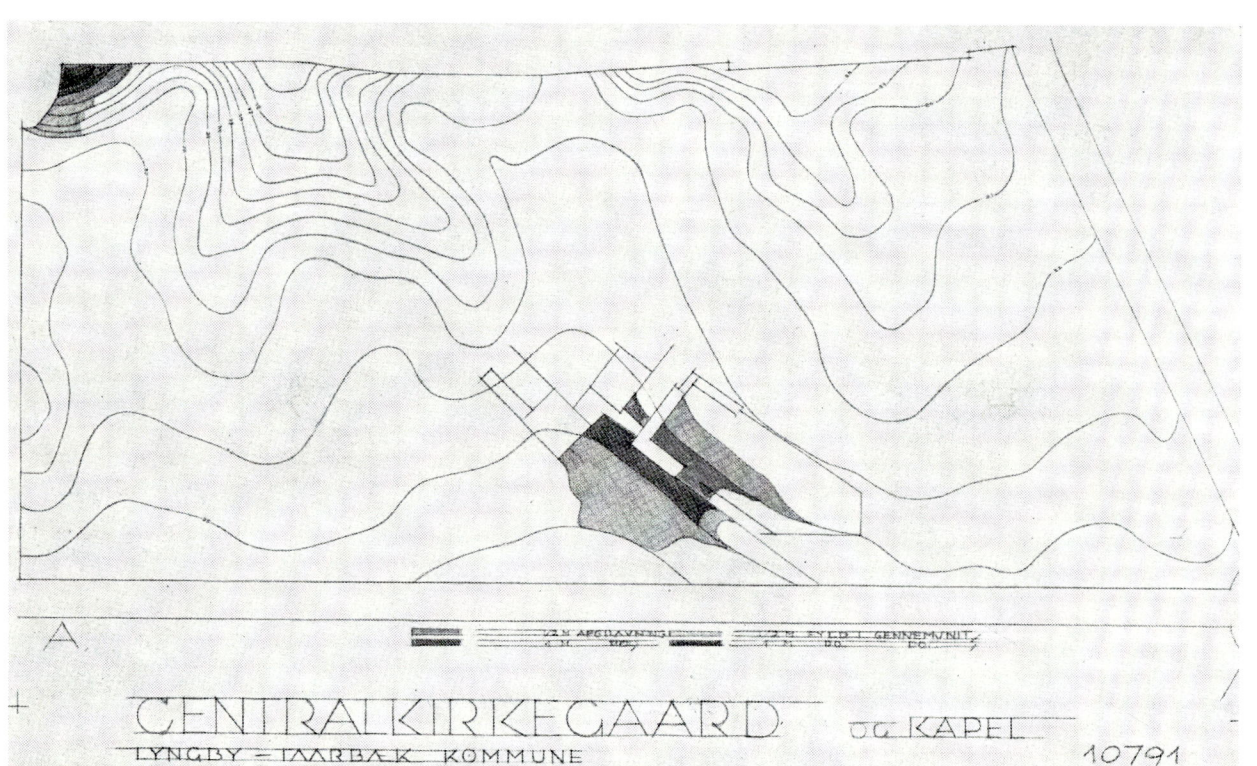

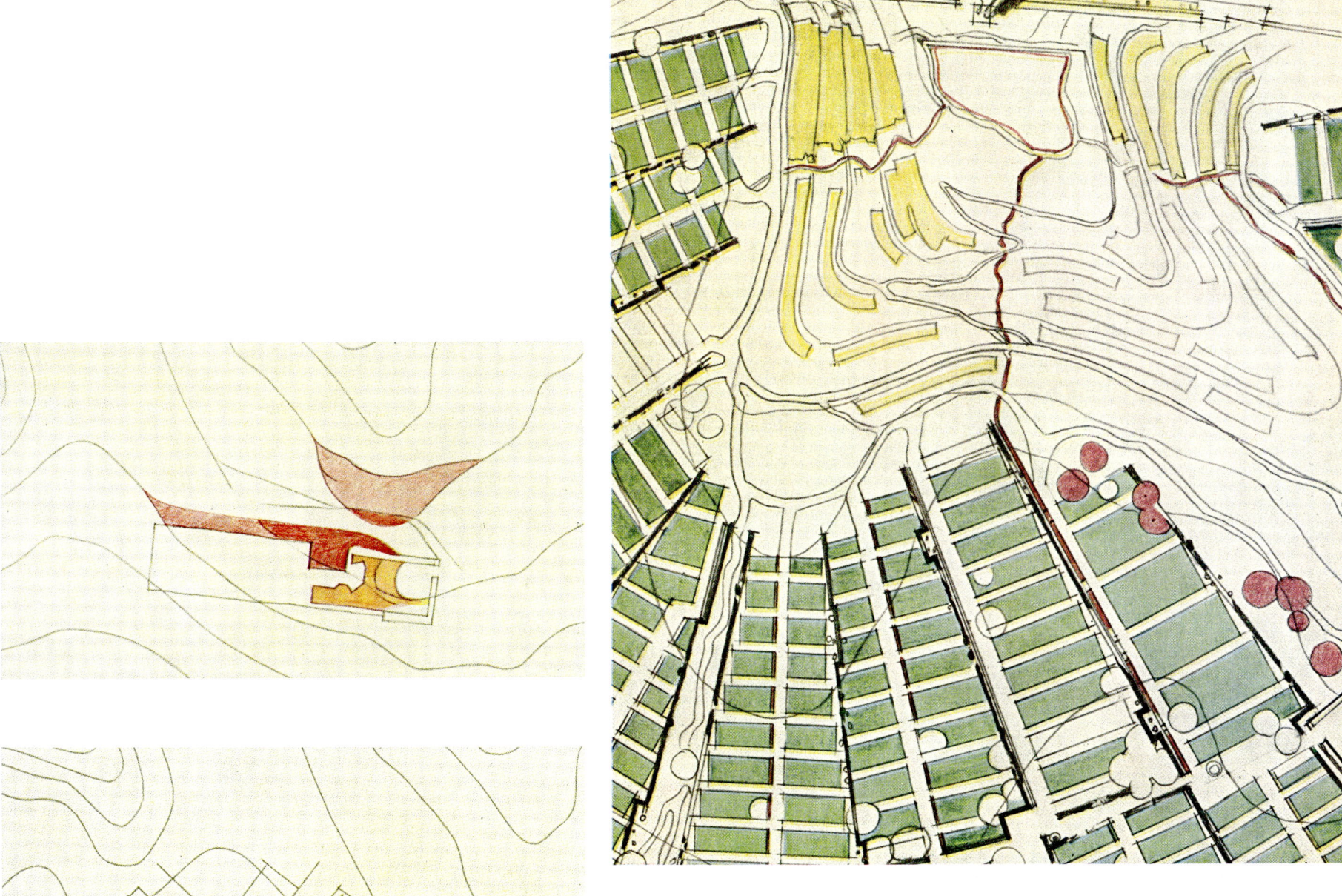

27 × 31,5 cm
1949
Oil, Öl, Huile

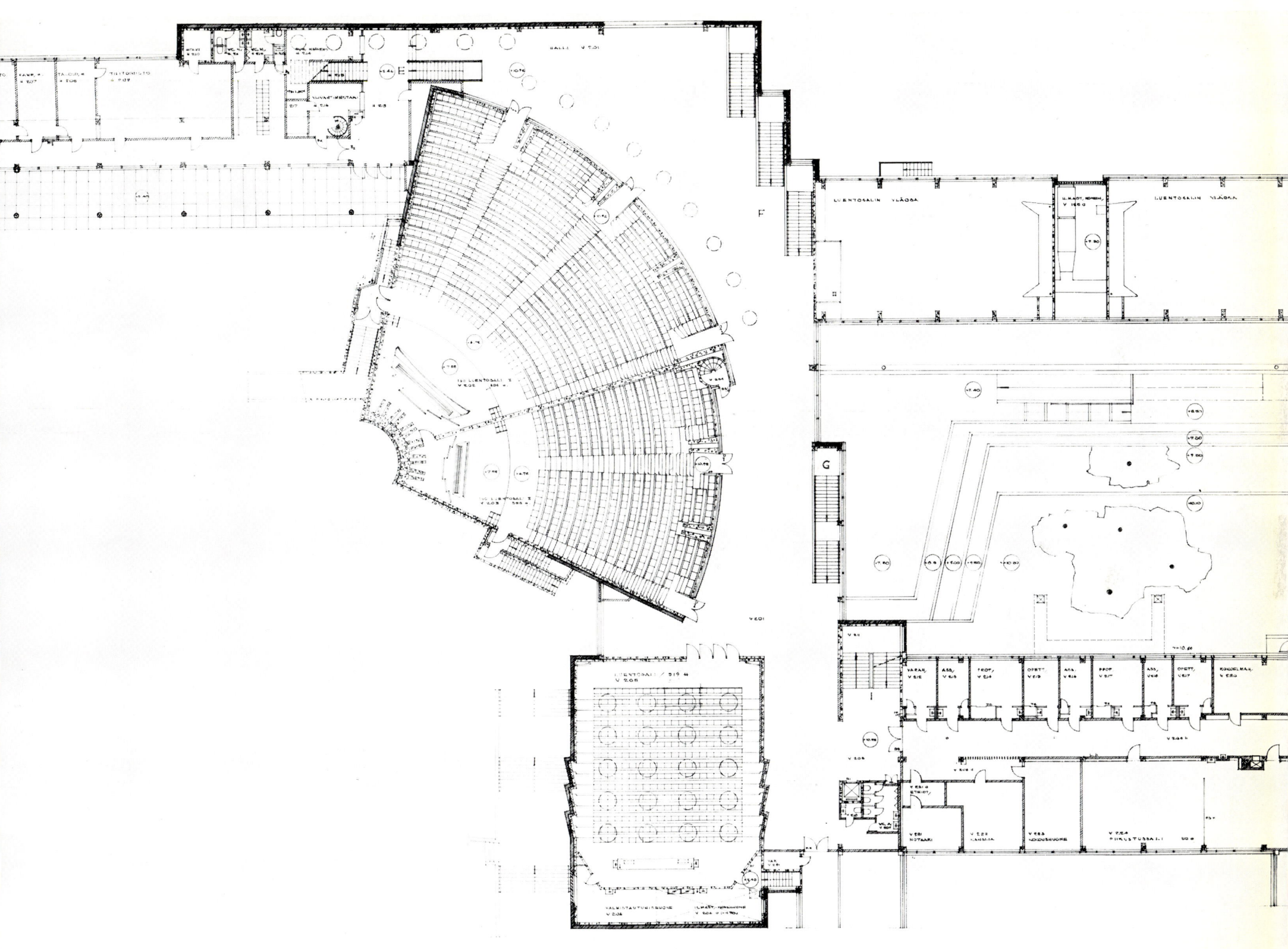

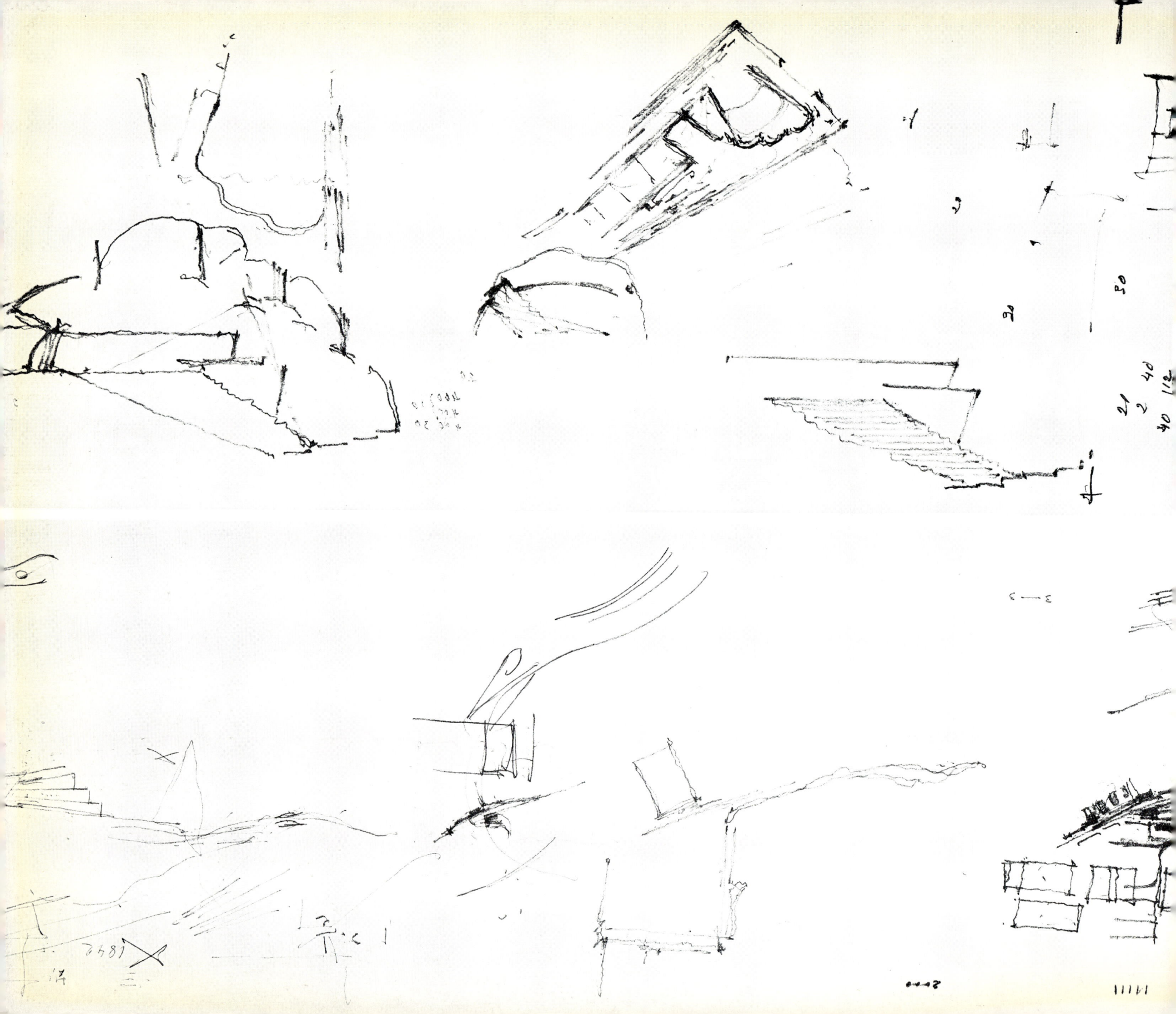

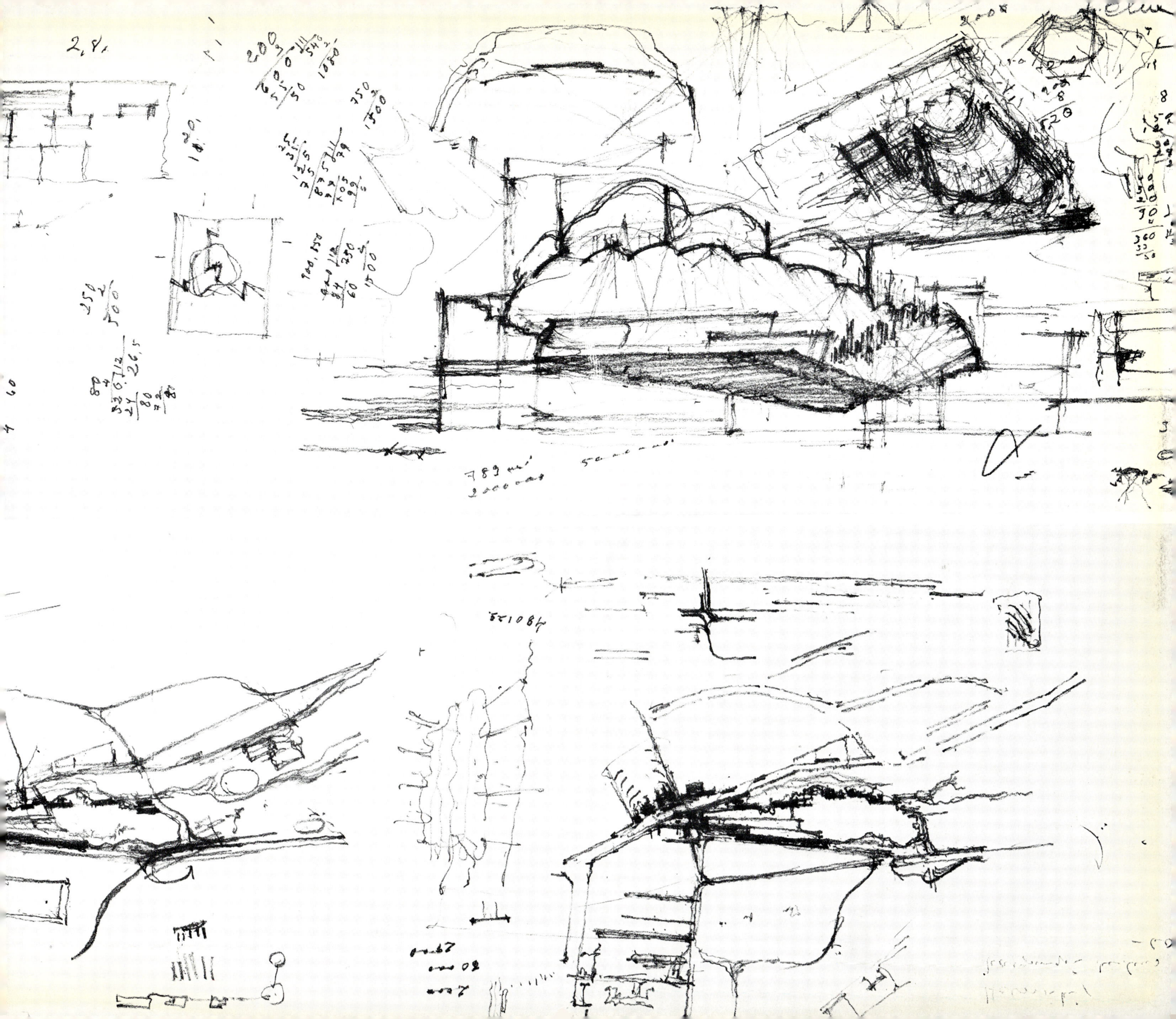

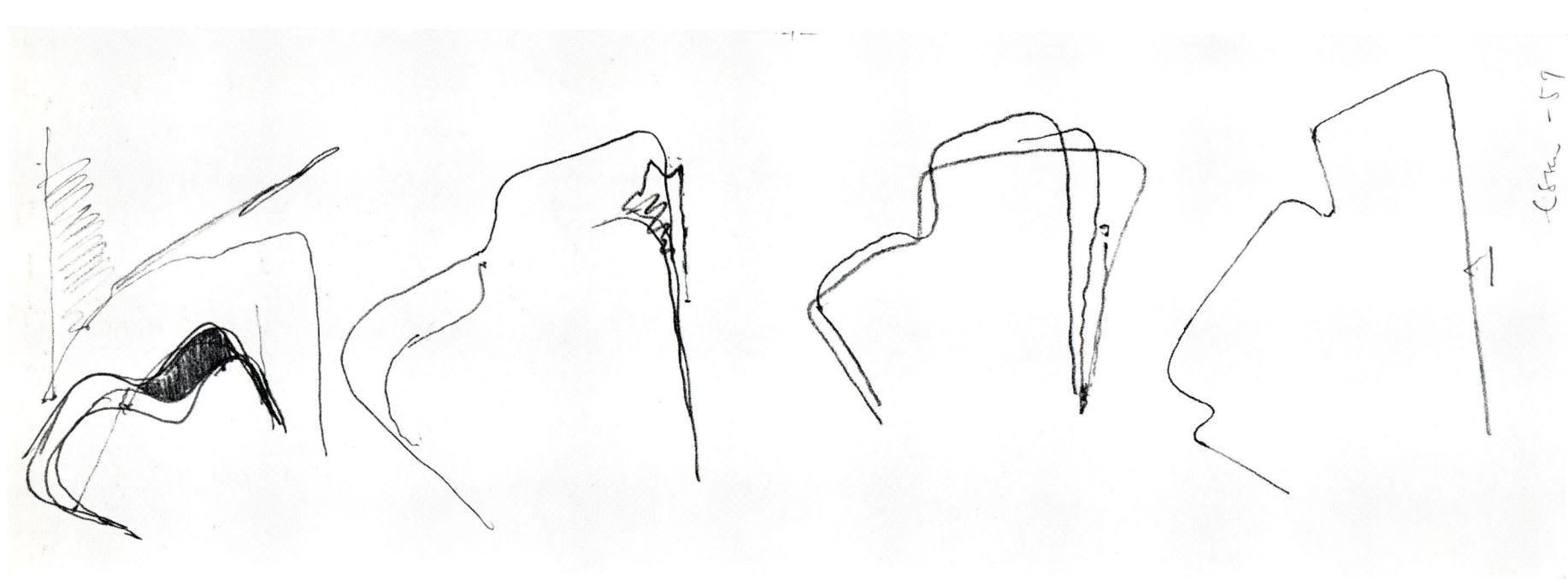

143

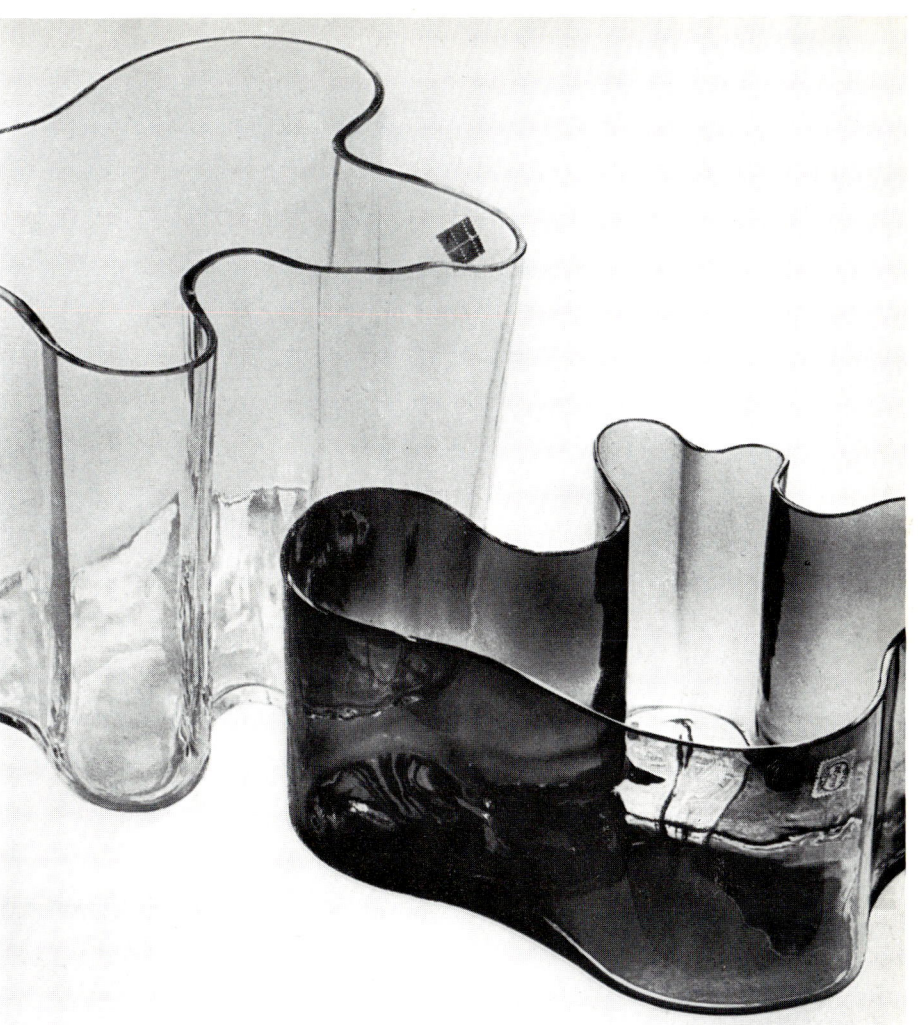

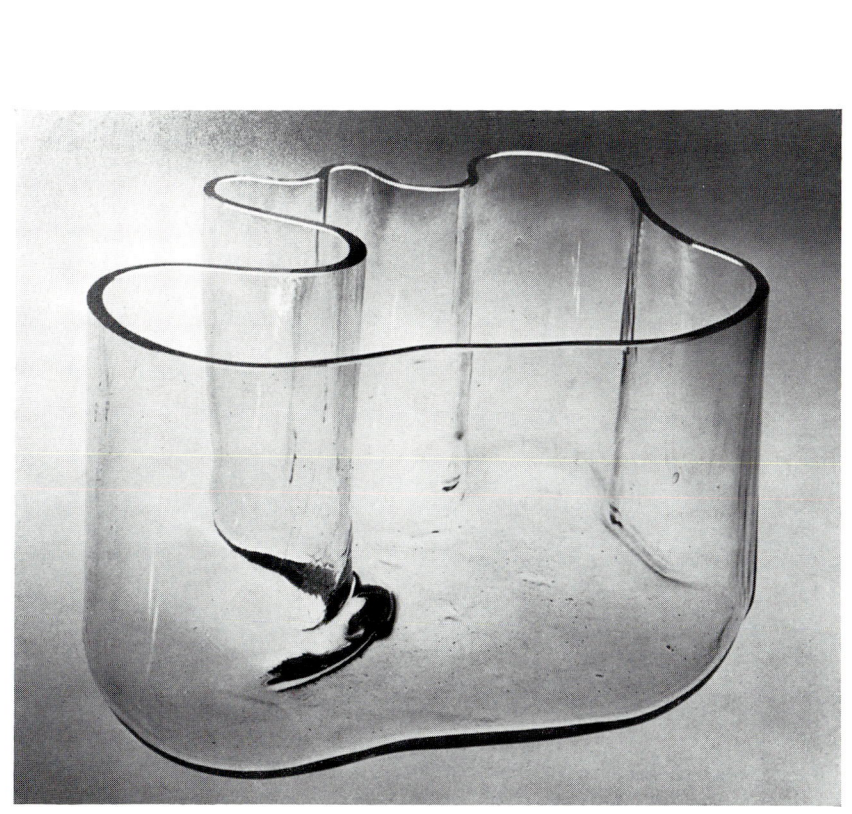

63 × 79 cm
1964
Oil, Öl, Huile

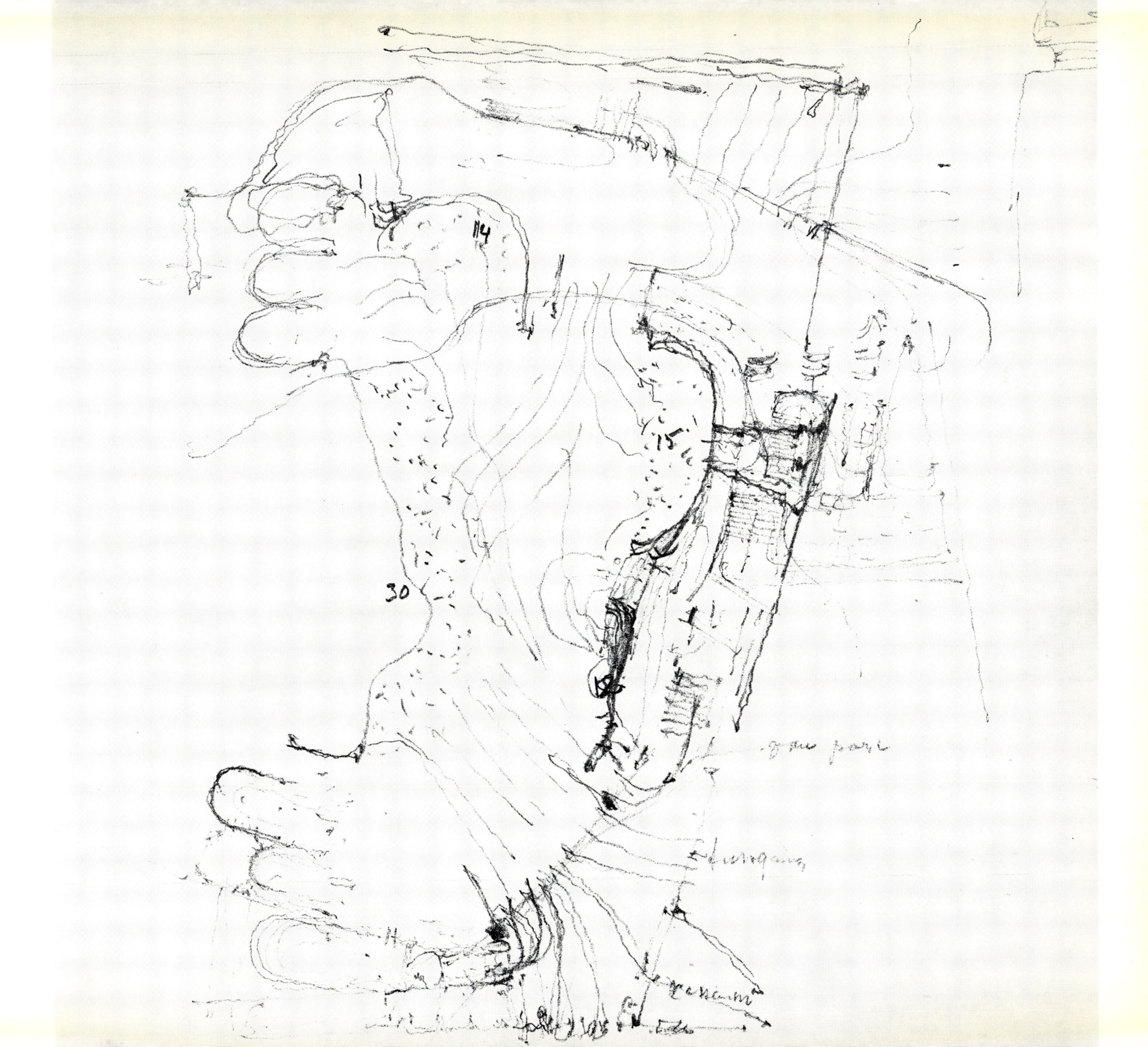

149

39,5 × 35,5 cm
1968
Oil, Öl, Huile

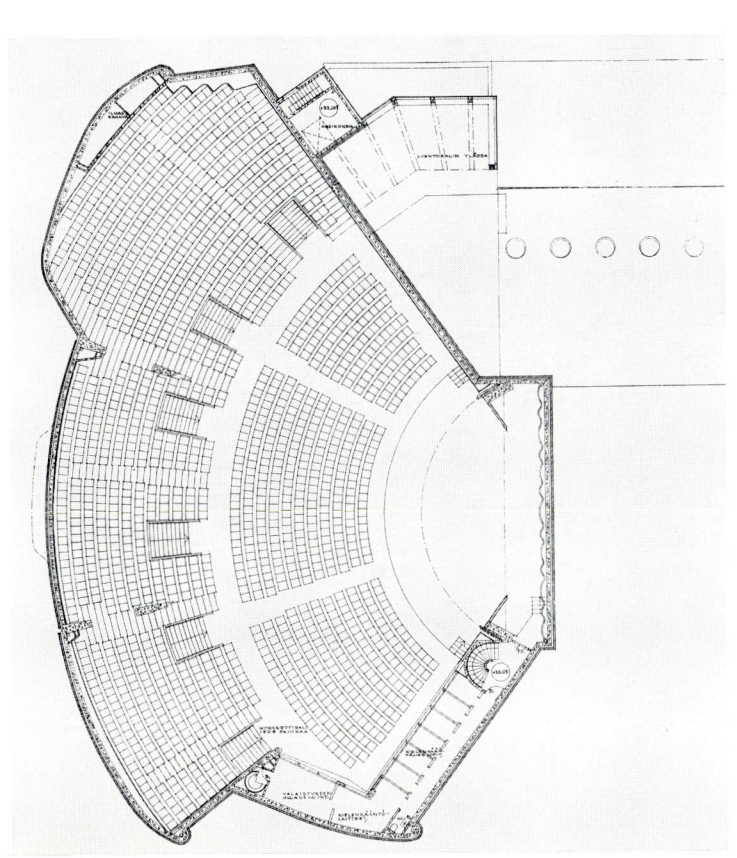

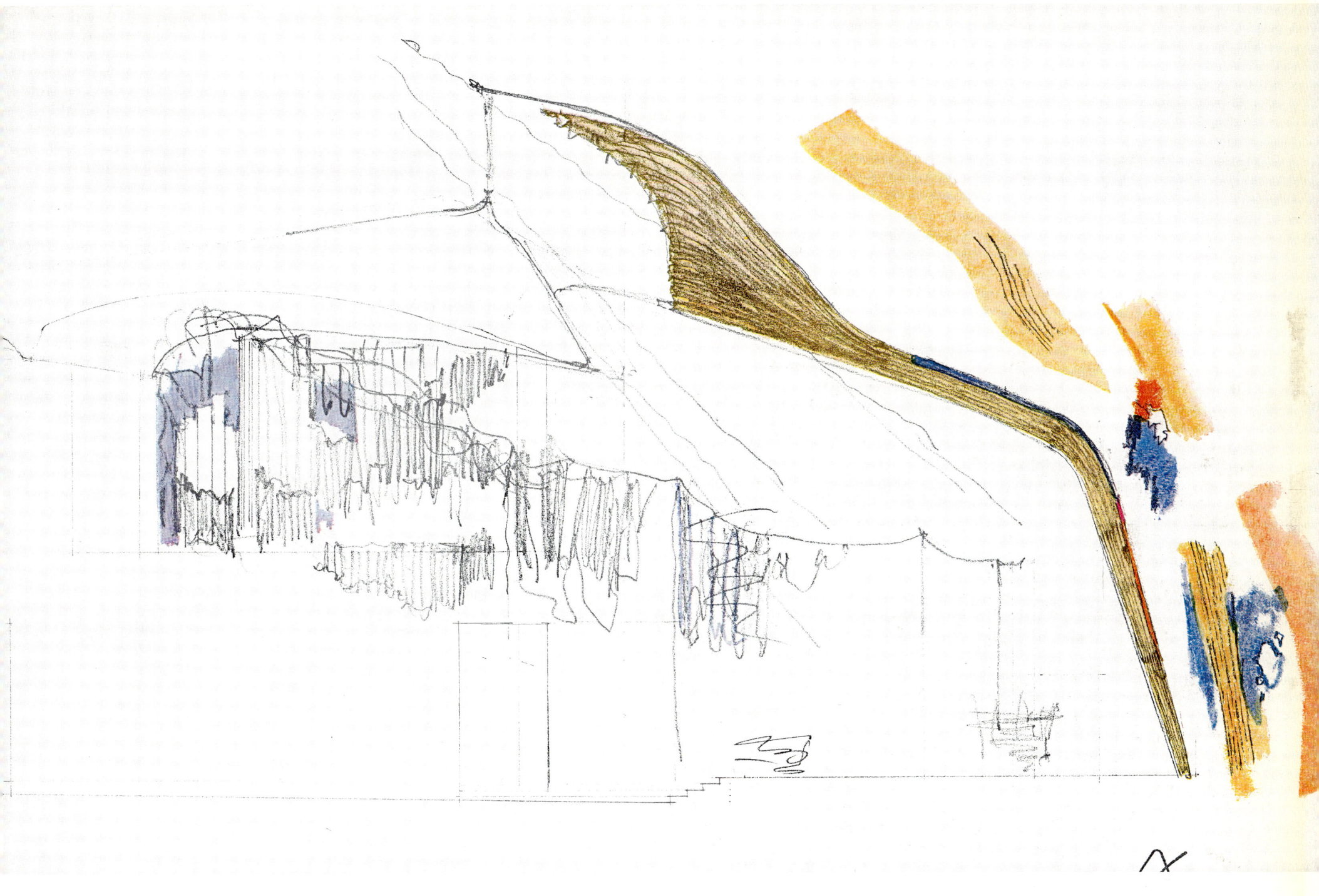

154

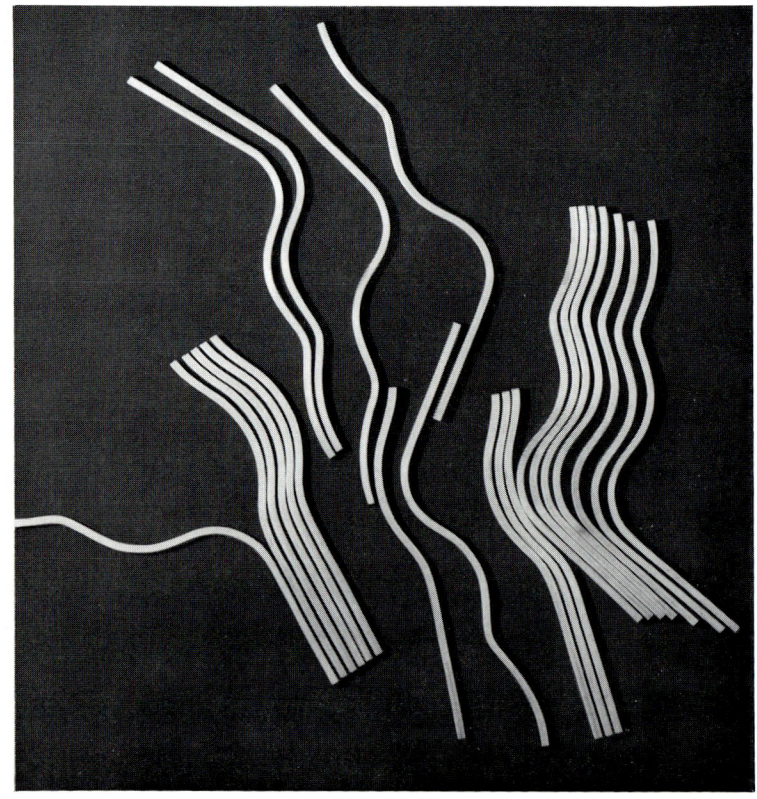

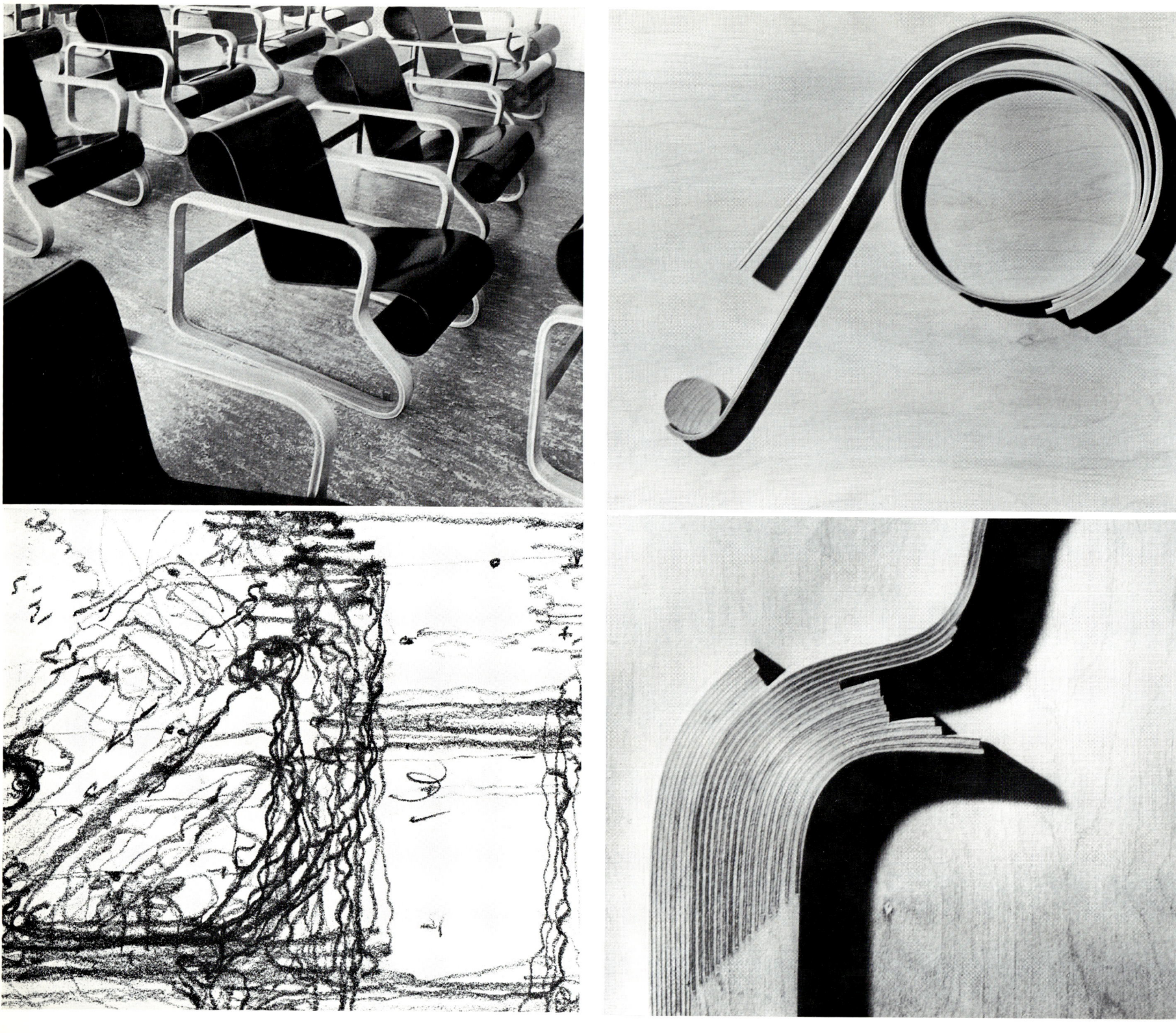

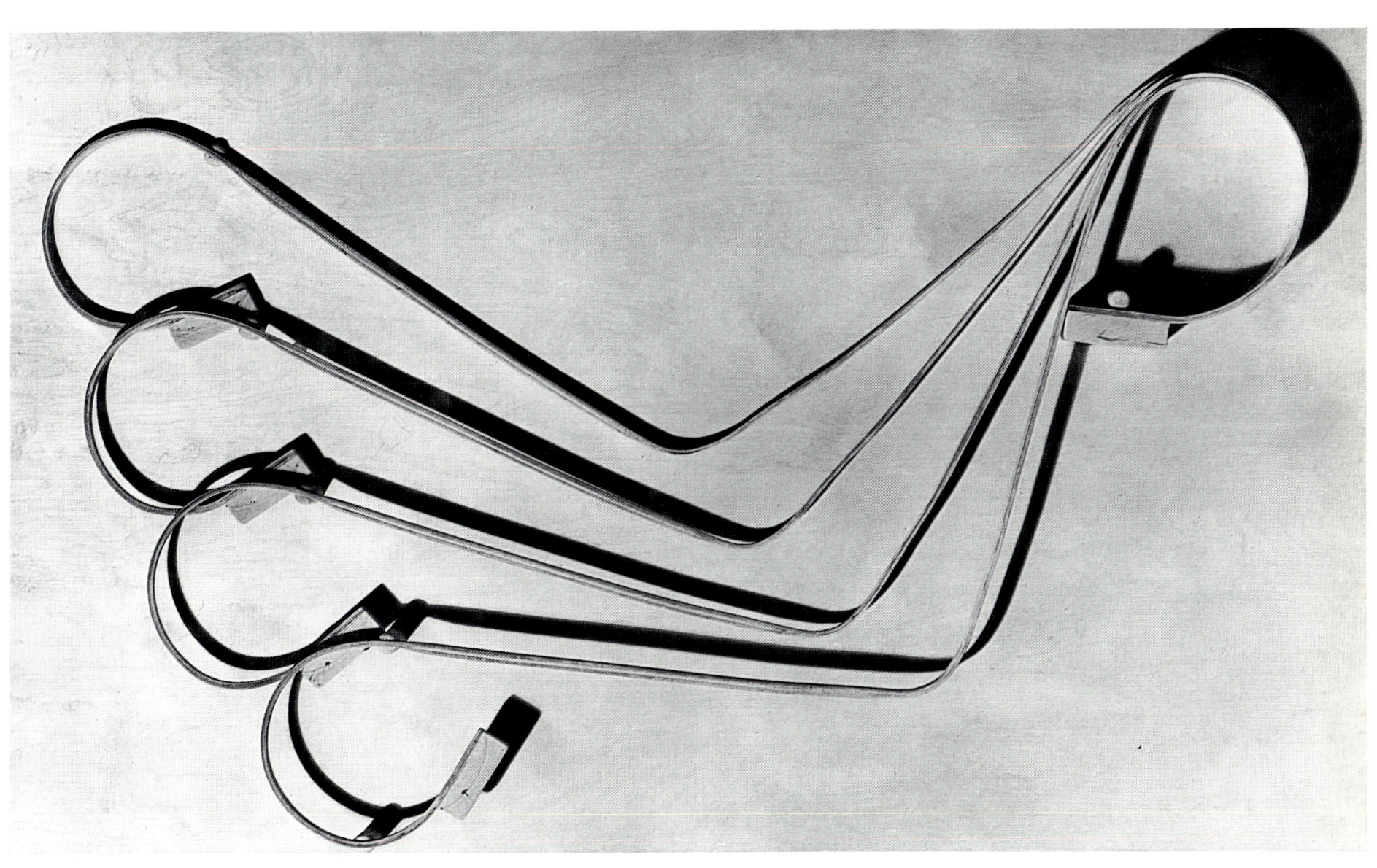

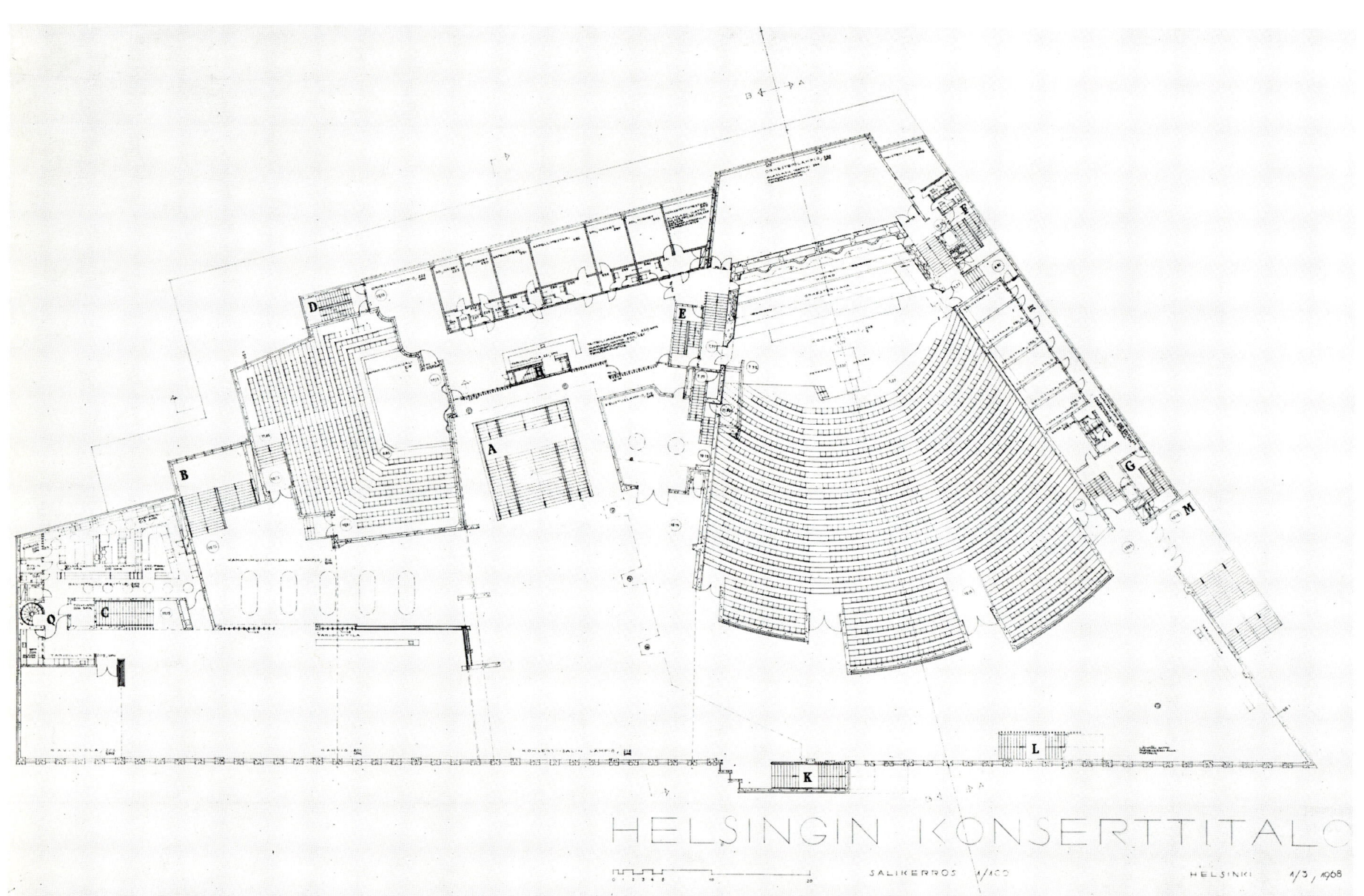

161

57 × 79 cm
1948
Oil, Öl, Huile

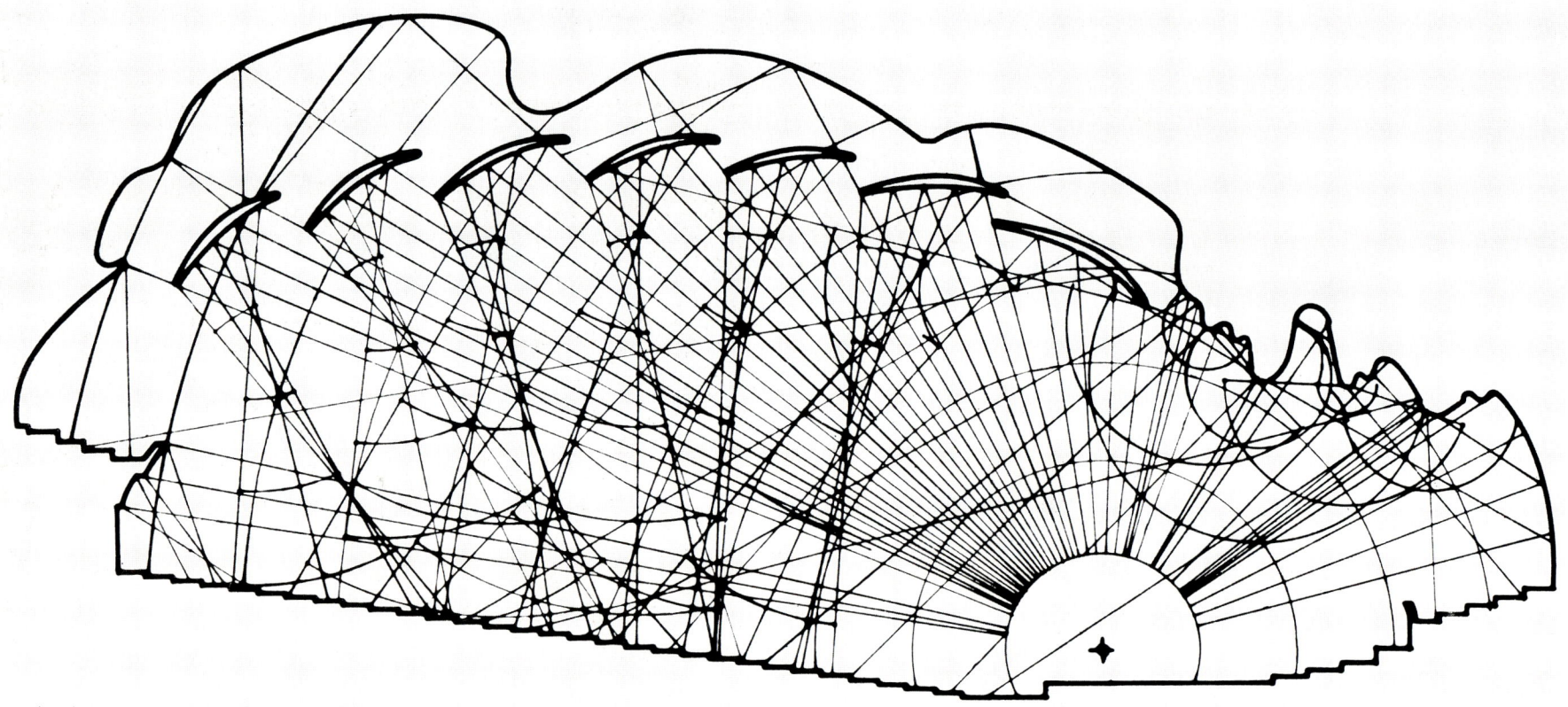

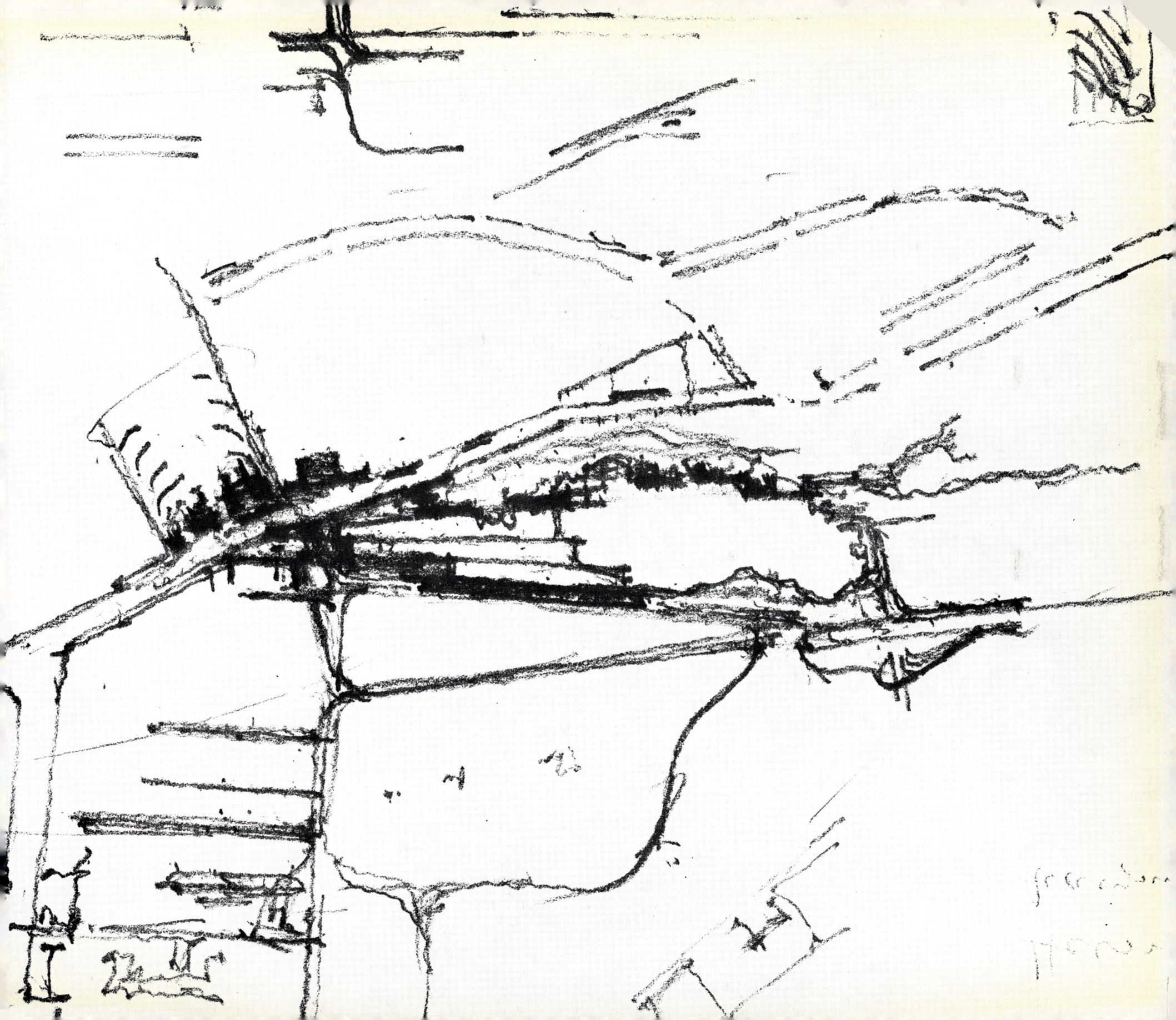

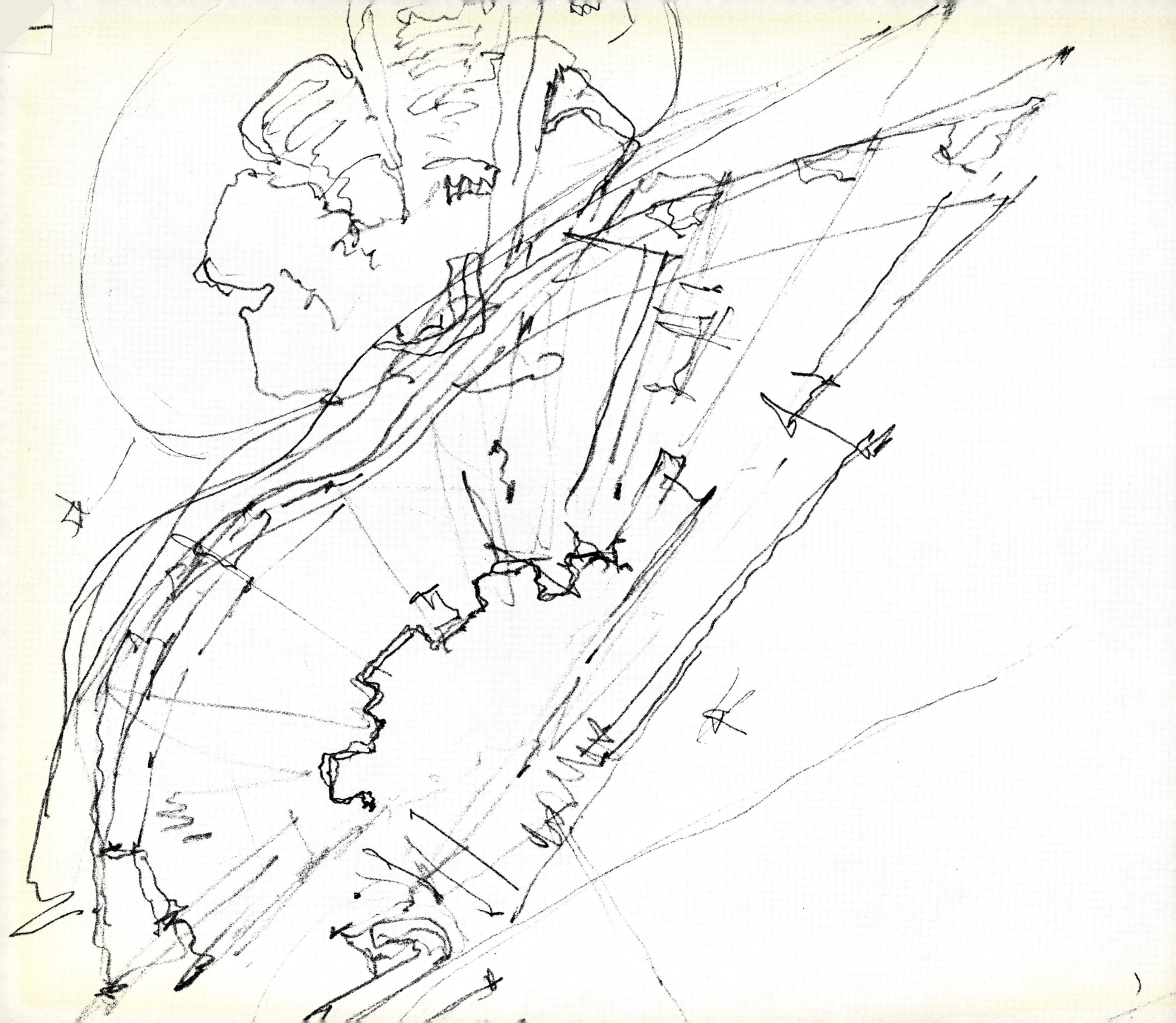

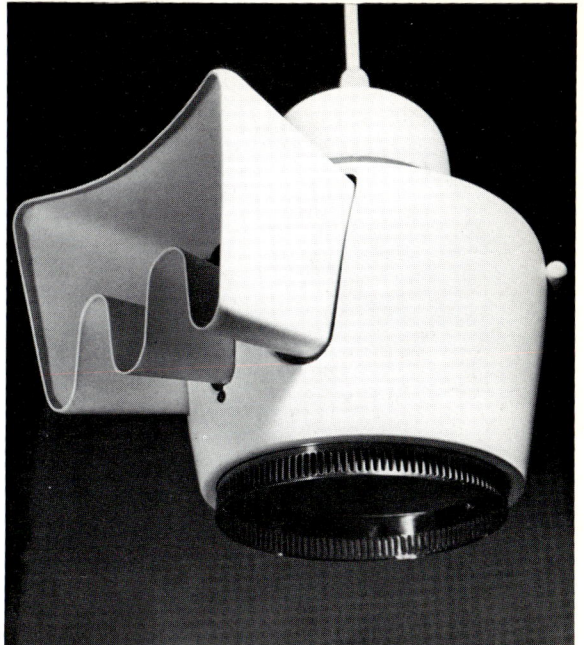

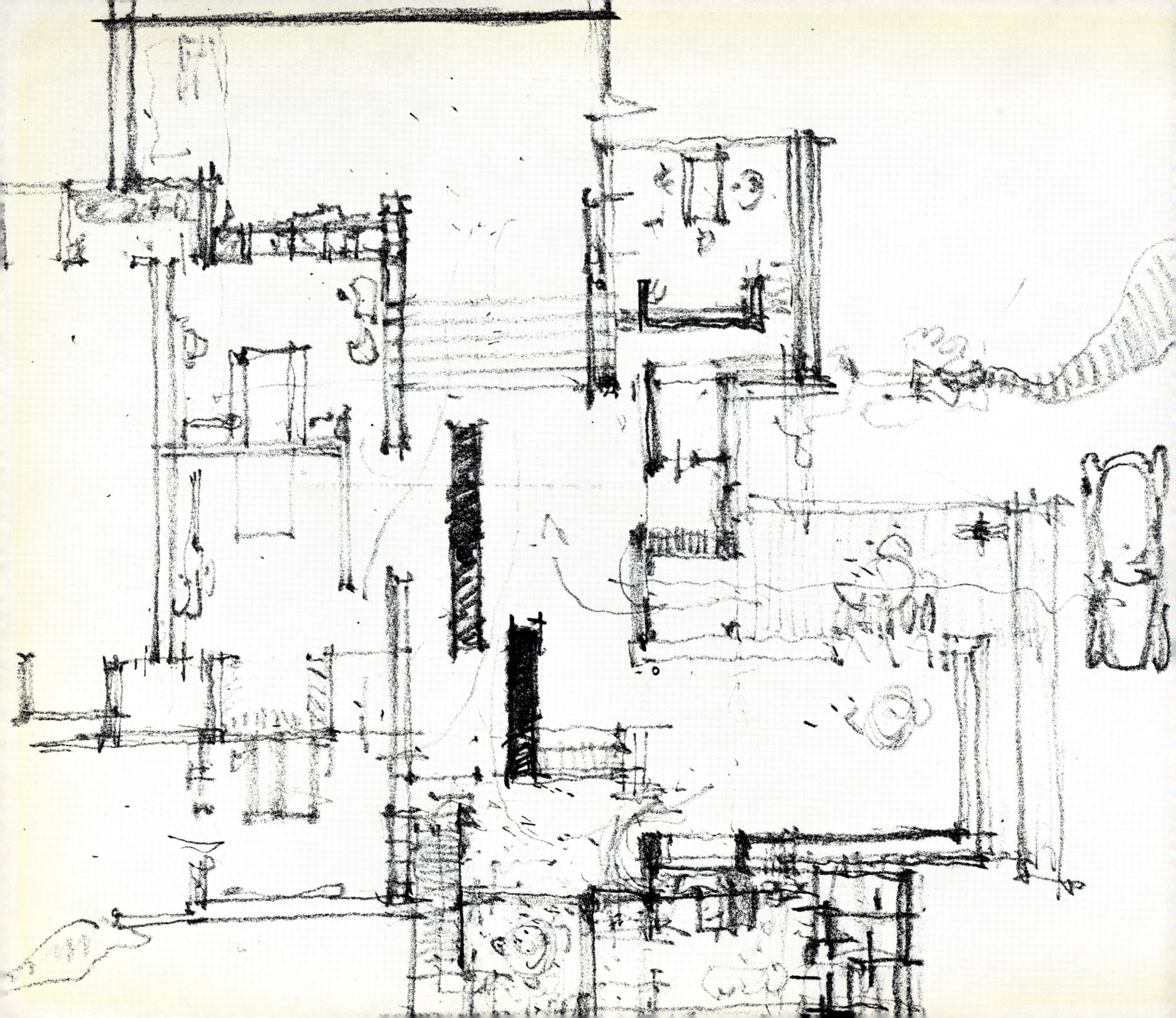

57 × 77,5 cm
1947
Oil, Öl, Huile

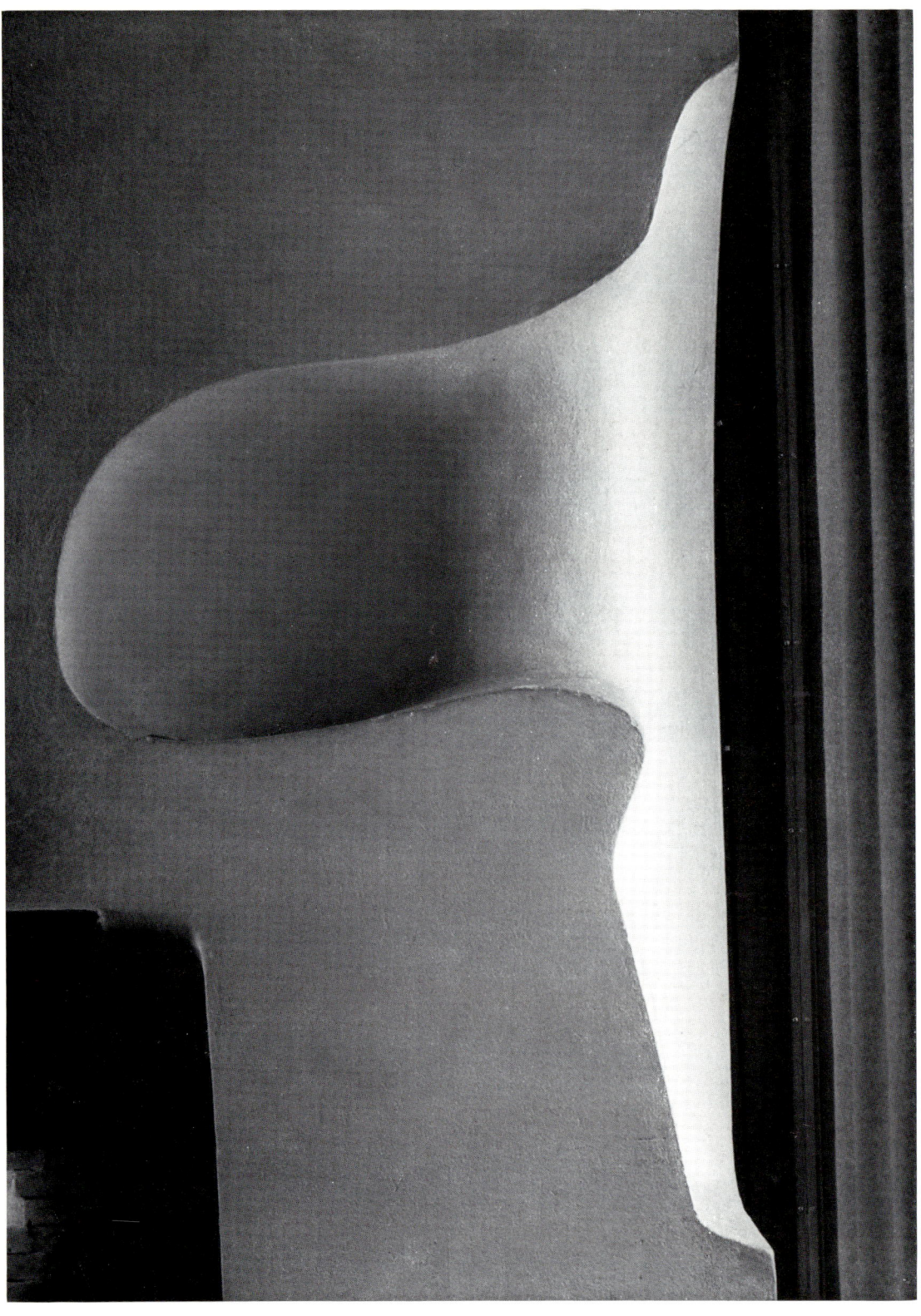

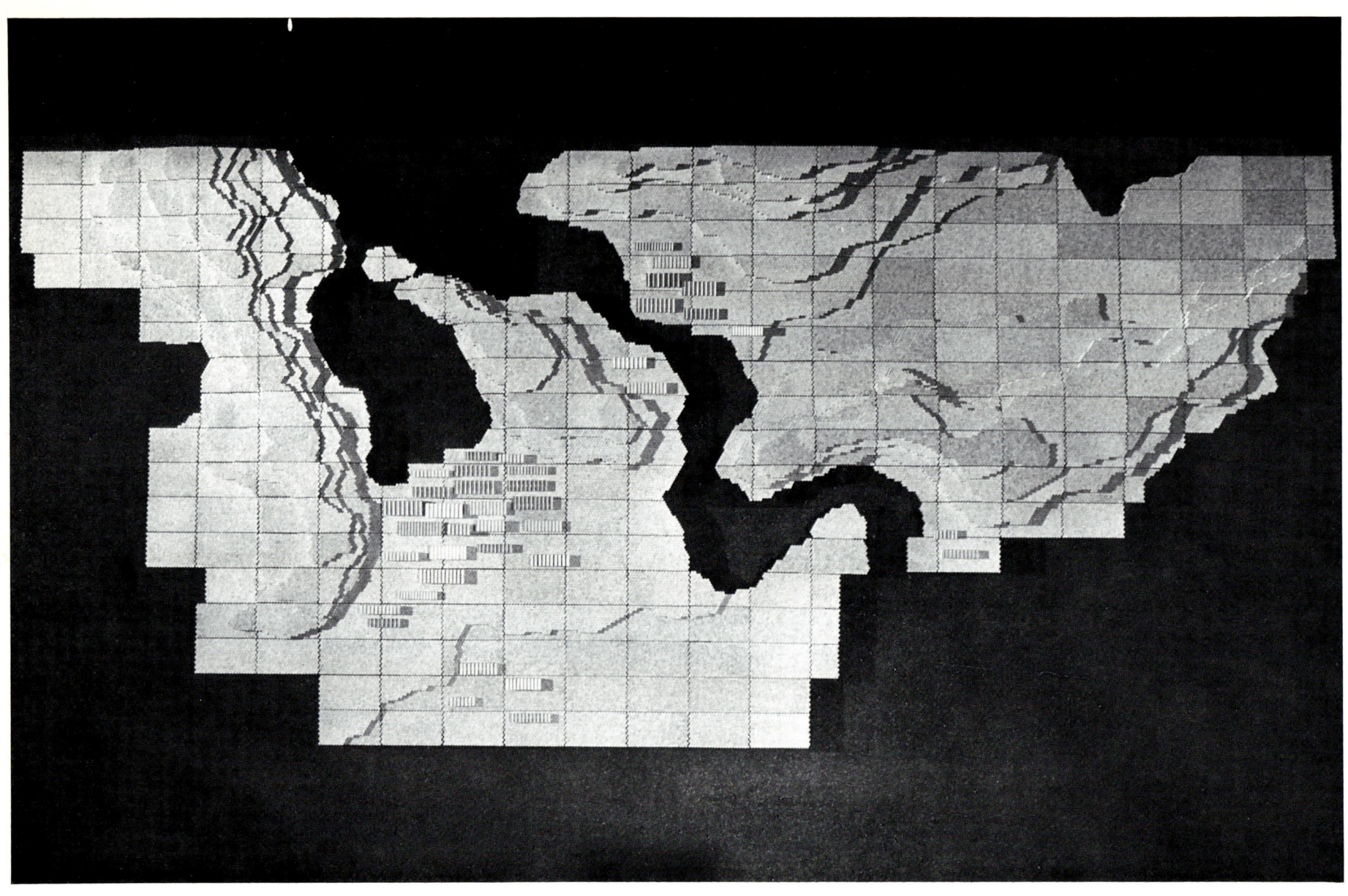

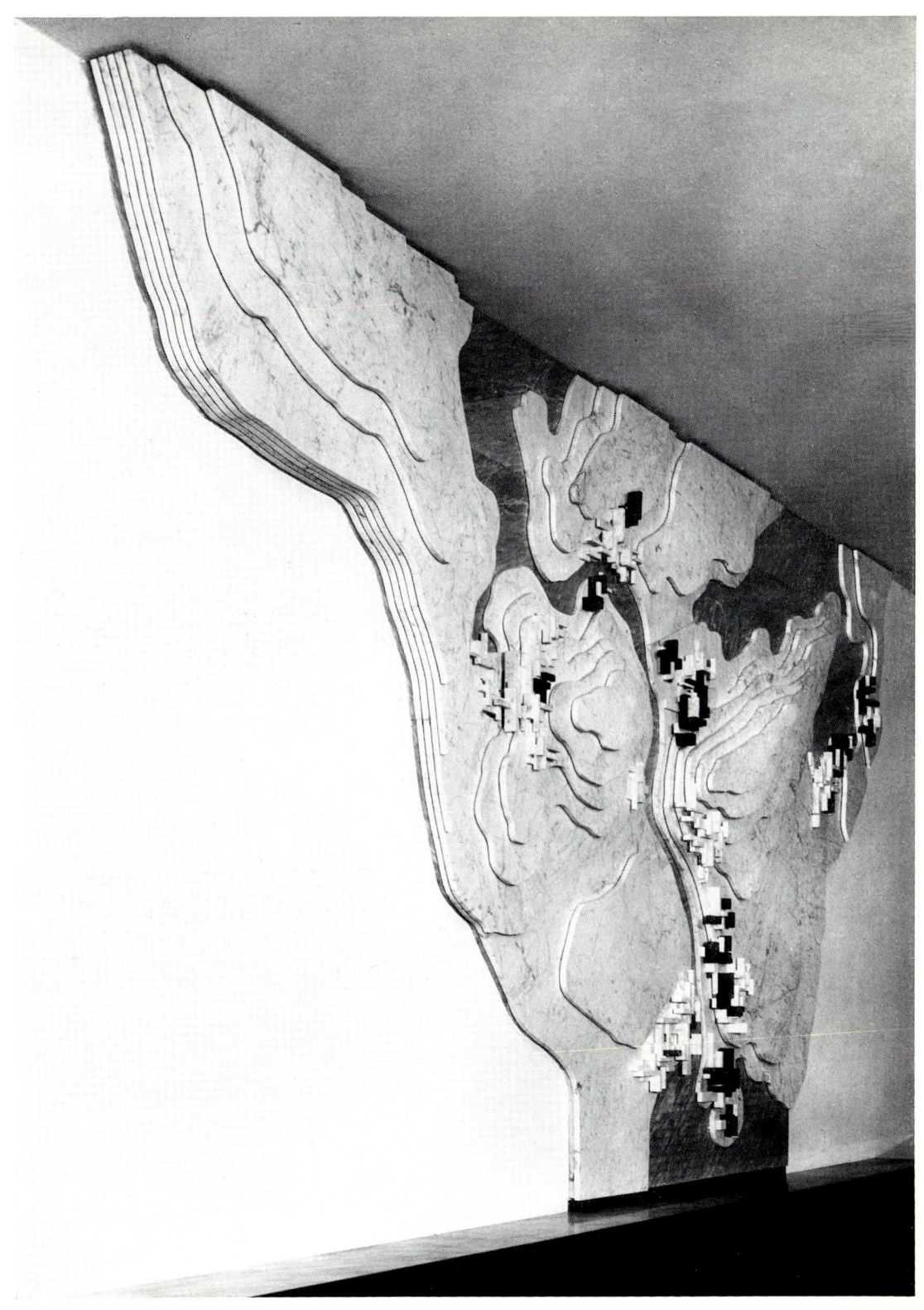

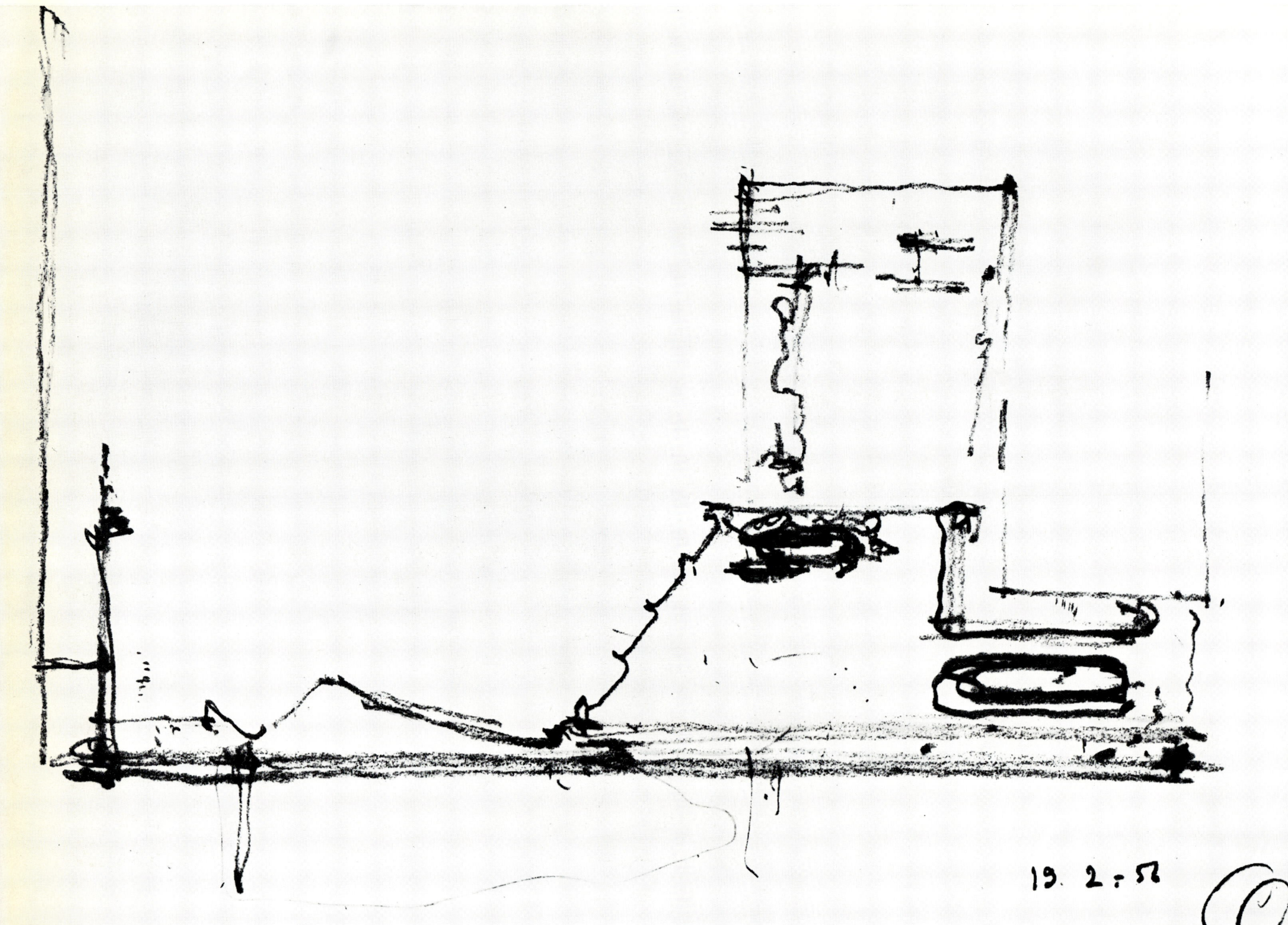

44,5 × 59 cm
1945
Oil, Öl, Huile

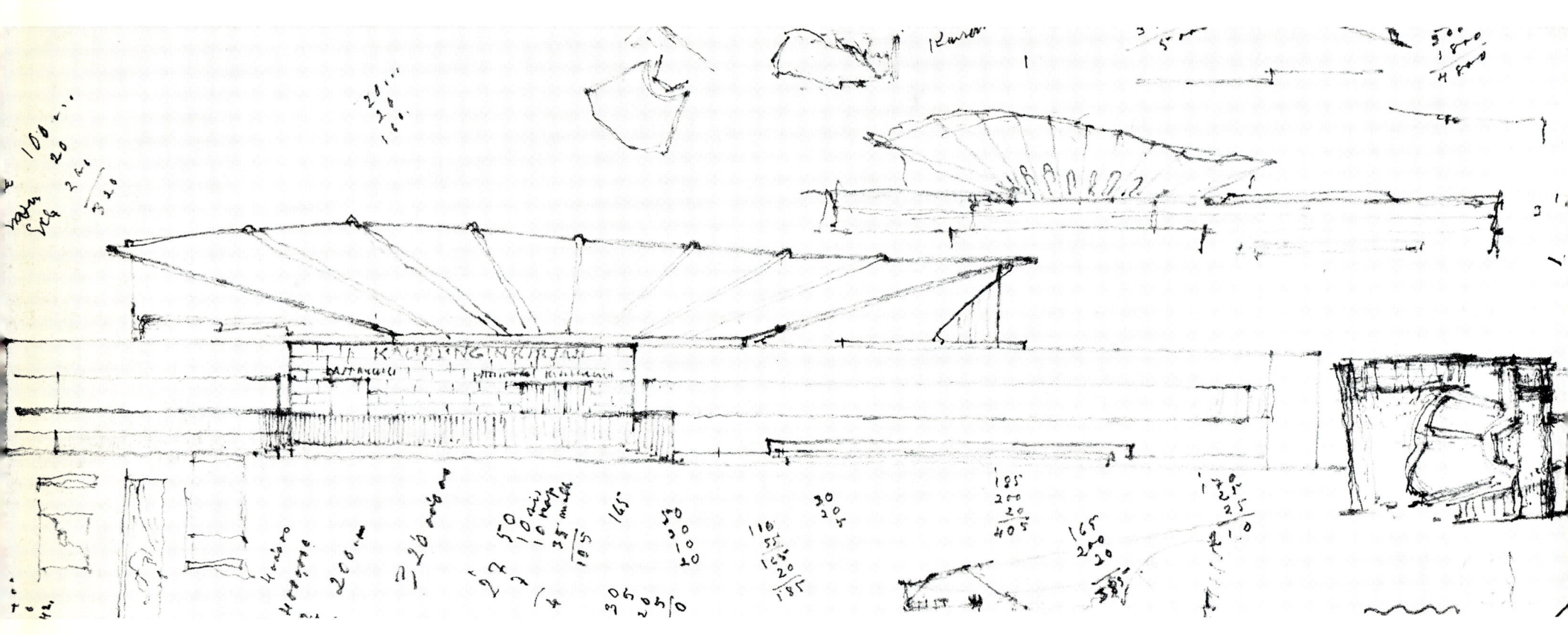

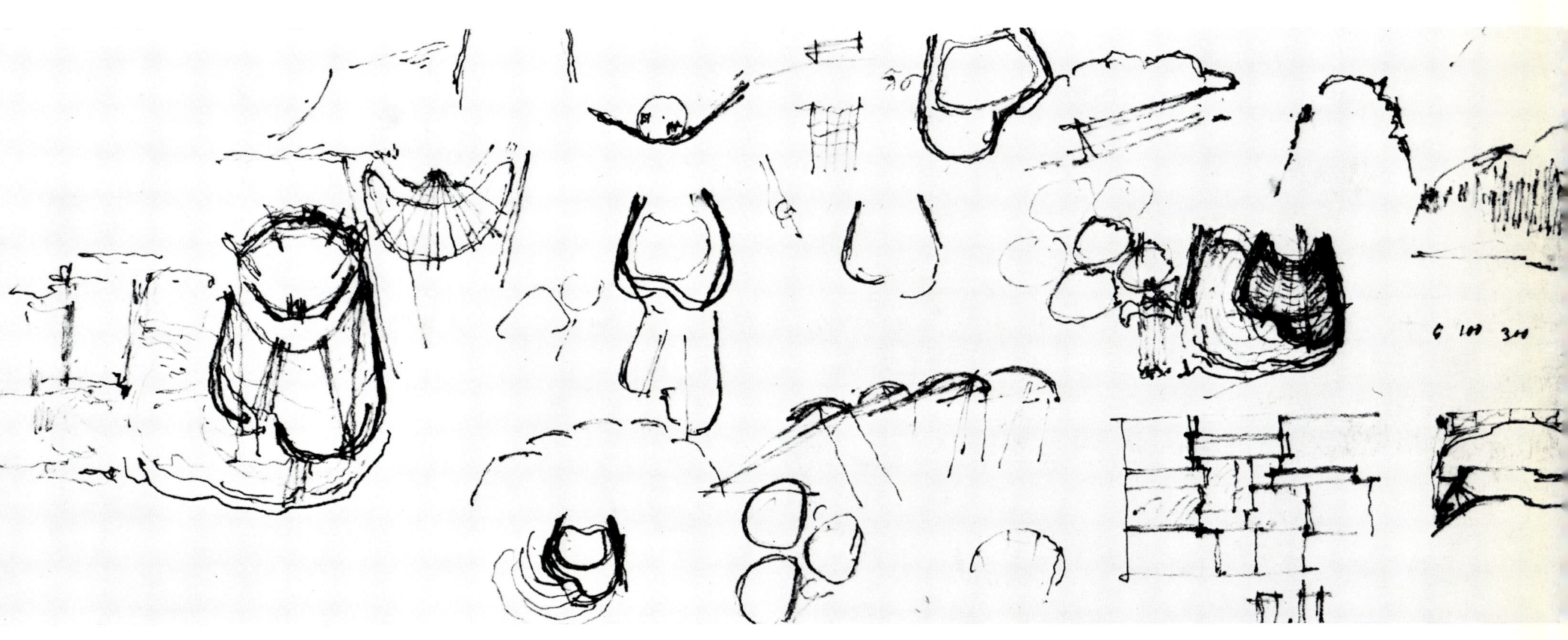

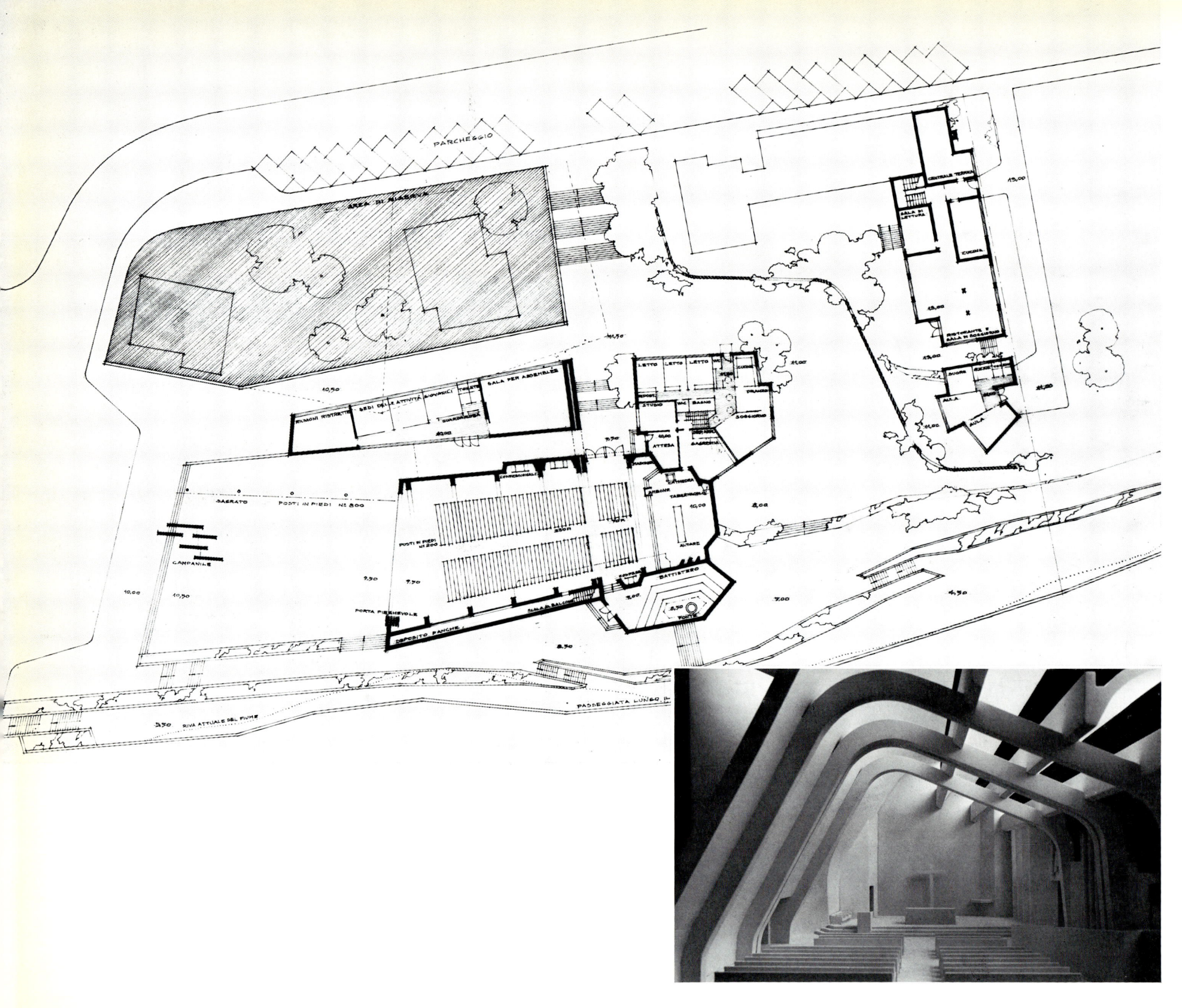

181

52 × 32,5 cm
1968
Oil, Öl, Huile

The fascination of the tremendous technical development offers us the possibilities of gigantic structures for the accomodation of vast numbers of people, but the human psychological element frequently is neglected.

A third tendency is the craving for originality, which is tending merely towards sensationalism. It demonstrates total absence of empathy for the real needs of human beings.

Due to his immense inventive capacity, Aalto is constantly absorbed by his new developments. There is hardly any time for intensive teaching. But his uncompromising ideas and their pure interpretation in his works have a fascinating effect on the younger generations of architects from numerous countries. Many of them do their utmost to enter his studio in order to experience the origins and the development of his creations. So widespread in his influence that, without exaggeration, one may speak of the formation of a new style. Aalto is one of the great architects of our time.

This article is an expanded version of the opening speech for an exhibition of Aalto's works at the Kunsthaus in Zürich 1964.

Werner M. Moser
Überblick über das Schaffen von Alvar Aalto

Wer sich mit der Architektur Alvar Aaltos befassen will, tut gut daran, sich seiner Herkunft zu erinnern. Die Struktur von Land und Volk ist auf den Charakter – man könnte auch sagen auf den Stil seiner Bauten von großem Einfluß gewesen. Finnland ist sehr schwach besiedelt. Es hat eine Bevölkerungsdichte pro Quadratkilometer von nur etwa einem Zehntel der Schweiz. Das von großen Seen durchzogene und dichtem Wald (70% der Bodenfläche) bestandene Land beherbergt ein Volk, das von unbändigem Willen für seine Freiheit und politische Unabhängigkeit beseelt ist. Diese hat es immer wieder erkämpft und noch in unserem Jahrhundert in mehreren Kriegen erfolgreich verteidigt. Es ist ein naheliegender Gedanke, diese freiheitliche Gesinnung auch bei Betrachtung der finnischen Architektur herauszulesen. Auf jeden Fall läßt sich in Aaltos Bauten ein Prinzip erkennen, das man als disziplinierte Freiheit im Gegensatz zu schematischem Dogmatismus empfindet, was uns in einem später nachfolgenden Abschnitt noch beschäftigen wird.

In Finnland hat der Jugendstil, der auch als freiheitliche Kunstschöpfung charakterisiert werden kann, um die Jahrhundertwende, also schon sehr früh, wichtige und ausgereifte Werke gezeigt, die in Europa stark beachtet wurden. Die markantesten Bauten dieser Periode entstammen dem Atelier der drei hervorragenden Architekten und Freunde, Gsellius, Lindengreen und Saarinen. Als wichtige Werke seien hier genannt das romantische Atelierhaus, zugleich gemeinsame Wohnung der drei Architekten, das in einem bewaldeten Felsgebiet nahe Helsinki auf schönste Weise in der Naturlandschaft eingebettet ist. Besser noch bekannt ist der Bahnhof Saarinens in Helsinki. Lindengreen, Professor an der technischen Hochschule daselbst, war Aaltos geschätzter Lehrer.

Bezeichnend ist, daß der Neoklassizismus, ein ausgesprochen retrospektiver Stil, der seit ungefähr 1912 in Deutschland und in der Schweiz etwa während 15 Jahren zu kurzer Blüte kam, in Finnland nur wenig Einfluß gewann. Ein anderes kleines, freiheitlich gesinntes Land, nämlich Holland, hat auch viele bedeutende Werke des Jugendstils und als einziges Land gar keine durch akademischen Formalismus gekennzeichnete neoklassizistische Periode aufzuweisen. So ist das Bauen in Holland, getragen von hervorragenden Architekten, *ohne Bruch* vom Jugendstil ausgehend direkt weiterentwickelt worden zur dynamischen Richtung der Amsterdamer Schule und zur funktionell abstrakten Bewegung ‹der Stijl›, der engverwandt auf ähnlichen Grundideen basierte, wie kurz darnach das von Gropius geleitete Bauhaus in Dessau. In diesem Zusammenhang sei vermerkt, daß Finnland und Holland periphere, nach dem Meere offene, also weite Horizonte aufweisende Länder sind.

Ein weiterer Architekt des Nordens, Gunnar Asplund von Stockholm, 12 Jahre älter als Aalto, der erst durch die Ausstellungsbauten in Stockholm 1928–1930 und den Waldfriedhof mit Krematorium (1935–1940) daselbst bekannt wurde, hat während kurzer Zeit mit diesen Bauten in Schweden ähnlich weitsichtig gewirkt wie Aalto.

In Finnland selbst war Aalto der erste, der den entscheidenden Schritt zum ‹neuen Bauen› tat. Das trug ihm den eindeutigen Ruf des Pioniers im ganzen Norden ein (erste Bauten: Redaktionsbau Turku 1928–1930, Wettbewerb Bibliothek in Viipuri 1927, Sanatorium in Paimio bei Turku, Wettbewerb 1928, 1933).

Günstige Voraussetzungen waren der damals – also relativ spät – einsetzende Übergang von Agrarproduktion und Holzhandel zur industriellen Auswertung reicher Bodenschätze und zur Verarbeitungsindustrie – Zellulosefabrikation – Kupfergewinnung – Glasindustrie. Kurz gefaßt, die technische Zivilisation nahm ihren Aufschwung, ungefähr gleichzeitig mit der Eröffnung von Aaltos eigener Praxis. Die hierdurch entstehenden neuen Möglichkeiten des Bauens waren von ihm schon frühzeitig erkannt und genutzt worden.

Finnland hatte initiative Männer und unverbrauchte Volkskraft in diesem wirtschaftlichen Prozeß einzusetzen. Jedoch waren damals die im kulturellen Sektor schöpferisch Tätigen relativ dünn gesät.

Auf jeden Fall hatte es Aalto mit Bauherren zu tun, die dem studierten Architekten als kompetentem Fachmann Achtung, Vertrauen und Handlungsfreiheit in der Konzeption der Entwürfe gewährten. Man spürt förmlich, daß seine Bauten großzügig und aus einem Guß erdacht *und* verwirklicht werden konnten. Keine kleinlichen oder ängstlichen Einwendungen des Bauherrn trüben die Kraft des architektonischen Ausdrucks.

Aaltos Bauten wirken als einheitliche Organismen. Die mannigfaltig differenzierten Bauteile ordnen sich in hierarchischem Aufbau harmonisch ein.

Das Gesamtbauwerk selbst ist jeweilen subtil und maßstäblich in die Umgebung eingegliedert. Unter Eingliederung wird nicht servile Unterordnung verstanden, sondern das Schaffen einer Bezogenheit zwischen dem landschaftlichen Raum und dem von Menschenhand gebauten Raumkörper. Das gleiche läßt sich vom Gefüge seiner Innenräume sagen. Hier entstehen, wo es sich nicht um abgeschlossene Räumlichkeiten (Büros, Sitzungszimmer, Schlafzimmer usw.) handelt, Beziehungen, die im Abschreiten als Raumdurchdringungen in der Horizontalen wie in der Vertikalen und letztlich als Raumkontinuität empfunden werden (Hallen, Treppen, Höfe, Galerien, Saalteile usw.). Sie charakterisieren und orientieren, das heißt sie weisen den Weg im Innern wie im Äußern. Diese Wirkung setzt eine besonders einfühlende Hand des Entwerfers voraus.

Der im besten Sinne ästhetische Eindruck beruht aber nicht auf der Anwendung eines vorgefaßten Formschemas, etwa eines Rasters, eines Modularnetzes oder einer harmonikalen Teilung, wie sie vielen bedeutenden Architekten mit Erfolg als Ordnungsgrundlage ihrer Entwürfe dienen. In dem Verzicht darauf in den ersten Entwurfsstadien gibt sich der Standpunkt Aaltos zu erkennen (siehe die Bleistiftskizzen!).

Die Gefahr eines Schematismus, der zur Uniformität wird, soll gebannt, die schöpferische Erfindung nicht eingeschnürt werden. Diesem Gedanken liegt wohl der eingangs erwähnte Unabhängigkeitsdrang des Finnen zu Grunde.

Damit soll keine Kritik an geometrischen Systemen geübt werden, denn eine schöpferische Arbeit auf solcher Basis steht in keiner Weise der freieren Grundkonzeption Aaltos nach und kann selbstverständlich den gleichen Intensitätsgrad erreichen. Die Gegenüberstellung soll nur die Besonderheit des Entwurfsvorganges bei Aalto verdeutlichen. Jeglichem Entwerfen liegt immer das innere Erlebnisreservoir und der sich ständig mehrende Erfahrungsbereich zu Grunde. Es treten in der Auswertung unvermeidlich persönlich gefärbte Auffassungen zu tage neben oder trotz allen vernunftmäßigen Überlegungen.

Die erste zeichnerische Handnotiz eines Entwurfes ist nun bei Aalto meist eine traumhaft, mit weichem Stift andeutende Silhouette, gerade als ob er durch ein zu schroffes Vorgehen der innerlich erlebten Grundidee etwas zuleide tun könnte. Immer ist die Umgebung schon einbezogen. In weiteren Skizzen wird dann allmählich die Konzeption immer deutlicher bis zur perspektivischen Projektion oder auch in der durch Grundriß, Aufriß und Schnitt erkenntlichen Darstellung des Entwurfes – alles immer noch handskizziert. Erst dann erfolgt die Übertragung in exakte Maßzeichnungen, die ihrerseits wieder mit Modellen weiterentwickelt werden. Der Begriff der Ordnung ist bei Aalto eine bestimmte geistige Grundhaltung, die ohne Einschaltung eines Systems im Entwurf impliziter vorhanden ist.

Eine solch freiheitliche Gestaltung führt keineswegs zu einer zufälligen Formgebung. Die Bauten sind zwar sehr differenziert und zeichnen sich durch Ideenreichtum aus, jedoch ist in der Gruppierung der Baukörper ein rhythmisches Gleichgewicht unverkennbar. Oft sind die Baukörper und die entsprechenden Innenräume gestaffelt oder geschwungen aneinandergereiht. Es gibt Viertelskreise, Stichbogen, sichel- und wellenförmige Gebilde. Schon beim Tuberkulosesanatorium in Paimio bei Turku (1928) sind die zusammenhängenden Bautrakte in offenen Winkeln auseinandergespreizt. Es ergibt sich eine intensive Verklammerung mit der Natur. Man gewinnt jeweils das Bild einer sich einprägenden wohlabgewogenen Baugruppe. Der offene Winkel spielt auch in seinen Regionalplänen und Siedlungen eine wichtige Rolle. Die Mannigfaltigkeit ist fast unbeschränkt. Alle Formierungen innen und außen werden im erweiterten Sinne des Wortes als logisch empfunden.

Da zeigt es sich denn, daß auch die Konstruktion der Entwurfsidee untrennbar verbunden ist, ja sogar oft als Erzeugende der Gesamtform auftritt. Es sollen hier nur zwei Beispiele angeführt werden:

Der leider nicht ausgeführte Entwurf für ein Sport- und Konzertzentrum am Vogelweidplatz in Wien von 1953: Dort sind die großen Spannweiten über den Sporthallen und dem Amphitheater mit Masten, Stahlseilen und Hängedecken bewältigt. Diese kühne Konstruktion ist außen und innen formbestimmend. Als zweites Beispiel neben vielen andern sei die Holzdecke des Ratsaales in Säynätsalo angeführt, bei der die sichtbaren von der Decke losgelösten Hauptstreben ein steifes Dreieck bilden, von dem aus strahlenförmig angeordnete Konsolstützen die sekundären Balken tragen.

Ein Problem, das unserer unruhigen und schnellebigen Zivilisation erwachsen ist, die Flexibilität in der Anpassung der Räume an verschiedenartige Nutzung, hat Aalto an mehreren Bauten beispielhaft gelöst. So ist die evangelische Kirche in Vuoksenniska bei Imatra in drei selbständige, verschieden hohe Raumzonen mit eigenen Eingängen aufteilbar. Mittels bogenförmigen Wänden und entsprechender Deckenwölbung für jeden Raumteil hat er erreicht, daß jeder einzelne der drei Räume ein in sich harmonisch geschlossenes und akustisch störfreies Gebilde ist. Wenn aber die zwei bogenförmig zurückgeschobenen Trennwände in den Seitenmauern verschwinden, eröffnet sich der ganze Kirchenraum in rhythmischer, kadenzartig angedeuteter Dreiteilung. Der Längsschnitt zeigt die Steigerung der Höhe gegen vorne. Ein schlechthin großartiger Raumeindruck trotz bescheidenen Dimensionen! Die Kombination von Hörsälen in der pädagogischen Hochschule Jyväskylä steht gut für weitere Beispiele dieser Art.

Für die Tag- und Nachtbeleuchtung hat Aalto sehr subtile Lösungen gefunden. Das Einströmen des Lichtes ist auf besondere Art erfaßbar gemacht. Die bewußt hervorgerufenen Schattierungen von hell nach dunkel machen den Raum plastisch. Blendeffekte kommen in Aaltos Bauten nicht vor. Als Meister in der Handhabung des Lichteinfalles von oben läßt er die jeweilige Form in der Außenarchitektur stark mitsprechen.

Beim Entwurf für die Ausstellungssäle des Museums in Aalborg, Dänemark, fällt das Tageslicht über gekrümmte Körper in der Decke indirekt auf Wände und freistehende Kunstwerke. Lichtreflexe sind vermieden. Es ergibt sich eine beruhigende, denkbar beste Atmosphäre zur Betrachtung des Ausstellungsgutes.

Ein Vortrags- oder Versammlungssaal, eine Kirche, ein Gesellschaftsraum, ein Theater, ein Foyer sind Räume, in denen eine gute Sprech- und Musikakustik verlangt wird. Aalto hat Wände und Decken in ihrer Abwicklung so gestaltet, daß jeweils alle Plätze eine gute Hörsamkeit aufweisen. Hier haben seine wellenförmigen Deckenprofile eine besondere Berechtigung, um ideale Schallreflexe zu erzielen. Er hat seine Vorschläge am Modell überprüft. Wichtig ist ihm, daß er Klangverzerrungen, wie sie durch schallabsorbierende künstliche Materialien entstehen, nach Möglichkeit meidet.

Es gibt keinen Bau Aaltos, der nicht integral durchgearbeitet wäre. Jedes, auch das kleinste Detail ist in den Entwurf einbezogen. Das setzt das eingehende Studium auch der Ausstattungsgegenstände voraus. Lampen und Möbel, ja Vasen und Türgriffe und andere Details werden für bestimmte Zwecke individuell entworfen. Sie sind als Modelle gedacht, die nachher serienmäßig weiterfabriziert werden und im In- und Ausland für ähnliche Zwecke Verwendung finden. An den verschiedenen Modellen entwickelt Aalto immer wieder neue Varianten.

Über die Integration der Künste hat sich Aalto verschiedentlich geäußert. Er glaubt nicht an die Einheit der Architektur mit ihren Schwesterkünsten in dem Sinne, daß Architekt, Bildhauer und Maler mit vereinten Kräften den Schöpfungsakt eines Bauwerkes vollziehen. Er glaubt es schon deshalb nicht, weil allein die technische Komponente beim Entwickeln eines Bauprojektes, heutzutage von unerhörter Komplexität, im Wesen nicht ohne weiteres zu vergleichen ist mit dem schöpferischen Entstehungsprozeß der Werke des Bildhauers und des Malers. Im Mittelalter war Baumeister, Bildhauer und Maler noch in Personalunion häufig vereint. Den Verhältnissen unserer Epoche entsprechend sieht Aalto die Werke des Malers und Bildhauers als eigenständige Produkte, die im Spannungsverhältnis zur Architektur stehen.

‹Integral› ist bei Aalto so zu verstehen, daß der Architekt seine Bauten mit allem Inhalt als Raum und Körper plastisch ausformt und in engen Zusammenhang mit Material- und Farbgebung zum Leben bringt.

Der Architekt wäre also in Wirklichkeit sich selbst genug. In der Tat finden wir bei Aalto Bauten, selten Kunstgegenstände, die direkt als Teil des Architekturgedankens einbezogen sind.

Jedoch ist er selbst auch Maler und Bildhauer zugleich, was in diesem Buch sprechend zum Ausdruck kommt, hierin übrigens F. L. Wright und Le Corbusier verwandt.

Das Menschenbild, das in Aalto lebendig wirkt, ist ein Bedacht für die Würde des Individuums im Rahmen der heutigen Bevölkerungsexplosion. Es wird heute vielfach übersehen, daß auch die Masse aus Einzelmenschen besteht. Aalto empfindet die Gefährdung der gegenwärtigen Situation etwa folgendermaßen:

Die Faszination der Massenbewältigung führt oft zu Lösungen, die den Einzelmenschen und die kleine Gruppe vernachlässigen.

Die Faszination der technischen Entwicklung bringt uns früher nicht geahnte Großkonstruktionen zur Unterbringung von enormen Menschenmengen, wobei der humanpsychologische Hintergrund meist verloren geht.

Eine dritte Tendenz ist die Originalitätssucht, die nur zu sensationellem Formaufwand tendiert. Dabei werden essentielle Bedürfnisse der menschlichen Gemeinschaft und ihrer Umwelt unberücksichtigt gelassen.

Die unerhörte Erfindungskraft bewirkt, daß Aalto von seinen Neuentwicklungen innerlich konstant absorbiert ist. Es bleibt kaum Zeit zur Entfaltung einer intensiven Lehrtätigkeit. Aber die grundsätzliche Kompromißlosigkeit seiner Ideen und die reine Interpretation derselben in seinen Bauten üben eine so faszinierende Wirkung aus, daß die junge Generation vieler Länder sich darum bemüht, in seinem Atelier den Entstehungsprozeß mitzuerleben. Sein Einfluß hat eine derartige Spannweite erreicht, daß es nicht übertrieben ist, von Stilbildung zu reden. Aalto zählt zu den großen Architekten unserer Zeit.

Der Artikel ist eine erweiterte Fassung des anläßlich der Eröffnung von Alvar Aaltos Ausstellung im Kunsthaus Zürich 1964 gehaltenen Vortrages.

Werner M. Moser
Aperçu sur l'œuvre de Alvar Aalto

Qui veut étudier l'architecture d'Alvar Aalto, fera bien de se rappeler l'origine de celui-ci. La structure du pays et de sa population a exercé une grande influence sur le caractère, on pourrait aussi bien dire sur le style de son architecture. La Finlande est très faiblement peuplée. Sa densité au kilomètre carré atteint environ 10% de celle de la Suisse. Le pays, parsemé de grands lacs et de forêts épaisses (70% de la surface du sol), abrite un peuple possédant l'indomptable volonté de rester libre et politiquement indépendant. Il a toujours dû lutter pour cet idéal et l'a encore défendu victorieusement durant ce siècle, au cours de plusieurs guerres. Il est naturellement tentant d'essayer de retrouver les traces de cette tendance dans le caractère de l'architecture finlandaise. En tout cas, les constructions de Aalto laissent apparaître un principe que l'on éprouve comme liberté disciplinée à l'opposé du dogmatisme schématique. Nous reviendrons sur cette question dans un paragraphe ultérieur.

En Finlande, ‹l'art nouveau› qui peut être lui aussi, taxé de création artistique spontanée, a produit très tôt des œuvres importantes, pleine de maturité et qui éveillèrent en Europe un très vif intérêt. Les œuvres les plus marquantes de cette époque sont nées dans l'atelier des trois éminents architectes et amis, Gsellius, Lindengreen et Saarinen. Comme œuvre caractéristique, citons le romantique atelier des trois architectes qui faisait en même temps office de logement commun. Il était situé dans une région rocheuse et boisée des environs de Helsinki et venait se fondre de la manière la plus harmonieuse avec le paysage. La gare de Saarinen à Helsinki est encore plus connue. Lindengreen, professeur à l'école polytechnique, fut le maître vénéré de Aalto.

Le néoclassicisme connut en Allemagne et en Suisse, à partir de 1912, une courte apogée de 15 ans. Il n'eut que peu d'influence en Finlande, ce qui est significatif. La Hollande, autre petit état à vocation libérale, conçut, lui aussi, des œuvres marquantes de ‹l'art nouveau› mais fut par contre le seul pays à ne connaître aucune période néoclassique, caractérisée par le formalisme académique. En Hollande, l'art de bâtir, représenté par des architectes éminents, passa directement, sans faille, de ‹l'art nouveau› à la tendance d'une vitalité dynamique représentée par l'école d'Amsterdam, et au mouvement de l'abstraction fonctionnelle du ‹Stijl›. Remarquons à cette occasion que la Finlande et la Hollande sont des pays côtiers, c'est-à-dire des pays possédant de vastes horizons.

Un autre architecte scandinave, Gunnar Asplund, originaire de Stockholm et de 12 ans plus agé que Aalto, connut seulement la célébrité avec ses pavillons d'exposition de Stockholm en 1928–1930 et son cimetière forestier avec crématoire de 1935–1940. Durant une courte période, il ouvrit en Suède, grâce à ces bâtiments, de larges perspectives à l'instar d'Aalto.

En Finlande même, Aalto fut le premier à franchir le pas d'une architecture conforme à son époque. Cette attitude lui acquit dans tout le Nord la réputation incontestée de pionnier (bâtiment de rédaction à Turku 1928–1930, concours de la bibliothèque de Viipuri en 1927, sanatorium de Paimio près de Turku, concours en 1928, achèvement en 1933, etc.).

Le passage relativement tardif d'une économie fondée sur l'agriculture et le commerce du bois, à l'exploitation industrielle des richesses naturelles et à la fondation d'industries de transformation (fabriques de cellulose, extraction du cuivre, industrie du verre) constituait, à l'époque, une conjoncture favorable. En un mot, la civilisation industrielle prit son essor au moment où Aalto entrait dans sa carrière. Les nouvelles possibilités de construire, qui découlaient de cette situation, furent rapidement reconnues par celui-ci.

La Finlande eût à disposition des hommes clairvoyants et d'initiative, ainsi qu'une énergie émanant de sa population, qui purent être intégrés dans cette évolution d'une civilisation technique. Dans le secteur culturel toutefois, à cette époque, le nombre des forces créatives était relativement clairsemé. Il est probable qu'au début, avec la rapide expansion du secteur économique, l'éducation et l'organisation scolaire d'envergure correspondante, ne réussirent pas à tenir le même rythme.

Dans tous les cas, Aalto avait à traiter avec des mandataires qui accordaient à l'architecte diplômé, en tant que spécialiste compétent, confiance et liberté d'action dans la conception. On ressent effectivement que ses constructions sont généreusement créés et réalisées, sans l'effet de contraintes.

Les bâtiments d'Aalto apparaissent comme une unité organique. Les parties constructives richement differenciées et les éléments de détails se soumettent harmonieusement dans un contexte hiérarchique.

L'ouvrage entier est lui-même subtilement intégré à son environnement et en respecte l'échelle. Cette intégration ne doit pas être comprise comme une servile subordination mais comme la création d'une relation entre l'espace naturel et les formes réalisées par la main de l'homme. On peut en dire autant de l'articulation de ses espaces intérieurs; là ou il s'agit d'espaces de dégagement (halls, escaliers, cours, galeries, etc.) naissent des relations qui, lorsque l'on se déplace, sont éprouvées comme interpénétration d'espace aussi bien dans le sens vertical que horizontal, pour finalement être ressenties comme continuité.

Ces relations caractérisent et orientent, c'est-à-dire qu'elles indiquent le chemin, à l'intérieur comme à l'extérieur. Cet effet réclame une main particulièrement sensible de la part du créateur.

Mais l'impression esthétique, dans le meilleur sens du terme, ne repose pas sur l'emploi de schémas formels préconçus tels que trames, réseaux modulaires et proportions harmoniques, comme les ont employés de nombreux architectes connus pour ordonner avec succès leurs créations. Le point de vue de Aalto se reconnaît par la renonciation à ces méthodes, aux premiers stades de la conception (voir les esquisses au crayon!).

Le danger d'un schématisme tendant à devenir uniformité doit être banni, l'acte créateur ne doit pas être entravé. La passion des Finlandais pour la liberté, évoquée au début, est certainement à la base de cette réflexion.

Je n'entends formuler ici aucune critique contre les systèmes géométriques, car le travail créateur reposant sur une telle base ne cède en rien à la conception de base plus libre de Aalto et peut atteindre le même degré d'intensité. La confrontation a seulement pour but de mieux élucider la singularité de la démarche créative chez Aalto.

Chaque conception repose toujours sur une réserve interne d'événements vécus personnellement et sur un domaine d'expériences en perpétuel expansion. Dans l'exploitation de ces éléments, il entre inévitablement des interprétations teintées de subjectivisme outre ou malgré toute réflexion logique.

Les premières notes esquissées d'un projet représentent souvent chez Aalto une silhouette rêvée, suggérée à l'aide de traits de crayon tendre, comme s'il ne voulait pas blesser l'idée fondamentale vécue intérieurement; l'environnement est toujours pris en considération. Les esquisses ultérieures viennent préciser progressivement la conception jusqu'à sa projection en perspective ou à l'aide de plans, coupes, élévations, le tout encore esquissé à main levée. C'est à ce stade seulement qu'intervient la transposition en des dessins à l'échelle précise, qui sont pour leur part toujours développés à l'aide de maquettes. Le principe d'ordre est chez Aalto une attitude d'esprit fondamentale, présente implicitement au moment de la création sans intervention d'un quelconque système.

Un principe créateur aussi libre ne conduit en aucun cas à des formes architectoniques fortuites. Les bâtiments sont, certes, très différenciés et se caractérisent par une grande richesse d'imagination, mais le groupement des différents corps de bâtiments est soumis à un équilibre rythmé évident. Souvent, les bâtiments et leurs volumes intérieurs sont incurvés en quart de cercle, en forme d'arc ou de faucille ou prennent des formes ondulées. Déjà au sanatorium pour tuberculeux de Paimio à Turku (1928), les différents corps de bâtiments s'articulent les uns aux autres sous des angles ouverts, il en résulte une liaison intense avec la nature. On acquiert l'impression d'un groupement de bâtiments empreint d'équilibre. L'angle ouvert joue aussi un rôle dans ses plans de lotissement et dans ses propositions de planifications régionales. La variété est presqu'illimitée. Tous les modelages intérieurs et extérieurs sont éprouvés comme une logique, au sens figuré du terme.

Ici se révèle combien la construction est inséparable de l'idée de départ et même comment elle peut engendrer la forme toute entière. On ne présentera ici que deux exemples, en guise d'illustration:

Le projet, malheureusement non réalisé, d'un centre sportif et de concerts, Vogelweidplatz à Vienne, datant de 1953. Les grandes portées au-dessus des halles de sport et de l'amphithéâtre sont franchies à l'aide de mâts, de cables d'acier et de plafonds suspendus. Cette construction téméraire détermine la forme, intérieurement et extérieurement.

Comme deuxième exemple, choisi parmi bien d'autres, citons le plafond en bois de la salle du conseil à l'hôtel de ville de Säynätsalo. Les jambes de force de la charpente forment un triangle rigide restant visible et à partir duquel rayonne un faisceau d'appuis soutenant les poutres secondaires.

Aalto a su résoudre de main de maître dans plusieurs de ses bâtiments un problème qui se pose aujourd'hui à notre civilisation agitée et accélérée, la flexibilité dans l'adaptation des espaces à diférentes fonctions. C'est ainsi que la nef de l'église évangélique de Vuoksenniska à Imatra peut être divisée en trois zones indépendantes, de hauteurs différentes, avec chacune son entrée particulière. Grâce à des murs et à un plafond spécialement profilé, il a réussi à faire de chacun des espaces, une unité harmonieuse et à l'acoustique parfaite. Lorsque les parois de séparation courbes viennent à disparaître dans les murs latéraux, la nef apparaît dans toute sa longueur, rythmée par le modellage du volume intérieur qui rappelle les possibilités de séparation. La coupe longitudinale montre la progression de la hauteur vers l'avant. Une impression d'espace tout simplement magistrale malgré des dimensions modestes!

La combinaison des salles de classe à l'université pédagogique de Jyväskylä est encore un autre exemple de ce genre.

Pour l'éclairage diurne et nocturne, Aalto a mis au point de très subtiles solutions. L'afflux de la lumière est maîtrisé d'une manière toute particulière. Les dégradés de lumière du clair au foncé, volontairement provoqués, soulignent la plasticité de l'espace. Les effets d'éblouissement ne se produisent pas dans les bâtiments d'Aalto. Maître dans l'art de manier les sources de lumière zénithales, il laisse parler fortement leurs formes à l'extérieur comme à l'intérieur.

Dans le projet des salles d'exposition du musée d'Aalborg au Danemark, la lumière diurne tombe sur des volumes concaves, formant le plafond, qui renvoient la lumière sur les parois et les objets d'art situés librement dans l'espace. On évite ainsi les effets de réflexion. Il en résulte une atmosphère apaisante, des plus propices à la contemplation des œuvres d'art.

Une salle de conférence ou de réunion, une église, un théatre, un foyer sont des espaces qui requièrent une bonne acoustique pour la parole et la musique. Aalto modèle le développement des murs et des plafonds de telle manière que chaque place possède une acoustique satisfaisante. Les profils ondulés de ses plafonds trouvent ici une entière justification dans la tentative d'obtenir une réflexion parfaite du son.

Il a vérifié ses propositions sur maquette. Il tient pour important d'éviter si possible les distorsions de timbre, telles qu'elles apparaissent avec les surfaces artificiellement absorbantes.

Il n'existe pas de bâtiment de Aalto qui n'ait été étudié intégralement. Tout, jusqu'au plus petit détail est annexé à la conception. Ceci présuppose des études approfondies, spécialement pour le mobilier. Lampes, meubles et même vases, ainsi que poignées de portes et autres détails sont créés individuellement, dans une intention précise. Ils sont conçus comme prototypes destinés à être ensuite fabriqués en série et à être employés pour des usages similaires tant dans le pays qu'à l'étranger. Aalto développe incessamment de nouvelles variantes pour ces différents modèles.

Aalto s'est exprimé plusieurs fois sur l'intégration des arts. Il ne croit pas à l'unité de l'architecture et des arts plastiques dans le sens qu'architecte, sculpteur et peintre conjugueraient leurs efforts pour réaliser en commun l'acte créateur de l'œuvre construite. Son scepticisme prend source dans l'extrême complexité des composantes techniques qui accompagnent le développement d'un projet de construction, complexité qui n'est pas à comparer au processus de création de l'œuvre peinte ou sculptée.

Au Moyen Age, le maître d'œuvre, le sculpteur et le peintre se trouvaient encore souvent réunis en une seule et même personne. Vu les conditions de notre époque, Aalto considère l'œuvre du peintre et du sculpteur comme produits indépendants, créant un état de tension avec l'architecture. ‹Intégral› signifie chez Aalto que l'architecte forme des bâtiments en tant qu'espaces et volumes, en contact étroit avec les matériaux et les couleurs.

L'œuvre de l'architecte devrait donc en réalité se suffire à elle-même. De fait, on trouve rarement dans les bâtiments de Aalto, des œuvres d'art qui aient été directement conçues comme partie intégrante de l'architecture.

Quoiqu'il en soit, Aalto est lui-même peintre et sculpteur ce qui apparaît clairement dans ce livre, trait qu'il possède en commun avec F. L. Wright et Le Corbusier.

L'image de l'homme agissante et vivante en Aalto se fonde sur la dignité de l'individu dans le cadre de l'explosion démographique. On oublie souvent aujourd'hui que la masse est composée d'individus. Aalto ressent à peu près ainsi le danger de la situation présente:

La fascination du domptage des masses conduit trop souvent à des solutions qui négligent l'individu et les petits groupes. La fascination du développement technique nous suggère des constructions immenses, autrefois insoupçonnées et qui permettent le logement d'énormes quantités d'hommes alors que l'arrière-plan de la psychologie humaine tend à s'estomper complètement.

Une troisième tendance est la manie de l'originalité qui pousse aux formes sensationnelles; de par celà, les besoins essentiels de la collectivité humaine et de son environnement ne sont pas pris en considération.

La prodigieuse force créatrice de Aalto a pour conséquence que celui-ci est absorbé complètement dans le développement de ses idées; ainsi, il ne lui reste guère de temps pour une activité professorale intensive. Mais l'absence de compromis de ses idées et leur pure interprétation dans ses constructions exercent une action si fascinante que la jeune génération de nombreux pays s'efforce de suivre dans son atelier, le processus de la création. Son influence a acquis une telle ampleur qu'il n'est pas exagéré de parler de la constitution d'un style. Aalto compte parmi les grands architectes de notre temps.

Cet article est la version élargie d'une conférence donnée au Kunsthaus de Zürich en 1964, lors du vernissage de l'exposition Alvar Aalto.

Chronological List of Works
Chronologische Werkliste
Liste chronologique des œuvres

Year Jahr Année	Competition projects Wettbewerbsprojekte Projets de concours	Executed buildings Ausgeführte Bauten Constructions réalisées	Urban design Planungen Urbanisme
1918		House of the Architect's Parents, Alajärvi, Remodelling Elternhaus des Architekten, Alajärvi, Umbau Maison des parents de l'architecte à Alajärvi, transformation	
1918		Belfry, Kauhajärvi Glockenturm, Kauhajärvi Clocher à Kauhajärvi	
1921–22		Building for Patriotic Organizations, Seinäjoki Gebäude für patriotische Vereinigungen, Seinäjoki Bâtiment pour des organisations patriotiques à Seinäjoki	
1922		Industrial Exhibition, Tampere Industrieausstellung, Tampere Exposition industrielle à Tampere	
1922–23		Two-Family House, Jyväskylä Wohnhaus, Jyväskylä Maison à deux appartements à Jyväskylä	
1923	Workers' Club, Jyväskylä Haus der Arbeiter, Jyväskylä Maison des ouvriers à Jyväskylä		
1923–24		Apartment Building, Jyväskylä Miethaus, Jyväskylä Immeuble locatif à Jyväskylä	
1923–1925		Workers' Club, Jyväskylä Haus der Arbeiter, Jyväskylä Maison des ouvriers à Jyväskylä	
1924		Church, Aeänekoski, Restoration Kirche Aeänekoski, Restauration Eglise d'Aeänekoski, restauration	
1924		Church, Anttola, Restoration Kirche Anttola, Restauration Eglise d'Anttola, restauration	
1925	Building for Patriotic Organizations, Jyväskylä, 2nd prize, construction 1927–1929 Gebäude für patriotische Vereinigungen, Jyväskylä, 2. Preis, Ausführung 1927–1929 Bâtiment pour des organisations patriotiques à Jyväskylä, 2e prix, construction 1927–1929		
1925	Church, Jämsä Kirche Jämsä Eglise de Jämsä		
1925		Church, Viitasaari, Remodelling Kirche Viitasaari, Umbau Eglise de Viitasaari, transformation	
1926–1929		Church, Muurame Kirche Muurame Eglise de Muurame	

Chronological List of Works
Chronologische Werkliste
Liste chronologique des œuvres

Year / Jahr / Année	Competition projects / Wettbewerbsprojekte / Projets de concours	Executed buildings / Ausgeführte Bauten / Constructions réalisées	Urban design / Planungen / Urbanisme
1927	Töölö Church, Helsinki, Honorable Mention Kirche Töölö, Helsinki, Ankauf Eglise de Töölö à Helsinki, achat		
1927	Viinikka Church, Tampere, 2nd prize Kirche Viinikka, Tampere, 2. Preis Eglise de Viinikka à Tampere, 2e prix		
1927		Church Pylkönmäki, Restoration and Belfry Kirche Pylkönmäki, Restauration und Glockenturm Eglise de Pylkönmäki, restauration et clocher	
1927	Municipal Library, Viipuri, 1st prize, Construction 1930–1935 Gemeindebibliothek Viipuri, 1. Preis, Ausführung 1930–1935 Bibliothèque municipale à Viipuri, 1er prix, construction 1930–1935		
1927–28	Farmers' Co-Operative Building and Finnish Theater, Turku, 1st prize Gebäude der landwirtschaftlichen Genossenschaft und Finnisches Theater, Turku, 1. Preis Bâtiment de la coopérative agricole et théâtre finnois, Turku, 1er prix	Farmers' Co-Operative Building and Finnish Theater, Turku Gebäude der landwirtschaftlichen Genossenschaft und Finnisches Theater, Turku Bâtiment de la coopérative agricole et théâtre finnois, Turku	
1927–28		Standard Apartment Building, Turku Miethaus Standard, Turku Immeuble locatif Standard à Turku	
1927–1929		Building for Patriotic Organizations, Jyväskylä Gebäude für patriotische Vereinigungen, Jyväskylä Bâtiment pour des organisations patriotiques à Jyväskylä	
1927–1929		Turun Sanomat Newspaper Offices, Turku Zeitungsgebäude Turun Sanomat, Turku Siège du quotidien Turun Sanomat à Turku	
1928	Aitta Summer Houses, 1st prize Sommerhäuser Aitta, 1. Preis Maisons d'été Aitta, 1er prix		
1928		Church, Korpilahti, Restoration Kirche Korpilahti, Restauration Eglise de Korpilahti, restauration	
1928	Tuberculosis Sanatorium, Paimio, 1st prize, construction 1929–1933 Tuberkulose-Sanatorium Paimio, 1. Preis, Ausführung 1929–1933 Sanatorium antituberculeux à Paimio, 1er prix, construction 1929–1933		
1929		Church, Kemijärvi, Restoration Kirche Kemijärvi, Restauration Eglise de Kemijärvi, restauration	
1929		Turku 7th Centenary Exhibition Ausstellung ‹700 Jahre Turku› Exposition du 7e centenaire de Turku	

Year Jahr Année	Competition projects Wettbewerbsprojekte Projets de concours	Executed buildings Ausgeführte Bauten Constructions réalisées	Urban design Planungen Urbanisme
1929–1933		Tuberculosis Sanatorium, Paimio Tuberkulose-Sanatorium Paimio Sanatorium antituberculeux à Paimio	
1930	Institute for Physical Education, Vierumäki, 3rd prize Sportschule Vierumäki, 3. Preis Institut d'éducation physique à Vierumäki, 3e prix		
1930	Michele Agricola Church, Helsinki Michele Agricola Kirche, Helsinki Eglise de Michele Agricola à Helsinki		
1930	Stadium and Sports Center Helsinki, Honorable Mention Stadion und Sportzentrum Helsinki, Ankauf Stade et centre sportif de Helsinki, achat		
1930	University Hospital, Zagreb, Yugoslavia Universitätsspital Zagreb, Jugoslawien Hôpital universitaire à Zagreb, Yougoslavie		
1930–31		Cellulose Factory, Toppila, Oulu Zellulosefabrik, Toppila, Oulu Usine de cellulose à Toppila, Oulu	
1930–1935		Municipal Library, Viipuri, destroyed Gemeindebibliothek Viipuri, zerstört Bibliothèque municipale à Viipuri, détruite	
1932	Stadium Helsinki, Honorable Mention Stadion Helsinki, Ankauf Stade de Helsinki, achat		
1932	Prefabricated One-Family House, Honorable Mention Vorfabriziertes Einfamilienhaus, Ankauf Maison familiale préfabriquée, achat		
1932	Enso-Gutzeit Weekend Cabin, Honorable Mention Weekendhaus Enso-Gutzeit, Ankauf Cabane de weekend Enso-Gutzeit, achat		
1933		Housing for Employees of the Sanatorium, Paimio Wohnungen für die Angestellten des Sanatoriums Paimio Habitations pour les employés du sanatorium de Paimio	
1933		Row Housing for Doctors of the Sanatorium, Paimio Reihenhäuser für die Ärzte des Sanatoriums Paimio Habitations en série pour les médecins du sanatorium de Paimio	
1933	Redevelopment Plan for Norrmalm, Stockholm Sanierungsplan für Norrmalm, Stockholm Plan d'assainissement pour Norrmalm, Stockholm		Redevelopment Plan for Norrmalm, Stockholm Sanierungsplan für Norrmalm, Stockholm Plan d'assainissement pour Norrmalm, Stockholm
1934	Railroad Station, Tampere Eisenbahnstation Tampere Gare de Tampere		

Chronological List of Works
Chronologische Werkliste
Liste chronologique des œuvres

Year / Jahr / Année	Competition projects / Wettbewerbsprojekte / Projets de concours	Executed buildings / Ausgeführte Bauten / Constructions réalisées	Urban design / Planungen / Urbanisme
1934			Stenius Housing Development, Munkkiniemi Siedlung Stenius-Gelände, Munkkiniemi Cité d'habitation Stenius à Munkkiniemi
1934	Exhibition Pavilion, Helsinki, 3rd prize Messehalle Helsinki, 3. Preis Pavillon d'expositions à Helsinki, 3e prix		
1934–1936		Architect's Own House, Munkkiniemi Haus des Architekten, Munkkiniemi Maison de l'architecte à Munkkiniemi	
1935	Finnish Pavilion at the Paris World's Fair, 1st and 2nd prize, construction 1936/37 Finnischer Pavillon, Weltausstellung Paris, 1. und 2. Preis, Ausführung 1936/37 Pavillon finlandais à l'exposition universelle de Paris, 1er et 2e prix, construction 1936/37		
1936	Art Museum, Tallinn, Estland Kunstmuseum Tallinn, Estland Musée des Beaux-Arts de Tallinn, Estonie		
1936–37		Finnish Pavilion at the Paris World's Fair Finnischer Pavillon, Weltausstellung Paris Pavillon finlandais à l'exposition universelle de Paris	
1936–1939		Cellulose Factory, Sunila, 1st stage of construction Zellulosefabrik Sunila, 1. Bauetappe Usine de cellulose à Sunila, 1re étape de construction	
1937		Restaurant Savoy, Helsinki Restaurant Savoy, Helsinki Restaurant Savoy à Helsinki	
1937	Housing Development, Kauttua Siedlung, Kauttua Cité d'habitation à Kauttua		Housing Development, Kauttua Siedlung, Kauttua Cité d'habitation à Kauttua
1937–38		Director's House, Sunila Haus des Direktors, Sunila Maison du directeur à Sunila	
1937–38		Two-Story Housing, Sunila Zweistöckige Häuser, Sunila Habitations à deux étages à Sunila	
1937–38		Two-Story Row Housing, Sunila, 1st group Zweistöckige Reihenhäuser, Sunila, 1. Gruppe Habitations en série à deux étages à Sunila, 1er groupe	
1937–38		Two-Story Row Housing, Sunila, 2nd group Zweistöckige Reihenhäuser, Sunila, 2. Gruppe Habitations en série à deux étages à Sunila, 2e groupe	
1938–39		Three-Story Row Housing, Sunila, 1st group Dreistöckige Reihenhäuser, Sunila, 1. Gruppe Habitations en série à trois étages à Sunila, 1er groupe	

Year Jahr Année	Competition projects Wettbewerbsprojekte Projets de concours	Executed buildings Ausgeführte Bauten Constructions réalisées	Urban design Planungen Urbanisme
1938		Forestry Pavilion at the Agricultural Exhibition, Lapua Forstwirtschaftlicher Pavillon, Landwirtschaftliche Ausstellung, Lapua Pavillon de l'économie forestière à l'exposition d'agriculture de Lapua	
1938	Blomberg Film Studio, Westend, Helsinki Filmstudio Blomberg, Westend, Helsinki Studio Blomberg à Westend, Helsinki		
1938	Extension of the University Library, Helsinki, 2nd prize Erweiterung der Universitätsbibliothek Helsinki, 2. Preis Extension de la bibliothèque universitaire de Helsinki, 2e prix		
1938	Finnish Pavilion at the New York World's Fair, 1st, 2nd and 3rd prize, construction 1938/39 Finnischer Pavillon, Weltausstellung New York, 1., 2. und 3. Preis, Ausführung 1938/39 Pavillon finlandais à l'exposition universelle de New York, 1er, 2e et 3e prix, construction 1938/39	Finnish Pavilion at the New York World's Fair Finnischer Pavillon, Weltausstellung New York Pavillon finlandais à l'éxposition universelle de New York	
1938		Anjala Paper Factory, Inkeroinen Papierfabrik Anjala, Inkeroinen Usine de papier Anjala à Inkeroinen	
1938–39		Three-Story Row Housing, Sunila, 2nd group Dreistöckige Reihenhäuser, Sunila, 2. Gruppe Habitations en série à trois étages à Sunila, 2e groupe	
1938–39		Elementary School, Inkeroinen Elementarschule, Inkeroinen Ecole primaire à Inkeroinen	
1938–39		Anjala Apartment Buildings, Inkeroinen, 1st group Miethäuser Anjala, Inkeroinen, 1. Gruppe Immeubles locatifs Anjala à Inkeroinen, 1er groupe	
1938–39		Anjala Row Housing, Inkeroinen, 2nd group Reihenhäuser Anjala, Inkeroinen, 2. Gruppe Habitations en série Anjala à Inkeroinen, 2e groupe	
1938–39		Housing for Engineers, Anjala, Inkeroinen Wohnungen für Ingenieure, Anjala, Inkeroinen Habitations pour ingénieurs, Anjala, Inkeroinen	
1938–39		Villa ‹Mairea›, Noormarkku Villa ‹Mairea›, Noormarkku Villa ‹Mairea› à Noormarkku	
1938–1940		Terrace Housing, Kauttua Terrassenhaus, Kauttua Habitations en terrasse à Kauttua	

199
Chronological List of Works
Chronologische Werkliste
Liste chronologique des œuvres

Year Jahr Année	Competition projects Wettbewerbsprojekte Projets de concours	Executed buildings Ausgeführte Bauten Constructions réalisées	Urban design Planungen Urbanisme
1939–1945		Ahlström Apartment Buildings, Karhula Miethäuser Ahlström, Karhula Immeubles locatifs Ahlström à Karhula	
1940	Haka Housing Development, Helsinki, Honorable Mention Siedlung Haka, Helsinki, Ankauf Cité d'habitation Haka, Helsinki, achat		Haka Housing Development, Helsinki Siedlung Haka, Helsinki Cité d'habitation Haka, Helsinki
1940	Traffic Plan and Design of Erottaja Square, Helsinki, 1st prize Verkehrsplan und Platzgestaltung Erottaja, Helsinki, 1. Preis Plan de circulation et aménagement de la place Erottaja à Helsinki, 1er prix		Traffic Plan and Design of Erottaja Square, Helsinki Verkehrsplan und Platzgestaltung Erottaja, Helsinki Plan de circulation et aménagement de la place Erottaja à Helsinki
1941			Plan for an Experimental Town Plan einer Experimentstadt Plan pour une ville expérimentale
1941–42			Regional Plan for the Kokemäki Valley Regionalplanung des Kokemäkitals Aménagement régional de la vallée de Kokemäki
1942–1946			Urban Design Project for Säynätsalo Stadtplanung Säynätsalo Projet d'urbanisation pour Säynätsalo
1943	Town Center, Oulu Stadtzentrum Oulu Centre urbain d'Oulu		Town Center, Oulu Stadtzentrum Oulu Centre urbain d'Oulu
1943	Power Station Merikoski, Oulu Kraftwerk Merikoski, Oulu Centrale hydroélectrique à Merikoski, Oulu		
1944	Town Center, Avesta, Sweden Stadtzentrum Avesta, Schweden Centre urbain d'Avesta, Suède		
1944			Strömberg Housing Development, Vaasa Siedlung Strömberg, Vaasa Cité d'habitation Strömberg à Vaasa
1944–45			Urban Design Project for Rovaniemi Stadtplanung Rovaniemi Projet d'urbanisation pour Rovaniemi
1944–45		Ahlström Mechanical Workshop, Karhula Mechanische Werkstatt Ahlström, Karhula Atelier mécanique Ahlström à Karhula	
1944–1947		Strömberg Meter Factory, Vaasa Zählerfabrik Strömberg, Vaasa Usine de compteurs Strömberg à Vaasa	
1944–1947		Strömberg Row Housing, Vaasa Reihenhäuser Strömberg, Vaasa Habitations en série Strömberg à Vaasa	

Year / Jahr / Année	Competition projects / Wettbewerbsprojekte / Projets de concours	Executed buildings / Ausgeführte Bauten / Constructions réalisées	Urban design / Planungen / Urbanisme
1945		Artek Exhibition Pavilion, Hedemora, Sweden Ausstellungspavillon Artek, Hedemora, Schweden Pavillon d'exposition Artek à Hedemora, Suède	
1945		Sauna, Kauttua Sauna, Kauttua Sauna à Kauttua	
1945–46		Sawmill, Varkaus, Extension Sägerei, Varkaus, Erweiterung Scierie à Varkaus, extension	
1945–46		One-Family Housing Development, Varkaus Einfamilienhaussiedlung, Varkaus Ensemble d'habitations familiales à Varkaus	
1946	Heimdal Housing Development, Nynäshamn, Sweden Siedlung Heimdal, Nynäshamn, Schweden Cité d'habitation Heimdal à Nynäshamn, Suède		Masterplan for Nynäshamn, Sweden Richtplan für Nynäshamn, Schweden Plan régulateur pour Nynäshamn, Suède
1946	Town Hall, Nynäshamn, Sweden Stadthaus Nynäshamn, Schweden Hôtel de ville de Nynäshamn, Suède		
1946		One-Family House, Pihlava Einfamilienhaus in Pihlava Maison familiale à Pihlava	
1947		Sauna and Laundry Strömberg, Vaasa Sauna und Wäscherei Strömberg, Vaasa Sauna et blanchisserie Strömberg à Vaasa	
1947		Johnson Research Institute, Avesta, Sweden Johnson Forschungsinstitut, Avesta, Schweden Institut de recherche Johnson à Avesta, Suède	
1947–48		M.I.T. Senior Dormitory, Cambridge (Mass., USA) M.I.T. Senior Dormitory, Cambridge (Mass., USA) M.I.T. Senior Dormitory, Cambridge (Mass., EUA)	
1947–1953			Regional Plan for Imatra Regionalplanung Imatra Plan d'aménagement régional d'Imatra
1948	Forum redivivum, Cultural and Administrative Center, Helsinki, 1st prize Forum redivivum, Kultur- und Verwaltungszentrum Helsinki, 1. Preis Forum redivivum, centre culturel et administratif à Helsinki, 1er prix		
1949		Ahlström Factory Warehouse, Karhula Lagerhallen der Fabrik Ahlström, Karhula Entrepôts des usines Ahlström à Karhula	

Chronological List of Works
Chronologische Werkliste
Liste chronologique des œuvres

Year / Jahr / Année	Competition projects / Wettbewerbsprojekte / Projets de concours	Executed buildings / Ausgeführte Bauten / Constructions réalisées	Urban design / Planungen / Urbanisme
1949	General Plan of the Finnish Institute of Technology, Otaniemi, Helsinki, 1st prize Gesamtplan der Technischen Universität Otaniemi, Helsinki, 1. Preis Plan d'ensemble de l'Ecole polytechnique de Finlande à Otaniemi, Helsinki, 1er prix		General Plan of the Finnish Institute of Technology, Otaniemi, Helsinki Gesamtplan der Technischen Universität Otaniemi, Helsinki Plan d'ensemble de l'Ecole polytechnique de Finlande à Otaniemi, Helsinki
1949–1954		Sports Hall, Otaniemi, Helsinki Sporthalle Otaniemi, Helsinki Halle des sports à Otaniemi, Helsinki	
1950	Church, Lahti, 1st prize Kirche Lahti, 1. Preis Eglise à Lahti, 1er prix		
1950	Malm Funeral Chapel, Helsinki, 1st prize Abdankungskapelle Malm, Helsinki, 1. Preis Chapelle funéraire de Malm à Helsinki, 1er prix		
1950	Kivelä Hospital, Helsinki Spital Kivelä, Helsinki Hôpital de Kivelä à Helsinki		
1950	Town Hall, Säynätsalo, 1st prize, construction 1950–1952 Stadthaus Säynätsalo, 1. Preis, Ausführung 1950–1952 Hôtel de ville de Säynätsalo, 1er prix, construction 1950–1952	Town Hall, Säynätsalo Stadthaus Säynätsalo Hôtel de ville de Säynätsalo	
1950	Pedagogical University, Jyväskylä, 1st prize, construction 1952–1957 Pädagogische Universität, Jyväskylä, 1. Preis, Ausführung 1952–1957 Université pédagogique à Jyväskylä, 1er prix, construction 1952–1957		
1950–1955			Regional Plan for Lappland Regionalplanung von Lappland Plan d'aménagement régional de la Laponie
1951		Erottaja Pavilion, Helsinki Pavillon Erottaja, Helsinki Pavillon Erottaja à Helsinki	
1951	Regional Theater Kuopio, 1st prize Regionaltheater Kuopio, 1. Preis Théâtre régional à Kuopio, 1er prix		
1951		Enso-Gutzeit Paper Factory, Kotka Papierfabrik Enso-Gutzeit, Kotka Usine de papier Enso-Gutzeit à Kotka	
1951	Rautatalo Office Building, Helsinki, 1st prize, construction 1953–1955 Geschäftshaus Rautatalo, Helsinki, 1. Preis, Ausführung 1953–1955 Bâtiment commercial Rautatalo à Helsinki, 1er prix, construction 1953–1955		

Year / Jahr / Année	Competition projects / Wettbewerbsprojekte / Projets de concours	Executed buildings / Ausgeführte Bauten / Constructions réalisées	Urban design / Planungen / Urbanisme
1951	Cemetery and Funeral Chapel, Kongens Lyngby, Kopenhagen, 2nd prize Friedhof mit Kapelle, Kongens Lyngby, Kopenhagen, 2. Preis Cimetière et chapelle funéraire de Kongens Lyngby, Copenhague, 2ᵉ prix		
1951		One-Family House, Oulu Einfamilienhaus, Oulu Maison familiale à Oulu	
1951–52		Typpi OY Sulphate Factory, Oulu Sulfatfabrik Typpi OY, Oulu Usine de sulfate Typpi OY à Oulu	
1951–52		Apartment Building for Employees of the Typpi OY, Oulu Angestelltenhaus der Typpi OY, Oulu Immeuble locatif pour employés de la Typpi OY à Oulu	
1951–1953		Enso-Gutzeit Paper Factory, Summa Papierfabrik Enso-Gutzeit, Summa Usine de papier Enso-Gutzeit à Summa	
1951–1954		Paper Factory, East Pakistan Papierfabrik, Ostpakistan Usine de papier en Pakistan oriental	
1951–1954		Cellulose Factory, Sunila, 2nd stage of construction Zellulosefabrik, Sunila, 2. Bauetappe Usine de cellulose à Sunila, 2ᵉ étape de construction	
1951–1954		Three-Story Row Housing, Sunila, 3rd group Dreistöckige Reihenhäuser, Sunila, 3. Gruppe Habitations en série à trois étages à Sunila, 3ᵉ groupe	
1952		Building of the Association of Finnish Engineers, Helsinki Haus des Verbandes der Finnischen Ingenieure, Helsinki Maison de l'association des ingénieurs finlandais à Helsinki	
1952		Enso-Gutzeit Country Club, Kallvik Country Club Enso-Gutzeit, Kallvik Country Club Enso-Gutzeit à Kallvik	
1952	Church, Seinäjoki, 1st prize, construction 1958–1960 Kirche Seinäjoki, 1. Preis, Ausführung 1958–1960 Eglise à Seinäjoki, 1ᵉʳ prix, construction 1958–1960		
1952–1954		Housing for the Personnel of the Public Pensions Institute, Munkkiniemi Wohnsiedlung für das Personal der Volkspensionsanstalt, Munkkiniemi Logements pour le personnel de l'institut des retraites populaires à Munkkiniemi	
1952–1956		Public Pensions Institute, Helsinki Volkspensionsanstalt Helsinki Institut des retraites populaires à Helsinki	

203
Chronological List of Works
Chronologische Werkliste
Liste chronologique des œuvres

Year / Jahr / Année	Competition projects / Wettbewerbsprojekte / Projets de concours	Executed buildings / Ausgeführte Bauten / Constructions réalisées	Urban design / Planungen / Urbanisme
1952–1957		Pedagogical University, Jyväskylä Pädagogische Universität, Jyväskylä Université pédagogique à Jyväskylä	
1953	Sports and Congress Hall Vogelweidplatz, Vienna, 1st prize Sport- und Kongreßhalle Vogelweidplatz, Wien, 1. Preis Halle des sports et de congrès Vogelweidplatz à Vienne, 1er prix		
1953			Imatra Center Design Project Zentrumsplanung Imatra Aménagement du centre de la ville d'Imatra
1953		Architects's Summer House, Muuratsalo Sommerhaus des Architekten, Muuratsalo Maison d'été de l'architecte à Muuratsalo	
1953–1955		Rautatalo Office Building, Helsinki Geschäftshaus Rautatalo, Helsinki Bâtiment commercial Rautatalo à Helsinki	
1954	Studio R.S. Como, Italy Atelierhaus R.S. Como, Italien Atelier R.S. à Como, Italie		
1955			Urban Design Project for Summa Stadtplanung Summa, Wohn- und Industriezone Enso-Gutzeit Projet d'urbanisation pour Summa
1955	Bank Building, Bagdad, Irak Bank, Bagdad, Irak Banque à Bagdad, Irak		
1955		Architect's Studio, Munkkiniemi Atelier des Architekten, Munkkiniemi Atelier de l'architecte à Munkkiniemi	
1955	Theater and Concert Hall, Oulu Theater und Konzerthaus, Oulu Théâtre et salle de concerts à Oulu		
1955–1957		Apartment Building in the Hansaviertel, Berlin Miethaus im Hansaviertel, Berlin Immeuble locatif du quartier de la Hansa à Berlin	
1955 und 1957	Town Hall, Göteborg, Sweden, 1st prize Stadthaus Göteborg, Schweden, 1. Preis Hôtel de ville de Göteborg, Suède, 1er prix		
1955–1958		Cultural Center, Helsinki Kulturhaus, Helsinki Maison de la culture à Helsinki	
1955–1964		Main Building of the Finnish Institute of Technology, Otaniemi, Helsinki Hauptgebäude der Technischen Universität Otaniemi, Helsinki Bâtiment principal de l'Ecole polytechnique de Finlande à Otaniemi, Helsinki	

Year / Jahr / Année	Competition projects / Wettbewerbsprojekte / Projets de concours	Executed buildings / Ausgeführte Bauten / Constructions réalisées	Urban design / Planungen / Urbanisme
1956	Main Railroad Station, Göteborg, Sweden, 1st prize Hauptbahnhof Göteborg, Schweden, 1. Preis Gare principale de Göteborg, Suède, 1er prix		
1956			General Plan of the University of Oulu Gesamtplan der Universität Oulu Plan d'ensemble de l'université d'Oulu
1956		Finnish Pavilion at the Biennale, Venice Finnischer Pavillon, Biennale Venedig Pavillon finlandais à la Biennale de Venise	
1956–1958		Church, Vuoksenniska, Imatra Kirche Vuoksenniska, Imatra Eglise à Vuoksenniska, Imatra	
1956–1958		Villa Louis Carré, Bazoches, Ile-de-France Villa Louis Carré, Bazoches, Ile-de-France Maison Louis Carré à Bazoches, Ile-de-France	
1957	Kampementsbacken Housing Development, Stockholm, 1st prize Siedlung Kampementsbacken, Stockholm, 1. Preis Cité d'habitation Kampementsbacken à Stockholm, 1er prix		Kampementsbacken Housing Development, Stockholm Siedlung Kampementsbacken, Stockholm Cité d'habitation Kampementsbacken à Stockholm
1957	Town Hall, Marl, Germany Rathaus Marl, Deutschland Hôtel de ville de Marl, Allemagne		
1957–1961		Korkalovaara Housing Development, Rovaniemi Siedlung Korkalovaara, Rovaniemi Cité d'habitation Korkalovaara à Rovaniemi	
1957–1961		Sundh Center, Avesta, Sweden Geschäftszentrum Sundh, Avesta, Schweden Centre commercial Sundh à Avesta, Suède	
1958	Town Hall, Kiruna, Sweden, 1st prize Stadthaus Kiruna, Schweden, 1. Preis Hôtel de ville de Kiruna, Suède, 1er prix		
1958	Art Museum Aalborg, Denmark, 1st prize, under construction Kunstmuseum Aalborg, Dänemark, 1. Preis, in Ausführung Musée des Beaux-Arts à Aalborg, Danemark, 1er prix, en construction		
1958	Art Museum, Bagdad Kunstmuseum Bagdad Musée des Beaux-Arts à Bagdad		
1958	Building of the Post Administration, Bagdad Gebäude der Postverwaltung, Bagdad Bâtiment de l'administration des postes à Bagdad		

205
Chronological List of Works
Chronologische Werkliste
Liste chronologique des œuvres

Year / Jahr / Année	Competition projects / Wettbewerbsprojekte / Projets de concours	Executed buildings / Ausgeführte Bauten / Constructions réalisées	Urban design / Planungen / Urbanisme
1958–1960		Church, Seinäjoki Kirche, Seinäjoki Eglise à Seinäjoki	
1958–1962		Neue Vahr High-Rise Apartments, Bremen, Germany Wohnhochhaus Neue Vahr, Bremen, Deutschland Immeuble-tour Neue Vahr à Bremen, Allemagne	
1958–1963		Cultural Center Wolfsburg, Germany Kulturzentrum Wolfsburg, Deutschland Centre culturel de Wolfsburg, Allemagne	
1959	Björnholm Housing Development, Helsinki Siedlung Björnholm, Helsinki Cité d'habitation Björnholm à Helsinki		Björnholm Housing Development, Helsinki Siedlung Björnholm, Helsinki Cité d'habitation Björnholm à Helsinki
1959	Opera House, Essen, Germany, 1st prize, under construction Opernhaus Essen, Deutschland, 1. Preis, in Ausführung Opéra d'Essen, Allemagne, 1er prix, en construction		
1959	Civic and Cultural Center, Seinäjoki, 1st prize, construction in stages Stadt- und Kulturzentrum, Seinäjoki, 1. Preis, Ausführung in Etappen Centre civique et culturel de Seinäjoki, 1er prix, construction par étapes		
1959–1961		Museum of Central Finland, Jyväskylä Zentralfinnisches Museum, Jyväskylä Musée de la Finlande centrale à Jyväskylä	
1959–1962		Enso-Gutzeit Administrative Building, Helsinki Hauptverwaltung der Enso-Gutzeit, Helsinki Bâtiment administratif Enso-Gutzeit à Helsinki	
1959–1962		Parish Center, Wolfsburg, Germany Kirchliches Gemeindezentrum, Wolfsburg, Deutschland Centre paroissial à Wolfsburg, Allemagne	
1959–1964			Helsinki Center Design Project Zentrumsplanung Helsinki Aménagement du centre de la ville de Helsinki
1960–61		Shopping Center, Otaniemi Einkaufszentrum, Otaniemi Centre d'achats à Otaniemi	
1960–61		Power Station Lieksankoski, Lieksa Kraftwerk Lieksankoski, Lieksa Centrale hydroélectrique Lieksankoski, Lieksa	
1960–1963		Thermotechnical Laboratory of the Finnish Institute of Technology, Otaniemi, Helsinki Wärmetechnisches Laboratorium, Technische Universität Otaniemi, Helsinki Laboratoire thermotechnique de l'Ecole polytechnique de Finlande à Otaniemi, Helsinki	

Year Jahr Année	Competition projects Wettbewerbsprojekte Projets de concours	Executed buildings Ausgeführte Bauten Constructions réalisées	Urban design Planungen Urbanisme
1962		Group of Apartment Buildings, Tapiola Gruppe von Miethäusern, Tapiola Groupe d'immeubles locatifs à Tapiola	
1962	Commercial Building and Academic Library, Helsinki, 1st prize, construction 1967–1969 Geschäftshaus und Akademische Bibliothek, Helsinki, 1. Preis, Ausführung 1967–1969 Bâtiment commercial et bibliothèque académique à Helsinki, 1er prix, construction 1967–1969		
1962	Enskilda Bank Building, Stockholm, 2nd prize Enskilda-Bank, Stockholm, 2. Preis Banque Enskilda à Stockholm, 2e prix		
1962	Cultural Center Leverkusen, Germany, Honorable Mention Kulturzentrum Leverkusen, Deutschland, Ankauf Centre Culturel Leverkusen, Allemagne, achat		
1962–63		Boiler Plant of the Finnish Institute of Technology, Otaniemi, Helsinki Heizzentrale der Technischen Universität Otaniemi, Helsinki Centrale thermique de l'Ecole polytechnique de Finlande à Otaniemi, Helsinki	
1962–1964		Nordic Bank Administration Building, Helsinki Verwaltungsgebäude der Nordischen Bank, Helsinki Bâtiment administratif de la Banque Nordique à Helsinki	
1962–1966		Residential Building for Students, Otaniemi, Helsinki Studentenhaus, Otaniemi, Helsinki Logements pour étudiants à Otaniemi, Helsinki	
1962–		Helsinki Concert Hall, under construction Konzerthaus Helsinki, in Ausführung Salle de concerts de Helsinki, en construction	
1963–64		Institute of International Education, New York, Interior Institute of International Education, New York, Innenausbau Institut international d'éducation à New York, intérieur	
1963–1965		Town Hall, Seinäjoki Stadthaus Seinäjoki Hôtel de ville de Seinäjoki	
1963–1965		Municipal Library, Seinäjoki Stadtbibliothek Seinäjoki Bibliothèque municipale de Seinäjoki	
1963–1965		Building for the Västmanland-Dala Student Union, Uppsala, Sweden Gebäude des Studentenverbandes von Västmanland-Dala, Uppsala, Schweden Bâtiment de l'Union des étudiants de Västmanland-Dala à Uppsala, Suède	

Year / Jahr / Année	Competition projects / Wettbewerbsprojekte / Projets de concours	Executed buildings / Ausgeführte Bauten / Constructions réalisées	Urban design / Planungen / Urbanisme
1963–1967		Civic and Cultural Center, Rovaniemi Stadt- und Kulturzentrum, Rovaniemi Centre civique et culturel de Rovaniemi	
1964	BP Administrative Building, Hamburg, 3rd prize Verwaltungsgebäude BP, Hamburg, 3. Preis Bâtiment administratif BP à Hambourg, 3ᵉ prix		
1964–		Town Center, Jyväskylä, under construction Stadtzentrum Jyväskylä, in Ausführung Centre urbain de Jyväskylä, en construction	
1964–1966			Urban Design Project for Stensvik Stadtplanung Stensvik Projet d'urbanisation pour Stensvik
1965	Town Center Castrop-Rauxel, Germany Stadtzentrum Castrop-Rauxel, Deutschland Centre urbain de Castrop-Rauxel, Allemagne		
1965–1968		Nordic House, Reykjavik, Iceland Nordisches Haus, Reykjavik, Island Maison nordique à Reykjavik, Islande	
1965–1968		Library, Rovaniemi Bibliothek Rovaniemi Bibliothèque de Rovaniemi	
1965–1968		Church, Detmerode, Wolfsburg, Germany Kirche Detmerode, Wolfsburg, Deutschland Eglise à Detmerode, Wolfsburg, Allemagne	
1965–1968		Schönbühl High-Rise Apartments, Lucerne, Switzerland Wohnhochhaus Schönbühl, Luzern, Schweiz Immeuble-tour Schönbühl à Lucerne, Suisse	
1965–		Library of the Mount Angel Benedictine College, Mount Angel, Oregon, USA, under construction Bibliothek des Mount Angel Benedictine College, Mount Angel, Oregon, USA, in Ausführung Bibliothèque du Mount Angel Benedictine College, Mount Angel, Oregon, USA, en construction	
1965–		Extension of the Pedagogical University, Jyväskylä Erweiterung der Pädagogischen Universität Jyväskylä Extension de l'université pédagogique de Jyväskylä	
1966			Experimental Town, Gammelbacka, Porvoo Experimentstadt Gammelbacka, Porvoo Ville expérimentale à Gammelbacka, Porvoo
1966			Urban Design Project for Pavia, Italy Stadtplanung Pavia, Italien Projet d'urbanisation pour Pavia, Italie
1966	Cultural Center, Siena, Italy Kulturzentrum Siena, Italien Centre culturel à Sienne, Italie		

Year Jahr Année	Competition projects Wettbewerbsprojekte Projets de concours	Executed buildings Ausgeführte Bauten Constructions réalisées	Urban design Planungen Urbanisme
1966	Theater, Wolfsburg, Germany, 2nd prize Theater, Wolfsburg, Deutschland, 2. Preis Théâtre de Wolfsburg, Allemagne, 2ᵉ prix		
1966–67		Shopping Center, Tammisaari Einkaufszentrum Tammisaari Centre d'achat à Tammisaari	
1966–1969		Town Hall, Alajärvi Stadthaus Alajärvi Hôtel de ville d'Alajärvi	
1966–		Parish Center Riola, Bologna, Italy, under construction Kirchliches Gemeindezentrum Riola, Bologna, Italien, in Ausführung Centre paroissial de Riola, Bologna, Italie, en construction	
1966–	Prototype for Administration Building and Warehouse of the Società Ferrero, Torino, Italy Prototyp für Verwaltungs- und Lagergebäude der Società Ferrero, Torino, Italien Prototype pour bâtiment administratif et entrepôts de la Società Ferrero, Torino, Italie		
1967	Parish Center, Zürich-Altstetten, 1st prize Kirchliches Gemeindezentrum Zürich-Altstetten, 1. Preis Centre paroissial à Zurich-Altstetten, 1ᵉʳ prix		
1967–1969		Bank Building, Ekenäs Bank, Ekenäs Banque à Ekenäs	
1967–1969		Commercial Building and Academic Library, Helsinki Geschäftshaus und Akademische Bibliothek, Helsinki Bâtiment commercial et bibliothèque académique à Helsinki	
1967–1969		Kokonen House, near Jyväskylä Wohnhaus Kokonen, bei Jyväskylä Maison Kokonen, près de Jyväskylä	
1968–1969		Water Tower of the Finnish Institute of Technology, Otaniemi, Helsinki Wasserturm der Technischen Universität Otaniemi, Helsinki Château d'eau de l'Ecole polytechnique de Finlande à Otaniemi, Helsinki	
1969		Theater, Seinäjoki Theater, Seinäjoki Théâtre de Seinäjoki	
1969			Schönbühl Housing Development, Lucerne, Switzerland Siedlung Schönbühl, Luzern, Schweiz Cité d'habitation Schönbühl, Lucerne, Suisse
1970–	Art Museum Shiraz, Persia Kunstmuseum Shiraz, Persien Musée des Beaux-Arts de Shiraz, Perse		

Leonardo Mosso
Alvar Aalto · Bibliography 1918–1970
Alvar Aalto · Bibliographie 1918–1970
Alvar Aalto · Bibliographie 1918–1970

Publications by Alvar Aalto

Publications on Alvar Aalto
    Monographs
    The Subject of Aalto in Collected Works
    on Architecture
    The Subject of Aalto in Collected Works
    on Finnish Architecture
    Special Issues of Journals
    Essays

Essays on Individual Works
    Buildings
    Furniture, Lamps, Vases
    Sculptures
    Experiments in Wood

Schriften von Alvar Aalto

Schriften über Alvar Aalto
    Monographien
    Das Thema Aalto innerhalb von Gesamt-
    darstellungen der Architektur
    Das Thema Aalto innerhalb von Gesamt-
    darstellungen der finnischen Architektur
    Sondernummern von Zeitschriften
    Aufsätze

Aufsätze über einzelne Werke
    Bauten
    Möbel, Lampen, Vasen
    Skulpturen
    Holzexperimente

Ecrits d'Alvar Aalto

Ecrits sur Alvar Aalto
    Monographies
    Le thème Aalto dans le cadre d'une
    présentation d'ensemble de l'architecture
    Le thème Aalto dans le cadre d'une
    présentation d'ensemble de l'architecture
    finnoise
    Numéros spéciaux de revues
    Articles

Articles sur des œuvres particulières
    Constructions
    Meubles, lampes, vases
    Sculptures
    Expériences en bois

Publications by Alvar Aalto
Schriften von Alvar Aalto
Ecrits d'Alvar Aalto

Menneitten aikojen motivit
Motifs from the Past
Motive der Vergangenheit
Motifs du passé
⟨ARK⟩, 1922, *2*, p. 24–25

André Lurçat
⟨ARK⟩, 1929, *6*, p. 98 (Buchbesprechung, Discussion of a Book, Critique d'un livre)

Åbo stads 700-ars jubileum
7th Centenary of the Town of Turku
Die 700-Jahr-Feier der Stadt Turku
Le 7ᵉ centenaire de la ville de Turku
⟨ARK⟩, 1929, *6*, p. 99–100

Bostadsbebyggelse pa gammal stadsplan
Residential Area in an Existing Town Planning Scheme
Wohnquartier innerhalb einer bestehenden Stadtplanung
Quartier résidentiel à l'intérieur d'un plan d'urbanisme donné
⟨Byggmästaren⟩, 1930, p. 21–24

Rationalismen och människan
Rationalism and Man
Mensch und Rationalismus
L'homme et le rationalisme
⟨Form⟩, 1935, *7*; English Translation in ⟨The Architectural Forum⟩, September 1935

Utställningar
On Exhibitions
Über Ausstellungen
A propos d'expositions
⟨Byggmästaren⟩, 1937, *32*, p. 355–356

Rakenteitten ja aineitten vaikutus nykyaikaiseen rakennustaiteeseen
Influence of Material and Structure in Modern Architecture
Einfluß von Material und Struktur in der modernen Architektur
Influence du matériau et de la structure dans l'architecture moderne
⟨ARK⟩, 1938, *9*, p. 129–131 (English Summary)

The Humanising of Architecture
Humanisierung der Architektur
Humanisation de l'architecture
⟨The Technology Review⟩, November 1940; ⟨The Architectural Forum⟩, Dezember 1940, p. 505–506 (Extract)

An Experimental Town
Eine Versuchsstadt
Une ville expérimentale
The Massachusetts Institute of Technology, Cambridge 1940

Post War Reconstruction
Wiederaufbau nach dem Krieg
La reconstruction dans l'après-guerre
⟨Magazine of Art⟩, June 1940

E.G. Asplund, in memoriam
⟨ARK⟩, 1940, *11–12*, p. 81

Europan jälleenrakentaminen tuo pinnalle aikamme rakennustaiteen keskeisimmän probleemin
The Reconstruction of Europe Is Becoming the Central Problem Facing Present Day Architecture
Der Wiederaufbau Europas wird zum zentralen Problem der Architektur unserer Zeit
La reconstruction de l'Europe devient le problème capital de l'architecture contemporaine
⟨ARK⟩, 1941, *5*, p. 75–80; Costruzioni-Casabella, marzo 1943, p. 183

Bostadsutställningen en ateruppbyggnadsutställning
Exhibition for Residential Building and Reconstruction
Ausstellung für Wohnbau und Wiederaufbau
Exposition pour la construction de logements et la reconstruction
⟨ARK⟩, 1941, *9–10*, p. 146–147

Finlans Arkitektförbunds standardiseringsarbete
Work Done by the Finnish Architect's Association towards Standardisation
Standardisierungsarbeiten des Finnischen Architektenverbandes
Travaux de standardisation de l'Association des architectes finlandais
⟨ARK⟩, 1943, *5–6*, p. 41 (English Summary/Deutsche Zusammenfassung)

Finsk Byggstandardisering
Finnish Standardization in Building
Finnische Baustandardisierung
Standardisation de la construction en Finlande
⟨Byggmästaren⟩, 1943, *1*, p. 1–7

Diedrich Dahlberg, in memoriam
⟨ARK⟩, 1944, *1*, p. 1

Rovaniemi rediviva
⟨ARK⟩, 1945, *11–12*, p. 127–128

Vad skall man göra med gardeskasernen?
What Is To Become of the Barracks?
Was soll aus den Kasernen werden?
Que vont devenir les casernes?
⟨ARK⟩, 1946, *1–2*, p. 4

Fin de la machine à habiter
The End of the 'Machine for Living'
Das Ende der Wohnmaschine
⟨Metron⟩, 1946, *7*, p. 15–21

Un sanatorium pour tuberculeux en Finlande
A Tuberculosis Sanatorium in Finland
Ein Tuberkulosesanatorium in Finnland
⟨L'architecture française⟩, 1946, *62*, p. 21–24

Architettura e arte concreta
Architecture and Concrete Art
Architektur und konkrete Kunst
L'architecture et l'art concret
⟨Domus⟩, 1947, *223–225*, p. 3; traduction en français sous le titre ⟨L'œuf de poisson et le saumon⟩ dans ⟨ARK⟩, 1948, *1–2*, p. 7–10; ⟨Werk⟩, Februar 1949, p. 43–44; ⟨I 4 Soli⟩, 1965, *3*

Kultturi ja tekniikka
Culture and Technology
Kultur und Technik
Culture et technique
⟨USA, Suomi-Finland⟩, 1947, *3*, p. 20–21

The Decadence of Public Buildings
Die Dekadenz der öffentlichen Bauten
La décadence des édifices publics
⟨ARK⟩, 1953, *9–10*, p. 148

Rakennushallituksen Pääjohtajan Virka
On the Profession of a Director of the Building Department
Über den Beruf des Direktors des Baudepartementes
A propos de la profession de directeur du département des travaux publics
⟨ARK⟩, 1953, *2*, p. 1–8

Akademisk Arkitektfarening 75 år
75 Years of the Academic Architects' Association
75 Jahre Akademische Architektenvereinigung
Les 75 ans de l'Union académique des architectes
⟨Arkitekten⟩, 1954, p. 377

Publications by Alvar Aalto
Schriften von Alvar Aalto
Ecrits d'Alvar Aalto

Suomen Rakennustaiteen Museo
The Museum of Finnish Architecture
Das Museum für finnische Architektur
Le musée de l'architecture finlandaise
⟨ARK⟩, 1954, *2*, p. 17 (Deutsche
Zusammenfassung / English Summary /
résumé en français)

Zwischen Humanismus und Materialismus
Between Humanism and Materialism
Entre l'humanisme et le matérialisme
⟨Baukunst und Werkform⟩, 1956, *6*,
p. 298–300

Problemi di Architettura
Problems in Architecture
Architekturprobleme
Problèmes d'architecture
⟨Quaderni ACI⟩, novembre 1956

R.I.B.A.-Annual Discourse, 1957
R.I.B.A.-Jahresrede 1957
R.I.B.A. Discours annuel 1957
⟨The Royal Institute of British Architects
Journal⟩, May 1957, p. 258

Henry van de Velde, in memoriam
⟨ARK⟩, 1957, *11–12*, p. 171 (traduction
en français)

Der Stadtplan von Imatra, Finnland
Urban Design Project for Imatra
Projet d'urbanisation pour Imatra
⟨Werk⟩, 1959, *11*, p. 400–403

Diskussionsvotum anläßlich des Kongresses für Nordische Urbanistik
Discussions at the Congress on Nordic Urbanization
Intervention lors du congrès pour l'urbanisme nordique
Kongreßakten / Congress Archives /
pièces du congrès, Helsinki, August 1965,
p. 11

Le Corbusier, in memoriam
⟨Progressive Architecture⟩, October 1965,
p. 236

Kaupunkisuunnittelu ja julkiset rakennukset
Town Planning and Public Buildings
Stadtplanung und öffentliche Bauten
Urbanisme et édifices publics
⟨ARK⟩, 1967, *3–4*, p. 35–38

Publications on Alvar Aalto
Schriften über Alvar Aalto
Ecrits sur Alvar Aalto

Monographs
Monographien
Monographies

Labò, G.
Alvar Aalto. Il Balcone, Milano 1948

Neuenschwander, E. et C.
Atelier Alvar Aalto, english/deutsch/français. Verlag für Architektur, Zürich 1954; Ed. de ‹L'architecture d'aujourd'hui›, Boulogne (Seine) 1954; Architectural Press, London 1954; Praeger, New York 1954

Gutheim, F.
Alvar Aalto. Braziller, New York 1960; Deutsche Ausgabe: Maier, Ravensburg 1960; Edizione italiana: Il Saggiatore, Milano 1963

Schildt, G., Mosso, L., Oksala, T.
Alvar Aalto. K. J. Gummerus Oy, Jyväskylä 1964

Mosso, L.
L'opera di Alvar Aalto – Catalogo della mostra. Edizioni di Comunità, Milano 1965; Finnish Edition: Otava, Helsinki 1967

Futagawa, Y., Ashihara, Y., Muto, A.
Alvar Aalto. Bijutsu Shuppan-sha, Tokyo 1968

The Subject of Aalto in Collected Works on Architecture
Das Thema Aalto innerhalb von Gesamtdarstellungen der Architektur
Le thème Aalto dans le cadre d'une présentation d'ensemble de l'architecture

Roth, A.
La nouvelle architecture, english/deutsch/français. Girsberger, Zürich 1946

Giedion, S.
Space, Time and Architecture. Harvard University Press, Cambridge, Mass. (USA) 1941; Deutsche Ausgabe: Maier, Ravensburg 1965; Edition française: ed. de la Connaissance, Bruxelles 1968; Edizione italiana: Hoepli, Milano 1954

Zevi, B.
Storia dell'architettura moderna. Einaudi, Torino 1953.

Dorfles, G.
L'architettura moderna. Garzanti, Milano 1954

Sartoris, A.
Encyclopédie de l'architecture nouvelle, vol. 2: ‹Ordre et climat nordique›. Hoepli, Milano 1957

Joedicke, J.
Geschichte der Modernen Architektur. Hatje, Stuttgart 1958; Niggli, Teufen (Schweiz) 1958; English Edition: A History of Modern Architecture. Architectural Press, London 1958; Praeger, New York 1959; Edition française: Architecture contemporaine. Delpire, Paris 1959

Biografie di architetti, in: Le nove muse, Enciclopedia generale, Torino 1958

Kugler, S.
Elemente der Zeitarchitektur, ‹Du›, November 1960

Smith, G. E. K.
The New Architecture of Europe. World Publishing Company, Cleveland and New York 1961

Kultermann, U.
Der Schlüssel zur Architektur von heute. Econ, Wien-Düsseldorf 1963

Benevolo, L.
Storia dell'architettura moderna. Laterza, Bari 1960; English Editions: Routledge & Kegan Paul, London 1970; M.I.T. Press, Cambridge, Mass., USA 1970; Deutsche Ausgabe: Geschichte der Architektur des 19. und 20. Jahrhunderts. Callwey, München 1964.

‹Sele Arte› 1964, *71*, p. 36

Smith, G. E. K.
New Churches in Europe. Architectural Press, London 1964; Holt & Winston, New York 1964; Deutsche Ausgabe: Neuer Kirchenbau in Europa. Hatje, Stuttgart 1964

Joedicke, J.
Für eine lebendige Baukunst. Krämer, Stuttgart 1965

Koenig, G. K.
Architettura tedesca del secondo dopoguerra. Cappelli, Bologna 1965

Jacobus, J.
Twentieth-Century Architecture: The Middle Years 1940–1965. Thames and Hudson, London 1966; Praeger, New York 1966; Deutsche Ausgabe: Die Architektur unserer Zeit. Hatje, Stuttgart 1966

Venturi, R.
Complexity and Contradiction in Architecture. Museum of Modern Art, New York 1966

Moholy-Nagy, S.
The Aging of Modern Architecture, ‹ARK›, 1967, *7/8*, p. 15–20

Laiho, O., Miettinen, E.
Visuaalisesta Ympäristöstä, ‹ARK›, 1967, *9*, p. 28–32

Van der Kellen, D., Eng, N. P.
Illustrated International Architecture. The Hagen 1967

Mosso, L.
Alvar Aalto, in: Enciclopedia dell'architettura moderna. Garzanti, Milano 1967

Dorfles, G.
Il divenire delle arti. Einaudi, Torino 1967

Dorfles, G.
Artificio e natura. Einaudi, Torino 1968

Feuerstein, G.
New Directions in German Architecture. Braziller, New York 1968

Noyel, S., Linke, S.
Reihenhäuser, Gruppenhäuser, Hochhäuser. Bertelsmann-Verlag 1968

Patetta, L.
Maniera e formalismo nell'architettura contemporanea, Ceschina, Milano 1968

Rossi, O.
Alvar Aalto, in: Dizionario enciclopedico di architettura e urbanistica. Istituto Editoriale Romano, Roma 1968

Architekturführer Schweiz, Artemis, Zürich 1969

Bachmann, J., von Moos, S.
New Directions in Swiss Architecture. Braziller, New York 1969

Ginoulhiac, F. E. T.
Tecnica e grafia nel disegno. Minerva Italica, Bergamo 1969

Hofmann, W., Kultermann, U.
Baukunst unserer Zeit. Burkhard, Essen 1969

Marcolli, A.
Topos Khora e architettura. Silva, Roma 1969

Rogers, E. N.
Esperienze dell'architettura. Einaudi, Torino 1969

Publications on Alvar Aalto
Schriften über Alvar Aalto
Ecrits sur Alvar Alato

Ruffini, G.
Costruire chiese. Flaccovio, Palermo 1969

Veronesi, G.
Profiti, disegni, architetti, strutture, esposizioni. Vallecchi, Firenze 1969

The Subject of Aalto in Collected Works on Finnish Architecture
Das Thema Aalto innerhalb von Gesamtdarstellungen der finnischen Architektur
Le thème Aalto dans le cadre d'une présentation d'ensemble de l'architecture finnoise

Klemetti, H.
Suomalaisia Kirkonra-Kentajia 1600-ja 1700-Luvulla, W.S.O.Y., Porvoo 1927

Ohquist, J.
Neuere bildende Kunst in Finnland. Akademische Buchhandlung, Helsinki 1930

Lindberg, C.
Suomen Kirkot. Kustantaja Kuvataide, Helsinki 1934

Nikula, O., Ringbom, L. I.
Åbo, i går och i dag. Förlaget BRO, Åbo 1947

Lettström, G., Skriver, P. E., Platou, O., Ålander, K.
Nordisk arkitektur 1946–1949. Byggmästarens Förlag, Stockholm 1950

Industrial Architecture in Finland. Suomalaisen Kirjallisuusseuran Kirjapaino, Helsinki 1952

Huth, S.
Finsk arkitektur i olympiadeåret, ‹Arkitekten›, Kopenhagen 1952, p. 241–248

Suomi rakentaa-Finland bygger. Suomen rakennustaiteen museo, Helsinki 1953

Ålander, K.
Rakennustaide. W.S.O.Y., Porvoo-Helsinki 1954

Roth, A.
Finnland baut, ‹Werk›, 1954, *2*, p. 55–56

Magnin, M.
L'exposition de l'architecture contemporaine de la Finlande, ‹Werk›, 1954, *2*, p. 55–56

Morthorst, E.
Helsingfors og nordisk byggedag 1955, ‹Arkitekten›, Kopenhagen 1955, *29*, p. 237–240

Lindegren, Y., Kräkström, E.
Helsinki Keskus. Tilgmann Oy, Helsinki 1955

Hertzen, H. v., Blomstedt, A., Vuorela, M. J.
Tapiola garden city. Simeliusen perillisten kirjapaino Oy, Helsinki 1957

‹Le carré bleu›, feuille internationale d'architecture. Simelius kirjapaino Oy, Helsinki 1957

Saarikivi, S., Nilonen, K., Ekelund, H.
Art in Finland. Editor J. Ukkonen, Helsinki 1958

Paullson, T.
Scandinavian Architecture. Leonard Hill Limited, London 1958

Becker, H. J., Schlote, W.
Neuer Wohnbau in Finnland. Krämer, Stuttgart 1958. Edizione italiana: Esempi di pianificazione edilizia in Finlandia. Edizioni di Comunità, Milano 1960

Business Architecture in Finland. Suomen Arkkitehtiliitto-Finlands Arkitektförbund, Helsinki 1959

Wickberg, N. E.
Byggnadskonst i Finland. Söderström & Co Förlagsaktiebolag, Helsinki 1959; English Edition: Finnish Architecture. Otava, Helsinki 1962; Deutsche Ausgabe: Finnische Baukunst, Otava, Helsinki 1963

Larsén, G.
Finländsk arkitektur, ‹Arkitektur›, 1959, *3*, p. 72–80

Mosso, L.
Note storico-critiche sull'architettura finlandese, Introduzione a: Esempi di pianificazione edilizia in Finlandia. Edizioni di comunità, Milano 1960

Helsinki yleiskaavaehdotus, Helsingin kaupungin julkaisuja *9*, Helsinki 1960

Sinisalo, A., Lilius, H., Welin, P. O.
Kauneimmat kirkomme. K. J. Gummerus Oy, Jyväskylä 1962

Schildt, G.
Architecture finlandaise. W.S.O.Y., Porvoo 1962

Alho, A., Rauhanheimo, U.
Helsinki ennen meitä. Kustannus Oy Otava, Helsinki 1962

Zahle, E.
Scandinavian Domestic Design. Museum of Industrial Art, Copenhagen, Methuen & Cold, London 1963

Helsinki arkkitehtuuriopas. Suomen Rakennustaiteen museo, Kustannus Oy Otava, Helsinki 1963

Ray, S.
L'architettura moderna nei paesi scandinavi. Cappelli, Bologna 1965

Wickberg, N. E.
Architecture finlandaise. Exposition à Tunis, 1965

Architettura finlandese, ‹Chiesa e Quartiere›, 1965, *36*

Städtebau in Finnland, Katalog/Catalogue. Institut für Städtebau der Technischen Hochschule, Stuttgart 1966

Heinonen, R. L.
Funktionalismi alkuvaiheista Suomessa, ‹ARK›, 1966, *11–12*, p. 162–170

Richards, J. M.
A Guide to Finnish Architecture. Hugh Evelyn, London 1966

Suhonen, P.
Neue Architektur in Finnland. Tammi, Helsinki 1967

Architectures nordiques, ‹L'architecture d'aujourd'hui›, 1967, *134*

Joedicke, J.
Bauen in Finnland, ‹Bauen und Wohnen›, 1969, *4*, p. 117–119

Special Issues of Journals
Sondernummern von Zeitschriften
Numéros spéciaux de revues

‹ARK›, 1948, *1–2*
‹Arkitekten›, 1950, *8*
‹L'architecture d'aujourd'hui›, 1950, *29*
‹ARK›, 1958, *1–2*
‹ARK›, 1959, *12*
‹Architectural Record›, 1959, *1*
‹Arquitectura› (Madrid), 1960, *13*
‹Cuadernos de arquitectura›, 1960, *39*
‹Chiesa e Quartiere›, 1965, *36*
‹L'architecture d'aujourd'hui›, 1967, *135*

Essays
Aufsätze
Articles

Shand, P. M.
The Work of Alvar Aalto, ‹The Architectural Review›, September 1931

Shand, P. M.
A Tuberculosis Sanatorium in Finland, ‹The Architectural Review›, August 1933

Shand, P. M.
The Library in Detail, ‹The Architectural Review›, March 1936

Kocher, A. L., Breines, S.
Aalto, Architecture and Furniture. The Museum of Modern Art, New York, 1938

Pagano, G.
Due ville di A. Aalto, ‹Casabella›, 1940, *145*, p. 26–29

Thomsen, E.
Den finske arkitekt A. Aalto, ‹Arkitekten›, 1947, *3*, p. 9–11

Aino et Alvar Aalto
25-årsutställning, ‹ARK›, 1948, *1–2*,
p. 3–6, 11–14

Giedion, S.
Über Alvar Aaltos Werk, ‹Werk›,
September 1948

Pöyry, O.
Prof. Alvar Aalto's 50th Birthday,
‹Finnish Trade Review›, 1948, *51*

Giedion, S.
Alvar Aalto, ‹The Architectural Review›,
1950, *638*, p. 77–80

Baruël, J. J.
Alvar Aalto, ‹Arkitekten Manedshaefte›,
1950, *8*

Santi, C.
Il lungo cammino di Alvar Aalto, ‹Domus›,
gennaio 1951, p. 9–12

Veronesi, G.
Alvar Aalto, ‹Emporium›, marzo 1952,
p. 98–104

Lassen, F.
Alvar Aalto, ‹Arkitekten›, 1953,
p. 178–180

Schimmerling, A.
Pays nordiques: Finlande, ‹L'architecture
d'aujourd'hui›, 1954, *54*, p. 50–85

Schildt, G.
Alvar Aalto, ‹Casabella›, 1954, *200*,
p. 4–17

Alcune recenti opere di Alvar Aalto, ‹Casabella›,
1954, *200*, p. 4–17

Heid, G.
Der Baumeister Alvar Aalto, ‹Baukunst
und Werkform›, 1956, *6*

Baruël, J. J.
Konstruktivform, ‹Arkitekten›, 1956, *1*,
p. 1–5

Mosso, L.
Il nuovo studio di Alvar Aalto a
Munkkiniemi, ‹Casabella›, 1957, *217*,
p. 22–27

Banham, R.
The One and the Few, ‹The Architectural
Review›, 1957, *723*, p. 243–248

Grünigen, B. von
Möbel aus Holz und Stahl. Alvar Aalto –
Mies van der Rohe. Gewerbemuseum
Basel, 1957

Santini, P. C., Schildt, G.
Alvar Aalto from Sunila to Imatra,
‹Zodiac›, 1958, *3*

Santini, P. C.
Casa per un designer a Milano, ‹Zodiac›,
1958, *3*

Aalto, Works 1923–1958, ‹ARK›, 1958, *1–2*,
p. 29–38

‹Architektur und Wohnform›, 1958, *4*, p. 147

Brunfaut, G. L.
Cité de demain, ‹Rytme›, 1958, *24*, p. 5

Moser, W.
Die Arbeit im Atelier Alvar Aalto, ‹Werk›,
1959, *11*

Mosso, L.
Lo spazio organico di Imatra, ‹Casabella›,
1959, *230*, p. 7–9

Burchard, J. E.
Finland and Architect Aalto,
‹Architectural Record›, 1959, *1*

Mosso, L.
Una casa di Alvar Aalto nei dintorni di
Parigi, ‹Casabella›, 1960, *236*, p. 4–17

Veronesi, G.
Une maison de Aalto en Ile de France,
‹Zodiac›, 1960, *6*

Mosso, L.
La luce nell'architettura di Alvar Aalto,
‹Zodiac›, 1960, *7*

Schildt, G.
Architecture à la mesure de l'homme,
‹L'architecture d'aujourd'hui›, 1960/61,
93, p. 1

Tentori, F.
Il piano di Alvar Aalto per il nuovo centro
di Helsinki, ‹Casabella›, 1961, *254*,
p. 12–23

Mosso, L.
Un inedito grafico di A. Aalto e di
E. Bryggman, ‹Pagina›, 1962, *1*

Mosso, L.
Storia del mobile nell'architettura di un
maestro: Alvar Aalto, ‹Arte casa›, 1962, *38*

Rubino, L.
La ricerca incompiuta di Alvar Aalto,
‹L'architettura›, 1962, *78*, p. 804–828

Mosso, L.
Nel centro storico di Helsinki. La sede
Enso-Gutzeit di Alvar Aalto, ‹Casabella›,
1963, *272*, p. 4–25

Gutheim, F.
Alvar Aalto Today, ‹Architectural
Record›, 1963, *4*

Dodi, L., Ponti, G., Rogers, E. N.
Profilo di Alvar Aalto. Pubblicazioni del
Politecnico di Milano, 1964, *3001*

Schildt, G.
Alvar Aalto, ‹L'architecture d'aujourd'hui›,
1964, *113–114*, p. 112–117

Billeter, F.
Zwei Stunden mit Alvar Aalto, ‹Speculum
Artis›, 1964, *4*

Ragghianti, C. L.
Per una lettura di Aalto, in: L'opere di
Alvar Aalto. Edizioni di Comunità,
Milano 1965

Mendini, A., Aalto, A., Koenig, G. K.,
Borsi, F.
Aufsätze, ‹Casabella›, 1965, *299*, p. 40–60

Interviewing Aalto, ‹Progressive Architecture›,
January 1965, p. 48–50

Aalto in New York, ‹Progressive Architecture›,
February 1965, p. 180–185

Smith, G. E. K.
The Architecture of Alvar Aalto, ‹The
American-Scandinavian-Review›, Spring
1965

‹Sele Arte›, 1965, *75*, p. 52

Personality: The Individual in Architecture,
‹Progressive Architecture›, September 1965,
p. 176

Mosso, L.
Alvar Aalto, ‹Sele Arte›, 1965, *76*,
p. 12–24

Ricchi, R.
Alvar Aalto: un nuovo equilibrio.
‹Il ponte›, novembre 1965, p. 1492–1493

Mosso, L.
Letture di Aalto, ‹Critica d'arte›,
novembre 1965

Alvar Aalto a Firenze, ‹Dibattito Urbanistico›,
1965, *3*, p. 196

Aalto in Firenze, ‹Progressive Architecture›,
December 1965, p. 42

Trebbi, G.
Alvar Aalto costruirà una chiesa a
Bologna, ‹Chiesa e Quartiere›, 1965, *36*,
p. 7–8

Orienti, S.
Alvar Aalto a Palazzo Strozzi, ‹Nuova
Antologia›, dicembre 1965, p. 551–554

Pica, A.
La mostra di Alvar Aalto a Firenze,
‹Domus›, 1966, *435*, p. 1–10

Fagnoni, R.
Umanità e poesia in Alvar Aalto,
‹Civiltà delle macchine›, febbraio 1966

Tentori, F.
L'opera di Alvar Aalto nella mostra di
Firenze, ‹L'architetto›, 1966, *3–4*, p. 11–12

Mosso, L.
Il Vogelweidplatz di Alvar Aalto, ‹Marmo›,
1966, *4*

Publications on Alvar Aalto
Schriften über Alvar Aalto
Ecrits sur Alvar Aalto

Aalto Revisited, ‹Architectural Forum›, April 1966, p. 70–79

Fagiolo, M.
Alvar Aalto, ‹La botte e il violino›, aprile 1966, p. 25–34

Marcolli, A.
Incontro con Alvar Aalto, Firenze 1965, ‹Arte oggi›, 1966, *25–26*, p. 50–64

Fagiolo, M.
Alvar Aalto, ‹Panorama Pozzi›, 1966, *70*, p. 4–11

Scharoun, Aalto e Utzon in gara, ‹L'architettura›, 1966, *130*, p. 249

Mosso, L.
Alvar Aalto ‹Il compasso›, ottobre 1966

De Seta, C.
Aalto e la critica, ‹Il Verri›, Milano, marzo 1967, p. 126–137

Schildt, G.
The Sculptures of Alvar Aalto. Otava, Helsinki 1967, p. 18–44

Quade, W. N. C.
A Man Standing in the Center, ‹Architectural Forum›, Jan./Febr. 1967, p. 112

Gresleri, G.
Il discorso religioso di Aalto ed il progetto per Riola, ‹Studi Cattolici›, 1967, *71*, p. 132–135

La chiesa italiana di Alvar Aalto, ‹Domus›, 1967, *447*, p. 2–8

Aalto – Breuer – Le Corbusier, ‹ARK›, 1967, *5*, p. 43

Smithson, P.
Alvar Aalto and the Ethos of the Second Generation, ‹ARK›, 1967, *7–8*, p. 21

Santini, P. C.
Alvar Aalto in Italia, ‹Ottagono›, ottobre 1967, p. 91–95

Cousin, J. P.
Une lumière qui vient du nord, ‹L'architecture d'aujourd'hui›, 1967, *134*, p. 14–17

Mosso, L.
Alvar Aalto – Unité de l'homme et de l'œuvre, ‹L'architecture d'aujourd'hui›, 1967, *134*, p. 1–13

Smithson, P.
Alvar Aalto: The Second Generation Ethos, ‹The Architectural Design›, December 1967

‹Modulus 67›, Annual Report of the Department of Architecture of the University of Virginia (Award of the Thomas Jefferson Memorial Foundation Medal in Architecture)

Noyel, S., Linke, S.
Reihenhäuser, Gruppenhäuser, Hochhäuser, Verdichtete Wohnformen, Bertelsmann, 1968

‹ARK›, 1968, *3*, p. 62–63

Barile, L.
Il padre di Patrizia, ‹Fiera Letteraria›, 1968, *13*, p. 11–12

Geburtstag im Norden, ‹Baumeister›, 1968, *3*, p. 223

Alvar Aalto divide Pavia, ‹Panorama›, 1968, *104*, p. 60

‹Panorama›, luglio 1968, *117*, p. 111

Persico, E.
Scritti di Architettura (1927–1935). Vallecchi, Firenze, ottobre 1968, p. 105

Lundahl, G.
Alvar Aalto, ‹Form›, 1969, *4*, p. 226–227

Essays on Individual Works
Aufsätze über einzelne Werke
Articles sur certains œuvres

The essays already mentioned in the first and second main section of the bibliography are noted here abridged. Letter and year in parenthesis refer to the classification and chronology, in which the complete information is arranged.

- AA Publications by Alvar Aalto
- M Monographs
- A The subject of Aalto in collected works on architecture
- FA The subject of Aalto in collected works on Finnish architecture
- E Essays

Die Aufsätze, die bereits im ersten und zweiten Hauptteil der Bibliographie erwähnt sind, werden hier gekürzt bezeichnet. Buchstaben und Jahreszahl in Klammern verweisen auf Gattung und Chronologie, unter denen die vollständige Angabe eingeordnet ist.

- AA Schriften von Alvar Aalto
- M Monographien
- A Das Thema Aalto innerhalb von Gesamtdarstellungen der Architektur
- FA Das Thema Aalto innerhalb von Gesamtdarstellungen der finnischen Architektur
- E Aufsätze

Les articles déjà mentionnés dans la première et la deuxième partie de la bibliographie, sont ici abrégés. Lettres et chiffres entre parenthèses se réfèrent à la classification et à la chronologie, qui contiennent tous les renseignements utiles.

- AA Ecrits d'Alvar Aalto
- M Monographies
- A Le thème Aalto dans le cadre d'une présentation d'ensemble de l'architecture
- FA Le thème Aalto dans le cadre d'une présentation d'ensemble de l'architecture finnoise
- E Articles

Buildings
Bauten
Constructions

Belfry, Kauhajärvi, 1918
Glockenturm, Kauhajärvi
Clocher à Kauhajärvi

    Lindberg, C., Suomen Kirkot (FA, 1934), p. 88–89

Industrial Exhibition, Tampere, 1922
Industrieausstellung, Tampere
Exposition industrielle à Tampere

    Gutheim, F., Alvar Aalto (M, 1960), p. 35

    Aalto, ed. Girsberger (M, 1963), p. 17

    Ausstellungen/Expositions: Kopenhagen 1948; Zürich 1948

Workers' Club, Jyväskylä, 1923–25
Haus der Arbeiter, Jyväskylä
Maison des ouvriers à Jyväskylä

    Aalto, Works 1923–1958 (E, 1958), p. 27

    Rubino, L., La ricerca incompiuta di A. Aalto (E, 1962), p. 804

    Ausstellungen/Expositions: Kopenhagen 1948; Zürich 1948

Church, Aeänekoski, 1924
Kirche Aeänekoski
Eglise d'Aeänekoski

    Lindberg, C., Suomen Kirkot (FA, 1934), p. 319–320

Church, Anttola, 1924
Kirche Anttola
Eglise d'Anttola

    Lindberg, C., Suomen Kirkot (FA, 1934), p. 17, 335

    Ausstellungen/Expositions: Kopenhagen 1948; Zürich 1948

Building for Patriotic Organizations, Jyväskylä, 1925, 1927–29
Gebäude für patriotische Vereinigungen, Jyväskylä
Bâtiment pour des organisations patriotiques à Jyväskylä

    Rubino, L., La ricerca incompiuta di A. Aalto (E, 1962), p. 804

    ‹ARK›, 1926, 7

Church, Jämsä, 1925
Kirche Jämsä
Eglise de Jämsä

    Klemetti, H., Suomalaisia Kirkonrakentajia (FA, 1927), p. 163

    Lindberg, C., Suomen Kirkot (FA, 1934), p. 72

    ‹ARK›, 1926, 1, p. 1–5

    ‹ARK›, 1930, 7, p. 103

Church, Viitasaari, 1925
Kirche Viitasaari
Eglise de Viitasaari

    Lindberg, C., Suomen Kirkot (FA, 1934), p. 305

Church, Muurame, 1926–1929
Kirche Muurame
Eglise de Muurame

    Lindberg, C., Suomen Kirkot (FA, 1934), p. 159, 171

    Aalto, Works 1923–1958 (E, 1958), p. 28

    Mosso, L., La luce nell'architettura di A. Aalto (E, 1960), p. 71

Töölö Church, Helsinki, 1927
Kirche Töölö, Helsinki
Eglise de Töölö à Helsinki

    ‹ARK›, 1927, 5, p. 57–58

    ‹ARK›, 1930, 7, p. 106

Viinikka Church, Tampere, 1927
Kirche Viinikka, Tampere
Eglise de Viinikka à Tampere

    Ausstellungen/Expositions: Kopenhagen 1948; Zürich 1948

Church Pylkönmäki, 1927
Kirche Pylkönmäki
Eglise de Pylkönmäki

    Lindberg, C., Suomen Kirkot (FA, 1934), p. 218–219

    ‹ARK›, 1928, 9, p. 130

    Ausstellungen/Expositions: Kopenhagen 1948; Zürich 1948

Essays on Individual Works
Aufsätze über einzelne Werke
Articles sur certains œuvres

Municipal Library, Viipuri, 1927, 1930–35
Gemeindebibliothek Viipuri
Bibliothèque municipale à Viipuri

    Labò, G., Alvar Aalto (M, 1948), p. 60–73

    Gutheim, F., Alvar Aalto (M, 1960), p. 12–13

    Aalto, ed. Girsberger (M, 1963), p. 44–59

    Giedion, S., Space, Time and Architecture (A, 1941)

    Zevi, B., Storia dell'architettura moderna (A, 1953)

    Roth, A., La nouvelle architecture (A, 1946), p. 179–192

    Joedicke, J., Geschichte der modernen Architektur (A, 1958)

    Benevolo, L., Storia dell'architettura moderna (A, 1964)

    Mosso, L., Alvar Aalto, in: Enciclopedia dell'arte moderna (A, 1967), p. 34

    Rossi, O., Alvar Aalto (A, 1968), p. 3–8, 80–81

    Wickberg, N. E., Architecture Finlandaise (FA, 1965)

    Wickberg, N. E., Finnische Baukunst (FA, 1963)

    Shand, P. M., The Library in Detail (E, 1936), p. 107, 114

    Pöyry, O., Prof. A. Aalto's 50th Birthday (E, 1948)

    Giedion, S., Über Alvar Aaltos Werk (E, 1948), p. 269–276

    Schildt, G., Alvar Aalto (E, 1954)

    Mosso, L., La luce nell'architettura di A. Aalto (E, 1960)

    Smith, G. E. K., The Architecture of Alvar Aalto (E, 1965)

    ‹ARK›, 1928, *3*, p. 38–40

    ‹ARK›, 1935, *10*, p. 145–157

    ‹Casabella›, 1936, *97*

    ‹Rassegna di Architettura›, gennaio 1936

    ‹L'architecture d'aujourd'hui›, 1937, *10*, p. 74–75

    ‹Arkitekten›, 1939, p. 24–28

    ‹L'architecture d'aujourd'hui›, 1950, *29*, p. 10–13

    ‹Revista Nacional de Arquitectura›, 1952, *124*, p. 23–26

    Grünigen, B. von, Möbel aus Holz und Stahl: Alvar Aalto – Mies van der Rohe, Gewerbemuseum Basel, 1957

    Carbonara, P., Architettura pratica, *3*, Torino 1958, p. 1305–1312

    Suhonen, P., Neue Architektur in Finnland. Tamni-Verlag, Helsinki, 1967

    Schildt, G., The sculptures of Alvar Aalto. Otava Publishing Co., Helsinki, 1967, p. 18–44

    Ausstellungen/Expositions:
    New York 1938; Kopenhagen 1948; Zürich 1948; Stockholm 1954; London 1957; Basel 1957; Zürich 1958; Moscow 1960; Lisboa 1960; Jyväskylä 1962; Berlin 1963; Zürich 1964; Firenze 1965/66; Helsinki 1967; Stockholm 1969

Farmers' Co-operative Building and Finnish Theater, Turku, 1927–28
Gebäude der landwirtschaftlichen Genossenschaft und Finnisches Theater, Turku
Bâtiment de la coopérative agricole et théâtre finnois, Turku

    Wickberg, N. E., Finnische Baukunst (FA, 1963)

    Aalto, Works 1923–1958 (E, 1958)

    Mosso, L., La luce nell'architettura di A. Aalto (E, 1960)

    ‹ARK›, 1928, *4*, p. 54–55

    ‹ARK›, 1929, *6*, p. 83, 90

    Sartoris, A., Architettura razionale, Hoepli, Milano 1935

    Ausstellungen/Expositions:
    Helsinki 1930; Kopenhagen 1948; Zürich 1948

Standard Apartment Building, Turku, 1927–28
Miethaus Standard, Turku
Immeuble locatif Standard à Turku

    Mosso, L., La luce nell'architettura di A. Aalto (E, 1960), p. 98

    ‹ARK›, 1929, *6*, p. 96–97

    Sartoris, A., Gli elementi dell'architettura funzionale, Hoepli, Milano 1932

    ‹ARK›, 1968, *3*

Turun Sanomat Newspaper Offices, Turku, 1927–29
Zeitungsgebäude Turun Sanomat, Turku
Siège du quotidien Turun Sanomat à Turku

    Aalto, ed. Girsberger (M, 1963), p. 22–25

    Gutheim, F., Alvar Aalto (M, 1960)

    Giedion, S., Space, Time and Architecture (A, 1941)

    Suhonen, P., Neue Architektur in Finnland (FA, 1967)

    Shand, P. M., The work of A. Aalto (E, 1931)

    Aalto, Works 1923–1958 (E, 1958)

    Schildt, G., Alvar Aalto (E, 1964)

    Lundahl, G., Alvar Aalto (E, 1969), p. 226–227

    Larson, C. T., Newspapers and Publishing Plans ‹Architectural Record›, December 1930

    ‹Architectural Review›, November 1932, p. 234–235

    ‹L'architecture d'aujourd'hui›, 1950, *29*, p. 14

    International Architecture 1924–1934. Catalogue to the Centenary exhibition of the Royal Institute of British Architects, London, 1934, p. 102

    Wickberg, N. E., Architecture Finlandaise (FA, 1965)

    ‹ARK›, 1929, *6*, p. 9

    ‹ARK›, 1930, *6*, p. 82–90

    Sartoris, A., Gli elementi dell'architettura funzionale, Hoepli, Milano 1932

    Ausstellungen/Expositions:
    Helsinki 1930; Helsinki 1932; Milano 1933; New York 1938; Kopenhagen 1948; Zürich 1948; Jyväskylä 1962; Berlin 1963; Firenze 1965/66; Helsinki 1967; Stockholm 1969

Aitta Summer Houses, 1928
Sommerhäuser Aitta
Maisons d'été Aitta

    ‹Aitta›, Helsinki 1928, *5*

Church, Korpilahti, 1928
Kirche Korpilahti
Eglise de Korpilahti

    Klemetti, H., Suomalaisia Kirkonrakentajia (FA, 1927), p. 252–253

    Lindberg, C., Suomen Kirkot (FA, 1934), p. 113

Church, Kemijärvi, 1929
Kirche Kemijärvi
Eglise de Kemijärvi

    Lindberg, C., Suomen Kirkot (FA, 1934), p. 95

    Aalto, Works 1923–1958 (E, 1958), p. 29

    Ausstellungen/Expositions:
    Kopenhagen 1948; Zürich 1948

Turku 7th Centenary Exhibition, 1929
Ausstellung ‹700 Jahre Turku›
Exposition du 7ᵉ centenaire de Turku

    Aalto, ed. Girsberger (M, 1963), p. 20–21

    Gutheim, F., Alvar Aalto (M, 1960)

    Giedion, S., Space, Time and Architecture (A, 1941)

    Mosso, L., Note storico-critiche sull'architettura finlandese (FA, 1960)

    Aalto, Works 1923–1958 (E, 1958)

    Mosso, L., Un inedito grafico di A. Aalto e di E. Bryggman (E, 1962), p. 12–21

    ‹ARK›, 1929, *6*, p. 99–100

    ‹ARK›, 1929, *7*, p. 114–116

    ‹ARK›, 1929, *5*

    Mosso, L., Atti del Convegno internazionale sui problemi grafici nell'Ingegneria e nell'Architettura, Torino 1963

    ‹ARK›, 1967, *9*, p. 28

    Ausstellungen/Expositions:
    Kopenhagen 1948; Zürich 1948; Jyväskylä 1962

Tuberculosis Sanatorium, Paimio, 1929–1933
Tuberkulosesanatorium Paimio
Sanatorium antituberculeux à Paimio

    Labò, G., Alvar Aalto (M, 1948)

    Gutheim, F., Alvar Aalto (M, 1960), p. 18–22

    Aalto, ed. Girsberger (M, 1963), p. 31–43

    Futagawa, Y., Ashihara, Y., Muto, A., Alvar Aalto (M, 1968), p. 16–25

    Giedion, S., Space, Time and Architecture (A, 1941)

    Zevi, B., Storia dell'architettura moderna (A, 1953)

    Biografie di Architetti (A, 1958), p. 798–799, 817

    Joedicke, J., Architecture contemporaine (A, 1959), p. 107–115, 198–199

    Benevolo, L., Storia dell'architettura moderna (A, 1964)

    Kultermann, U., Der Schlüssel zur Architektur von heute (A, 1963)

    Mosso, L., Alvar Aalto, ‹Knaurs Lexikon der modernen Architektur› (A, 1963)

    Veronesi, G., Profili (A, 1969), p. 61–67, 128–139

    Wickberg, N. E., Finnische Baukunst (FA, 1963)

Wickberg, N. E., Architecture Finlandaise (FA, 1965)

Shand, P. M., A Tuberculosis Sanatorium in Finland (E, 1933), p. 85–90

Pöyry, O., Prof. A. Aalto's 50th Birthday (E, 1948)

Giedion, S., Alvar Aalto (E, 1950)

Banham, R., The One of Fiew (E, 1957)

Aalto, Works 1923–1958 (E, 1958)

Rubino, L., La ricerca incompiuta di Aalto (E, 1962), p. 805–808

Schildt, G., Alvar Aalto (E, 1964)

Mosso, L., Alvar Aalto (E, 1965)

Smithson, P., Alvar Aalto (E, 1967), p. 21

Lundahl, G., Alvar Aalto (E, 1969), p. 226–227

‹ARK›, 1929, *3*, p. 42, 44

‹Byggmästaren›, 1932, *14*, p. 80–83

Sartoris, A., Gli elementi dell'architettura funzionale, Hoepli, Milano 1932

‹Byggmästaren›, May 1932, p. 80

Goodesmith, W., Evolution and Design in Steel & Concrete, ‹The Architectural Review›, November 1932, p. 206–207

‹ARK›, 1933, *6*, p. 79–80

‹Architectural Record›, July 1934, p. 12–19

‹Casabella›, giugno 1935, p. 12–21

‹L'architecture d'aujourd'hui›, 1937, *10*, p. 76

‹L'architecture d'aujourd'hui›, 1950, *29*, p. 6–9

Richards, J. M., The Next Step, ‹The Architectural Review›, March 1950

Thurner, Die Entwicklung des Spitalbaus, ‹Der Aufbau›, 1951, *6*

‹Revista Nacional de Arquitectura›, 1952, *124*

Schildt, G., Finland Builds, ‹Architectural Record›, 1956, *23*

Labò, M., Alvar Aalto, in: Enciclopedia Universale dell'Arte. Sansoni, Firenze 1958, p. 1–5

Persico, G., Scritti di Architettura. Vallecchi, Firenze 1968, p. 105

‹Arquitectura›, 1960, *13*

Finland Bygger, ‹Arkitekten›, 1962, *20*, p. 234

Hofmann, W., Kultermann, U., Baukunst unserer Zeit, Burkmart, Essen 1969

Ausstellungen/Expositions:
Helsinki 1932; New York 1938; Kopenhagen 1948; Zürich 1948; Stockholm 1954; London 1957; Zürich 1958; Moscow 1960; Lisboa 1960; Jyväskylä 1962; Berlin 1963; Hamburg 1963; Zürich 1964; Firenze 1965/66; Helsinki 1967; Stockholm 1969

Institute for Physical Education, Vierumäki, 1930
Sportschule Vierumäki
Institut d'éducation physique à Vierumäki

    ‹ARK›, 1930, *4*, p. 60–64

    Ausstellung/Exposition:
    Firenze 1965/66

Michele Agricola Church, Helsinki, 1930
Michele-Agricola-Kirche, Helsinki
Eglise de Michele Agricola à Helsinki

    ‹ARK›, 1930, *12*, p. 201–209

    ‹ARK›, 1930, *4*, p. 51

    Ausstellungen/Expositions:
    Kopenhagen 1948; Zürich 1948

Stadium and Sports Center Helsinki, 1930
Stadion und Sportzentrum Helsinki
Stade et centre sportif de Helsinki

    ‹ARK›, 1930, *5*, p. 78

University Hospital, Zagreb, Yugoslavia, 1930
Universitätsspital Zagreb, Jugoslawien
Hôpital universitaire à Zagreb, Yougoslavie

    ‹ARK›, 1932, *1*, p. 5–6

    ‹Casabella›, 1932, *51*, p. 67–73

    Ausstellung/Exposition:
    Helsinki 1932

Cellulose Factory, Toppila, Oulu, 1930–31
Zellulosefabrik, Toppila, Oulu
Usine de cellulose à Toppila, Oulu

    Schildt, G., Alvar Aalto (E, 1964)

    ‹ARK›, 1931, *12*, p. 188–193

    ‹Casabella›, 1932, *50*

    ‹L'architecture d'aujourd'hui›, 1937, *10*, p. 76

    Pica, A., Nuova architettura nel mondo, Hoepli, Milano 1938

    Ausstellungen/Expositions:
    Zürich 1948; Kopenhagen 1948

Scenery for a production of the Finnish Theater in Turku
Bühnenbild für eine Aufführung im Finnischen Theater, Turku
Décor pour une production du Théâtre finnois de Turku

    ‹ARK›, 1946, *7–8*, p. 120–121

Stadium, Helsinki, 1932
Stadion Helsinki
Stade de Helsinki

    ‹ARK›, 1933, *5*, p. 73

Prefabricated One-Family House, 1932
Vorfabriziertes Einfamilienhaus
Maison familiale préfabriquée

    ‹ARK›, 1932, *4*, p. 63; *5*, p. 75

    Ausstellung/Exposition:
    Helsinki 1932

Enso-Gutzeit Weekend Cabin, 1932
Weekendhaus Enso-Gutzeit
Cabane de weekend Enso-Gutzeit

    ‹ARK›, 1932, *3*, p. 2; *6*, p. 95

    Ausstellung/Exposition:
    Helsinki 1932

Housing for Employees of the Sanatorium, Paimio, 1933
Wohnungen für die Angestellten des Sanatoriums, Paimio
Habitations pour les employés du sanatorium de Paimio

    ‹Byggmästaren›, 1930, *2*, p. 25

    ‹ARK›, 1934, *6*, p. 83

Row Housing for Doctors of the Sanatorium, Paimio, 1933
Reihenhäuser für die Ärzte des Sanatoriums Paimio
Habitations en série pour les médecins du sanatorium de Paimio

    ‹ARK›, 1934, *6*, p. 83–84

Redevelopment Plan for Norrmalm, Stockholm, 1933
Sanierungsplan für Norrmalm, Stockholm
Plan d'assainissement pour Norrmalm, Stockholm

    ‹ARK›, 1934, *6*, p. 85–88

    Le Corbusier, Œuvre complète de 1929–1934, Les éditions d'architecture, Erlenbach-Zürich, 1935

Railroad Station, Tampere, 1934
Eisenbahnstation Tampere
Gare de Tampere

    ‹ARK›, 1934, *2*, p. 25–29

    Ausstellungen/Expositions:
    Zürich 1948; Kopenhagen 1948

Stenius Housing Development, Munkkiniemi, 1934
Siedlung Steniusgelände, Munkkiniemi
Cité d'habitation Stenius à Munkkiniemi

    ‹ARK›, 1939, p. 69

    Ausstellung/Exposition:
    Zürich 1948

Exhibition Pavilion, Helsinki, 1934
Messehalle Helsinki
Pavillon d'expositions à Helsinki

    ‹ARK›, 1934, *3*, p. 45

Architect's Own House, Munkkiniemi, 1934–36
Haus des Architekten, Munkkiniemi
Maison de l'architecte à Munkkiniemi

    Labò, G., Alvar Aalto (M, 1948), p. 80–96

    Aalto, ed. Girsberger (M, 1963), p. 62–65

    Zevi, B., Storia dell'architettura moderna (A, 1953)

    Sartoris, A., Encyclopédie de l'architecture nouvelle, *2* (A, 1957)

    Pagano, G., Due ville di A. Aalto (E, 1940), p. 49–50

    Schildt, G., Alvar Aalto (E, 1964)

    ‹ARK›, 1937, *8*, p. 113–115

    Mazzucchelli, ‹Casabella›, settembre 1938

    Mumford, L., Monumentalism, Symbolism and Style, ‹The Architectural Review›, 1949, *628*, p. 173–180

    ‹L'architecture d'aujourd'hui›, 1950, *29*, p. 18

    Ausstellungen/Expositions:
    Kopenhagen 1948; Zürich 1948; Moscow 1960; Lisboa 1960; Berlin 1963; Zürich 1964; Firenze 1965/66; Helsinki 1967; Stockholm 1969

Finnish Pavilion at the Paris World's Fair, 1935, 1936–37
Finnischer Pavillon, Weltausstellung Paris
Pavillon finlandais à l'exposition universelle de Paris

    Labò, G., Alvar Aalto (M, 1948)

    Gutheim, F., Alvar Aalto (M, 1960)

    Aalto, ed. Girsberger (M, 1963)

    Zevi, B., Storia dell'architettura moderna (A, 1953)

    Joedicke, J., Geschichte der modernen Architektur (A, 1958)

    Mosso, L., Note storico-critiche sull'architettura finlandese (FA, 1960)

    Wickberg, N. E., Architecture Finlandaise (FA, 1965)

    Suhonen, P., Neue Architektur in Finnland (FA, 1967)

    Schildt, G., Alvar Aalto (E, 1964)

    ‹ARK›, 1936, p. 99

    ‹Casabella›, novembre 1936

    ‹ARK›, 1937, p. 137–144

    ‹L'architecture d'aujourd'hui›, 1937, *10*, p. 77–80

    ‹Byggmästaren›, 1937, *39*, p. 436–437

    ‹Cahiers d'art›, 1937, *8–10*, p. 269–278

    ‹L'architecture d'aujourd'hui›, 1950, *29*, p. 19

    ‹The Architectural Review›, 1951, *656*, p. 78

    Tomalin, R., Cladding, ‹The Architectural Review›, 1952, *672*, p. 887

    Mosso, L., Alvar Aalto, ‹Il compasso›, ottobre 1966

    Ausstellungen/Expositions:
    Kopenhagen 1948; Zürich 1948; Stockholm 1954; Jyväskylä 1962; Berlin 1963; Zürich 1964; Firenze 1965/66; Helsinki 1967; Stockholm 1969

Art Museum, Tallinn, Estland, 1936
Kunstmuseum Tallinn, Estland
Musée des Beaux-Arts de Tallinn, Estonie

    Aalto, ed. Girsberger (M, 1963), p. 82–85

    ‹ARK›, 1937, *5*, p. 65–70

    ‹Casabella›, ottobre 1937

    Ausstellungen/Expositions:
    Kopenhagen 1948; Zürich 1948; Berlin 1963; Zürich 1964; Firenze 1965/66

Cellulose Factory, Sunila, 1936–39
Zellulosefabrik Sunila
Usine de cellulose à Sunila

    Labò, G., Alvar Aalto (M, 1948)

    Neuenschwander, E. et C., Atelier Alvar Aalto (M, 1954), p. 64–71

    Gutheim, F., Alvar Aalto (M, 1960), p. 16

    Aalto, ed. Girsberger (M, 1963), p. 86–96

    Futagawa, Y., Ashihara, Y., Muto, A., Alvar Aalto (M, 1968), p. 26–29

    Giedion, S., Space, Time and Architecture (A, 1941)

    Joedicke, J., Geschichte der modernen Architektur (A, 1958)

    Mosso, L., Alvar Aalto, ‹Knaurs Lexikon der modernen Architektur› (A, 1963)

    Mosso, L., Alvar Aalto, in: Enciclopedia dell'Architettura Moderna (A, 1967), p. 34

    Wickberg, N. E., Finnische Baukunst (FA, 1963)

    Schildt, G., L'architecture finlandaise (FA, 1962)

    Wickberg, N. E., Architecture Finlandaise (FA, 1965)

Suhonen, P., Neue Architektur in Finnland (FA, 1967)

Pöyry, O., Prof. A. Aalto's 50th Birthday (E, 1948)

Giedion, S., Über Alvar Aaltos Werk (E, 1948), p. 269–276

Lassen, F., Alvar Aalto (E, 1953)

Santini, P. C., Schildt, G., Alvar Aalto from Sunila to Imatra (E, 1958), p. 40–43

Aalto, Works 1923–1958 (E, 1958)

Burchard, J. E., Finland and Architect Aalto (E, 1959)

Smith, G. E. K., The Architecture of Alvar Aalto (E, 1965)

‹ARK›, 1937, p. 42

‹ARK›, 1938, *10*, p. 145–160

‹Architectural Forum›, May 1939

‹Casabella›, maggio 1939

‹L'architettura›, maggio 1939

‹The Architectural Forum›, June 1940, p. 408–409

‹L'architecture d'aujourd'hui›, 1950, *29*, p. 15–16

‹Revista Nacional de Arquitectura›, 1952, *124*

Mosso, L., Alvar Aalto, ‹Il compasso›, ottobre 1966

Ausstellungen/Expositions:
Kopenhagen 1948; Zürich 1948; London 1957; Zürich 1958; Moscow 1960; Lisboa 1960; Jyväskylä 1962; Berlin 1963; Zürich 1964; Firenze 1965/66; Torino 1966

Restaurant Savoy, Helsinki, 1937
Restaurant Savoy, Helsinki
Restaurant Savoy à Helsinki

Labò, G., Alvar Aalto (M, 1948)

Aalto, ed. Girsberger (M, 1963)

‹ARK›, 1937, p. 169–170

‹The Architectural Review›, November 1937, p. 213–217

Ausstellungen/Expositions:
Kopenhagen 1948; Zürich 1948

Housing Development, Kauttua, 1937
Siedlung, Kauttua
Cité d'habitation à Kauttua

Labò, G., Alvar Aalto (M, 1948)

Aalto, ed. Girsberger (M, 1963)

Giedion, S., Space, Time and Architecture (A, 1941)

Mosso, L., Note storico-critiche sull'architettura finlandese (FA, 1960), p. 34

Aino et Alvar Aalto (E, 1948), p. 20

Pöyry, O., Prof. A. Aalto's 50th Birthday (E, 1948)

‹ARK›, 1939, p. 161–165

‹Casabella›, aprile 1940, p. 44–45

‹ARK›, 1948, *1–2*, p. 3

‹L'architecture d'aujourd'hui›, 1950, *29*, p. 20

‹Revista Nacional de Arquitectura›, 1952, *124*

Ausstellungen/Expositions:
Kopenhagen 1948; Zürich 1948; Berlin 1963; Hamburg 1963; Zürich 1964; Firenze 1965/66

Director's House, Sunila, 1937–38
Haus des Direktors, Sunila
Maison du directeur à Sunila

‹ARK›, 1938, *10*, p. 154–155

Housing Development Sunila, 1937–39
Siedlung, Sunila
Cité d'habitation, Sunila

Labò, G., Alvar Aalto (M, 1948), p. 109–111

Gutheim, F., Alvar Aalto (M, 1960), p. 17

Aalto, ed. Girsberger (M, 1963), p. 96–103

Futagawa, Y., Ashihara, Y., Muto, A., Alvar Aalto (M, 1968), p. 28–31

Industrial Architecture in Finland (FA, 1952), p. 79–81

Becker, H. J., Schlote, W., Neuer Wohnbau in Finnland (FA, 1958)

Mosso, L., Note storico-critiche sull'architettura finlandese (FA, 1960)

Aino et Alvar Aalto (E, 1948), p. 17

Giedion, S., Über A. Aaltos Werk (E, 1948)

Pöyry, O., Prof. A. Aalto's 50th Birthday (E, 1948)

Santini, P. C., Schildt, G., Alvar Aalto from Sunila to Imatra (E, 1958), p. 44–45

‹ARK›, 1938, *10*, p. 156–159

‹ARK›, 1939, p. 163–165

‹Architectural Forum›, May 1939, p. 38–41

‹Architectural Forum›, June 1940, p. 406–407

‹L'architecture d'aujourd'hui›, 1950, *29*, p. 17

‹Revista Nacional de Arquitectura›, 1952, *124*

Ausstellungen/Expositions:
Kopenhagen 1948; Zürich 1948; London 1957; Zürich 1958; Moscow 1960; Lisboa 1960; Jyväskylä 1962; Berlin 1963; Zürich 1964; Firenze 1965/66; Helsinki 1967; Stockholm 1969

Forestry Pavilion at the Agricultural Exhibition, Lapua, 1938
Forstwirtschaftlicher Pavillon, Landwirtschaftliche Ausstellung, Lapua
Pavillon de l'économie forestière à l'exposition d'agriculture de Lapua

‹The Architectural Review›, 1950, *638*, p. 78

‹ARK›, 1958, *1–2*, p. 32

Ausstellung/Exposition:
Zürich 1948

Extension of the University Library, Helsinki, 1938
Erweiterung der Universitätsbibliothek Helsinki
Extension de la bibliothèque universitaire de Helsinki

‹ARK›, 1938, *6*, p. 86–96

Finnish Pavilion at the New York World's Fair, 1938–39
Finnischer Pavillon, Weltausstellung New York
Pavillon finlandais à l'exposition universelle de New York

Aalto, ed. Girsberger (M, 1963)

Giedion, S., Space, Time and Architecture (A, 1941)

Zevi, B., Storia dell'architettura moderna (A, 1953)

Dorfles, G., L'architettura moderna (A, 1954)

Giedion, S., Über A. Aaltos Werk (E, 1948)

Schildt, G., Alvar Aalto (E, 1964)

‹ARK›, 1939, p. 116–126

‹Byggmästaren›, 1939, *34*, p. 420–426

‹L'architecture d'aujourd'hui›, 1950, *29*, p. 24–25

‹Revista Nacional de Arquitectura›, 1952, *124*

Ausstellungen/Expositions:
Kopenhagen 1948; Zürich 1948; Stockholm 1954; Moscow 1960; Jyväskylä 1962; Hamburg 1963; Berlin 1963; Zürich 1964; Firenze 1965/66; Torino 1966

Anjala Paper Factory, Inkeroinen, 1938
Papierfabrik Anjala, Inkeroinen
Usine de papier Anjala à Inkeroinen

Neuenschwander, E. et C., Atelier Alvar Aalto (M, 1954), p. 82–87

Essays on Individual Works
Aufsätze über einzelne Werke
Articles sur certains œuvres

Industrial Architecture in Finland
(FA, 1952)

Ausstellungen/Expositions:
Kopenhagen 1948; Zürich 1948

Anjala Apartment Buildings, Inkeroinen, 1938–39
Miethäuser Anjala, Inkeroinen
Immeubles locatifs Anjala à Inkeroinen

    Thomson, E., Den finske arkitekt A. Aalto
    (E, 1947), p. 9–11

    Ausstellung/Exposition:
    Zürich 1948

Villa ‹Mairea›, Noormarkku, 1938–39
Villa ‹Mairea›, Noormarkku
Villa ‹Mairea› à Noormarkku

    Labò, G., Alvar Aalto (M, 1948)

    Gutheim, F., Alvar Aalto (M, 1960)

    Aalto, ed. Girsberger (M, 1963)

    Giedion, S., Space, Time and Architecture
    (A, 1941)

    Joedicke, J., Geschichte der modernen
    Architektur (A, 1958)

    Jacobus, J., Die Architektur unserer Zeit
    zwischen Revolution und Tradition
    (A, 1966)

    Wickberg, N. E., Architecture Finlandaise
    (FA, 1965)

    Pagano, G., Due Ville di A. Aalto
    (E, 1940), p. 26–29

    Giedion, S., Über Alvar Aaltos Werk
    (E, 1948), p. 269–276

    Schildt, G., Alvar Aalto (E, 1964)

    ‹ARK›, 1939, p. 134–137

    Koppel, N., Villa Mairea, ‹Arkitekten›,
    1940, p. 93–99

    ‹ARK›, 1947, 4–5, p. 64–67

    ‹L'architecture d'aujourd'hui›, 1950, 29,
    p. 21–23

    ‹L'architettura›, 1962, 78, p. 808–809

    ‹Domus›, 1956, 320, p. 13–20

    Cuatro obras maestras contemporaneas,
    ‹Taller›, Venezuela, 1965, 10

    Mosso, L., Alvar Aalto, ‹Il compasso›,
    ottobre 1966

    Ausstellungen/Expositions:
    Kopenhagen 1948; Zürich 1948; Stockholm 1954; London 1957; Jyväskylä 1962;
    Hamburg 1963; Berlin 1963; Zürich 1964;
    Firenze 1965/66; Torino 1966; Helsinki
    1967; Stockholm 1969

Ahlström Apartment Buildings, Karhula, 1939–45
Miethäuser Ahlström, Karhula
Immeubles locatifs Ahlström à Karhula

    Industrial Architecture in Finland
    (FA, 1952), p. 14

Haka Housing Development, Helsinki, 1940
Siedlung Haka, Helsinki
Cité d'habitation Haka, Helsinki

    ‹ARK›, 1941, 1, p. 12

    ‹Casabella›, maggio 1941, p. 46–47

Traffic Plan and Design of Erottaja Square,
Helsinki, 1940
Verkehrsplan und Platzgestaltung Erottaja, Helsinki
Plan de circulation et aménagement de la place
Erottaja à Helsinki

    ‹ARK›, 1942, 1, p. 9–10

Plan for an Experimental Town, 1941
Plan einer Experimentstadt
Plan pour une ville expérimentale

    Gutheim, F., Alvar Aalto (M, 1960),
    p. 19–20

    Giedion, S., Space, Time and Architecture
    (A, 1941), p. 572

Regional Plan for the Kokemäki Valley, 1941–42
Regionalplanung des Kokemäkitales
Aménagement régional de la vallée de Kokemäki

    ‹ARK›, 1943, 1–2, p. 7–10

    Kivinen, O., Berlin – New York – Bagdad,
    ‹Finnish Trade Review›, 1958, 103

Urban Design Project for Säynätsalo, 1942–46
Stadtplanung Säynätsalo
Projet d'urbanisation pour Säynätsalo

    Neuenschwander, E. et C., Atelier Alvar
    Aalto (M, 1954)

    Aalto, ed. Girsberger (M, 1963)

    Ray, S., L'architettura moderna nei paesi
    scandinavi (FA, 1965)

    ‹ARK›, 1953, 9–10, p. 150–158

    Ausstellungen/Expositions:
    Kopenhagen 1948; Zürich 1958; Firenze
    1965/66

Town Center, Oulu, 1943
Stadtzentrum, Oulu
Centre urbain d'Oulu

    Labò, G., Alvar Aalto (M, 1948)

    Giedion, S., Space, Time and Architecture
    (A, 1941), p. 574–576

    Aino et Alvar Aalto (E, 1948)

    ‹ARK›, 1943, 1–2, p. 2–5

    ‹L'architecture d'aujourd'hui›, 1950, 29,
    p. 31

    Ausstellungen/Expositions:
    Kopenhagen 1948; Zürich 1948; Firenze
    1965/66

Power Station Merikoski, Oulu, 1943
Kraftwerk Merikoski, Oulu
Centrale hydroélectrique à Merikoski, Oulu

    ‹ARK›, 1943, 1–2, p. 1

Town Center, Avesta, Sweden, 1944
Stadtzentrum Avesta, Schweden
Centre urbain d'Avesta, Suède

    Aino et Alvar Aalto (E, 1948)

    ‹ARK›, 1944, 10, p. 108–113

Urban Design Project for Rovaniemi, 1944–45
Stadtplanung Rovaniemi
Projet d'urbanisation pour Rovaniemi

    Dorfles, G., L'architettura moderna
    (A, 1954)

    Benevolo, L., Storia dell'architettura
    moderna (A, 1964)

    Aino et Alvar Aalto (E, 1948)

    ‹ARK›, 1945, 11–12, p. 127–146

    ‹Metron›, febbraio 1946, 7, p. 15–21

    ‹Werk›, 1946, 4, p. 102–106

    ‹L'architecture d'aujourd'hui›, 1950, 29,
    p. 32

    Marcolli, A., Incontro con Alvar Aalto,
    Firenze 1965

    ‹Arte Oggi›, 1966, 25/26, p. 50–64

    Ausstellungen/Expositions:
    Kopenhagen 1948; Zürich 1948

Ahlström Mechanical Workshop, Karhula, 1944–45
Mechanische Werkstatt Ahlström, Karhula
Atelier mécanique Ahlström à Karhula

    Industrial Architecture in Finland
    (FA, 1952), p. 12

Strömberg Meter Factory, Vaasa, 1944–47
Zählerfabrik Strömberg, Vaasa
Usine de compteurs Strömberg à Vaasa

    Industrial Architecture in Finland
    (FA, 1952), p. 31–32

    Giedion, S., Über A. Aaltos Werk
    (E, 1948), p. 269–278

    Ausstellung/Exposition:
    Kopenhagen 1948

Strömberg Row Housing, Vaasa, 1944–47
Reihenhäuser Strömberg, Vaasa
Habitations en série Strömberg à Vaasa

>Labò, G., Alvar Aalto (M, 1948)

>Industrial Architecture in Finland (FA, 1952), p. 33

>Giedion, S., Über A. Aaltos Werk (E, 1948), p. 269–278

>Ausstellung/Exposition:
>Zürich 1948

Artek Exhibition Pavilion, Hedemora, 1945
Ausstellungspavillon Artek, Hedemora
Pavillon d'exposition Artek à Hedemora

>Labò, G., Alvar Aalto (M, 1948)

>Giedion, S., Über A. Aaltos Werk (E, 1948), p. 269–278

>‹ARK›, 1946, 7–8, p. 91–94

>Bill, M., Ausstellungen, ‹Werk›, März 1948

>Reichow, H. B., Organische Baukunst, Georg Westermann, Braunschweig 1949, p. 141

>Ausstellungen/Expositions:
>Kopenhagen 1948; Zürich 1948

Sauna, Kauttua, 1945
Sauna, Kauttua
Sauna à Kauttua

>Industrial Architecture in Finland (FA, 1952)

>Aino et Alvar Aalto (E, 1948)

>‹ARK›, 1947, 4–5, p. 78–80

Sawmill, Varkaus, 1945–46
Sägerei, Varkaus
Scierie à Varkaus

>Aalto, ed. Girsberger (M, 1963), p. 132–133

>Joedicke, J., Geschichte der modernen Architektur (A, 1958)

>Industrial Architecture in Finland (FA, 1952), p. 46–47

>Aino et Alvar Aalto (E, 1948), p. 25

>Giedion, S., Über A. Aaltos Werk (E, 1948)

>Aalto, Works 1923–1958 (E, 1958)

>‹L'architecture d'aujourd'hui›, 1950, 29, p. 26

>‹Revista Nacional de Arquitectura›, 1952, 124

>Sekler, F., Europäische Architektur seit 1945, ‹Der Aufbau›, 1952, 6, p. 213–234

>Ausstellung/Exposition:
>Zürich 1948

One-Family Housing Development, Varkaus, 1945–46
Einfamilienhaussiedlung, Varkaus
Ensemble d'habitations familiales à Varkaus

>Industrial Architecture in Finland (FA, 1952), p. 46–48

Heimdal Housing Development, Nynäshamn, Sweden, 1946
Siedlung Heimdal, Nynäshamn, Schweden
Cité d'habitation Heimdal à Nynäshamn, Suède

>‹ARK›, 1946, 7–8, p. 83–87

>Reichow, H. B., Organische Baukunst, Georg Westermann, Braunschweig 1949, p. 50, 61

>‹The Architectural Review›, 1950, 640, p. 271

Town Hall, Nynäshamn, 1946
Stadthaus, Nynäshamn
Hôtel de ville de Nynäshamn

>‹Byggmästaren›, 1946, 4, p. 63–70

>Reichow, H. B., Organische Baukunst, Georg Westermann, Braunschweig 1949, p. 39

One-Family House, Pihlava, 1946
Einfamilienhaus, Pihlava
Maison familiale à Pihlava

>Industrial Architecture in Finland (FA, 1952), p. 44

Sauna and Laundry Strömberg, Vaasa, 1947
Sauna und Wäscherei Strömberg, Vaasa
Sauna et blanchisserie Strömberg à Vaasa

>Labò, G., Alvar Aalto (M, 1948), p. 41–42

>Aino et Alvar Aalto (E, 1948), p. 5

>Giedion, S., Über A. Aaltos Werk (E, 1948), p. 269–278

>Carbonara, P., Architettura pratica, 3, Torino 1958, p. 1548

>Ausstellung/Exposition:
>Kopenhagen 1948

M.I.T. Senior Dormitory, Cambridge (Mass.), USA, 1947–48
M.I.T. Senior Dormitory, Cambridge (Mass.), USA
M.I.T. Senior Dormitory, Cambridge (Mass.), EUA

>Gutheim, F., Alvar Aalto (M, 1960)

>Aalto, ed. Girsberger (M, 1963)

>Futagawa, Y., Ashihara, Y., Muto, A., Alvar Aalto (M, 1968), p. 32–35

>Giedion, S., Space, Time and Architecture (A, 1941), p. 491, 556–562

>Dorfles, G., L'architettura moderna (A, 1954)

>Joedicke, J., Geschichte der modernen Architektur (A, 1958)

>Jacobus, J., Die Architektur unserer Zeit zwischen Revolution und Tradition (A, 1966), p. 54, 177

>Richards, J. M., A Guide to Finnish Architecture (FA, 1966)

>Giedion, S., Über A. Aaltos Werk (E, 1948)

>Smithson, P., Alvar Aalto and the Ethos of the Second Generation (E, 1967)

>‹Architectural Record›, December 1947

>‹USA, Suomi-Finland›, 1948, 1

>‹Architectural Forum›, August 1949, p. 61–69

>‹L'architecture d'aujourd'hui›, 1950, 29, p. 27–30

>‹ARK›, 1950, 4, p. 53–64

>‹Domus›, 1951, 257, p. 49

>‹Revista Nacional de Arquitectura›, 1952, 124

>Dober, R. P., Campus Planning. Reinhold Publishing Co., Cambridge/Mass. (USA), 1963

>‹Progressive Architecture›, March 1965, p. 157

>Ausstellungen/Expositions:
>Stockholm 1954; Zürich 1964; Firenze 1965/66; Helsinki 1967; Stockholm 1969

Regional Plan for Imatra, 1947–53
Regionalplanung Imatra
Plan d'aménagement régional d'Imatra

>Neuenschwander, E. et C., Atelier Alvar Aalto (M, 1954)

>Gutheim, F., Alvar Aalto (M, 1960)

>Aalto, ed. Girsberger (M, 1963)

>Industrial Architecture in Finland (FA, 1952)

>Becker, H. J., Schlote, W., Neuer Wohnbau in Finnland (FA, 1958)

>Städtebau in Finnland (FA, 1966)

>Aalto, Works 1923–1958 (E, 1958)

>‹ARK›, 1957, 1–2, p. 19–24

>Imatra. Print Oy, Helsinki 1957

>‹Werk›, 1959, 11, p. 400–403

Essays on Individual Works
Aufsätze über einzelne Werke
Articles sur certains œuvres

Aalto, A., Der Stadtplan von Imatra
(AA, 1959)

Ausstellungen/Expositions:
London 1957; Moscow 1960; Lisboa 1960;
Zürich 1964

Forum redivivum, Cultural and Administrative Center,
Helsinki, 1948
Forum redivivum, Kultur- und Verwaltungszentrum
Helsinki
Forum redivivum, centre culturel et administratif
à Helsinki

Aalto, ed. Girsberger (M, 1963)

Baruël, J. J., Alvar Aalto (E, 1950),
p. 122, 125, 128

‹ARK›, 1950, *1–2*, p. 3–5

Marcolli, A., Incontro con Alvar Aalto.
Firenze 1965

‹Arte Oggi›, 1966, *25/26*, p. 50–64

Ahlström Factory Warehouse, Karhula, 1949
Lagerhallen der Fabrik Ahlström, Karhula
Entrepôts des usines Ahlström à Karhula

Neuenschwander, E. et C., Atelier Alvar
Aalto (M, 1954), p. 72–82

Industrial Architecture in Finland (FA, 1952)

Baruël, J. J., Alvar Aalto (E, 1950)

Aalto, Works 1923–1958 (E, 1958), p. 32

‹Werk›, 1951, *4*, p. 112–115

‹ARK›, 1956, *6–7*, p. 94–97

General Plan of the Finnish Institute of Technology,
Otaniemi, Helsinki, 1949
Gesamtplan der Technischen Universität Otaniemi,
Helsinki
Plan d'ensemble de l'école polytechnique de Finlande
à Otaniemi, Helsinki

Neuenschwander, E. et C., Atelier Alvar
Aalto (M, 1954)

Aalto, ed. Girsberger (M, 1963)

Baruël, J. J., Alvar Aalto (E, 1950)

Aalto, Works 1923–1958 (E, 1958)

‹ARK›, 1949, *9–10*, p. 131–138

‹ARK›, 1950, *4*, p. 65–66

‹L'architecture d'aujourd'hui›, 1954, *54*,
p. 69–71

‹Casabella›, 1954, *200*, p. 16

Kivinen, O., Berlin – New York – Bagdad,
‹Finnish Trade Review›, 1958, *3*

Ausstellungen/Expositions:
London 1957; Zürich 1958; Helsinki 1958;
Moscow 1960; Firenze 1965/66

Sports Hall, Otaniemi, Helsinki, 1949–54
Sporthalle Otaniemi, Helsinki
Halle des sports à Otaniemi, Helsinki

Neuenschwander, E. et C., Atelier Alvar
Aalto (M, 1954), p. 122–133

Aalto, ed. Girsberger (M, 1963),
p. 208–209

Alcune recenti opere di A. Aalto (E, 1954)

Heid G., Der Baumeister A. Aalto
(E, 1956)

Aalto, Works 1923–1958 (E, 1958)

Mosso, L., La luce nell'architettura di
Alvar Aalto (E, 1960)

‹Arkitekten›, 1954, *U 31*, p. 241–243

Aalto, A., Puu Rakennusaineena, ‹ARK›,
1956, *6–7*, p. 98

‹Cuadernos de arquitectura›, 1960, *39*

Ausstellungen/Expositions:
London 1957; Firenze 1965/66

Church, Lahti, 1950
Kirche, Lahti
Eglise à Lahti

Baruël, J. J., Alvar Aalto (E, 1950)

‹ARK›, 1950, *3*, p. 33–35

Ausstellung/Exposition:
Firenze 1965/66

Malm Funeral Chapel, Helsinki, 1950
Abdankungskapelle Malm, Helsinki
Chapelle funéraire de Malm à Helsinki

Aalto, ed. Girsberger (M, 1963), p. 160–163

Aalto, Works 1923–1958 (E, 1958)

Mosso, L., Letture di Aalto (E, 1965), p. 11

‹ARK›, 1951, *1*, p. 11–15

Ausstellungen/Expositions:
Zürich 1964; Firenze 1965/66

Kivelä Hospital, Helsinki, 1950
Spital Kivelä, Helsinki
Hôpital de Kivelä à Helsinki

‹ARK›, 1951, *8*, p. 101, 108–109

Town Hall, Säynätsalo, 1950–52
Stadthaus Säynätsalo
Hôtel de ville de Säynätsalo

Aalto, A., R.I.B.A. Annual Discourse,
1957 (AA, 1957)

Neuenschwander, E. et C., Atelier Alvar
Aalto (M, 1954), p. 148–191

Aalto, ed. Girsberger (M, 1963)

Futagawa, Y., Ashihara, Y., Muto, A.,
Alvar Aalto (M, 1968), p. 36–43

Dorfles, G., L'architettura moderna
(A, 1954)

Joedicke, J., Geschichte der modernen
Architektur (A, 1958)

Mosso, L., Alvar Aalto, in: Enciclopedia
dell'architettura moderna (A, 1967), p. 34

Rossi, O., Alvar Aalto (A, 1968), p. 3–8,
80–81, 101–102

Rogers, E. N., Esperienze dell'architettura
(A, 1969)

Wickberg, N. E., Architecture Finlandaise
(FA, 1965)

Suhonen, P., Neue Architektur in Finnland
(FA, 1967)

Schimmerling, A., Finlande (E, 1954)

Banham, R., The One and the Few
(E, 1957)

Mosso, L., La luce nell'architettura di
Alvar Aalto (E, 1960)

Schildt, G., Alvar Aalto (E, 1964)

Aalto Revisited (E, 1966), p. 71–78

Alvar Aalto, ‹Modulus 67›, (E, 1967),
p. 3–4

Lundahl, G., Alvar Aalto (E, 1969),
p. 226–227

‹ARK›, 1953, *9–10*, p. 149–150

‹L'architecture d'aujourd'hui›, 1954, *54*,
p. 72–75

‹Casabella›, 1954, *200*, p. 8–12

‹Arkitekten›, 1954, p. 114–120

‹Architectural Forum›, April 1954,
p. 148–151

Carpanelli, F., Come si costruisce oggi nel
mondo, Hoepli, Milano 1955, p. 1–17

Schildt, G., Alvar Aalto, ‹Finland–
England›, 1957

Schildt, G., Alvar Aalto, ‹Finnische
Handelsrundschau›, Dezember 1957

Brawne, M., Libraries, ‹The Architectural
Review›, 1961, *776*, p. 248

Schildt, G., L'architecture finlandaise
d'aujourd'hui, ‹La Maison›, 1962, *9*

Norberg-Schulz, C., Architektur heute,
‹Werk›, 1964, *3*, p. 108

Alvar Aalto, ‹Enciclopedia Universale
Rizzoli Larousse›, Milano 1966

‹Sele Arte›, 1957, *29*, p. 42–43, 62

Hofmann, W., Kultermann, U., Baukunst unserer Zeit, Burkhard, Essen 1969

Ausstellungen/Expositions:
Stockholm 1954; London 1957; Zürich 1958; Moscow 1960; Lisboa 1960; Jyväskylä 1962; Berlin 1963; Firenze 1965/66; Helsinki 1967; Stockholm 1969

Equipment of the MS Finntrader, 1951
Ausstattung des MS Finntrader
Equipement du MS Finntrader

〈ARK〉, 1952, *1*, p. 1–3

Erottaja Pavilion, Helsinki, 1951
Pavillon Erottaja, Helsinki
Pavillon Erottaja à Helsinki

Neuenschwander, E. et C., Atelier Alvar Aalto (M, 1954), p. 109–111

〈ARK〉, 1952, *1*, p. 3–6

Regional Theater, Kuopio, 1951
Regionaltheater, Kuopio
Théâtre régional à Kuopio

Aalto, ed. Girsberger (M, 1963), p. 152–153

Aalto, Works 1923–1958 (E, 1958), p. 34

Mosso, L., 〈Il Compasso〉, Torino, ottobre 1966

Ausstellungen/Expositions:
Firenze 1965/66; Torino 1966

Enso-Gutzeit Paper Factory, Kotka, 1951
Papierfabrik Enso-Gutzeit, Kotka
Usine de papier Enso-Gutzeit à Kotka

Neuenschwander, E. et C., Atelier Alvar Aalto (M, 1954), p. 88–90

Rautatalo Office Building, Helsinki, 1951, 1953–55
Geschäftshaus Rautatalo, Helsinki
Bâtiment commercial Rautatalo à Helsinki

Aalto, A., The R.I.B.A. Annual Discourse, 1957 (AA, 1957)

Aalto, ed. Girsberger (M, 1963), p. 154–159

Futagawa, Y., Ashihara, Y., Muto, A., Alvar Aalto (M, 1968), p. 44–45

Joedicke, J., Geschichte der modernen Architektur (A, 1958)

Smith, G. E. K., The New Architecture of Europe (A, 1961), p. 247

Wickberg, N. E., Finnische Baukunst (FA, 1963), p. 148–149

Ray, S., L'architettura moderna nei paesi scandinavi (FA, 1965)

Wickberg, N. E., Architecture Finlandaise (FA, 1965)

Suhonen, P., Neue Architektur in Finnland (FA, 1967)

Heid, G., Der Baumeister A. Aalto (E, 1956)

Baruël, J. J., Konstruktivform (E, 1956)

Banham, R., The One and the Few (E, 1957)

Aalto, Works 1923–1958 (E, 1958)

Mosso, L., La luce nell'architettura di Alvar Aalto (E, 1960), p. 78–83

〈Finland–England〉, 1952

〈ARK〉, 1955, *9*, p. 128–137

〈Casabella〉, 1955, *208*, p. 6–15

〈L'architecture d'aujourd'hui〉, 1957, *70*, p. 70–73

〈Werk〉, 1957, *3*, p. 103–108

〈Cuadernos de arquitectura〉, 1960, *39*

〈Kindai kenchiku〉, April 1965

Mosso, L., Alvar Aalto, 〈Il compasso〉, ottobre 1966

Ausstellungen/Expositions:
Århus 1955; London 1957; Zürich 1958; Helsinki 1958; Moscow 1960; Lisboa 1960; Jyväskylä 1962; Berlin 1963; Stockholm 1963; Zürich 1963; Firenze 1965/66; Torino 1966; Helsinki 1967; Stockholm 1969

Cemetery and Funeral Chapel, Kongens Lyngby, Kopenhagen, 1951
Friedhof mit Kapelle, Kongens Lyngby, Kopenhagen
Cimetière et chapelle funéraire de Kongens Lyngby, Copenhague

Aalto, ed. Girsberger (M, 1963), p. 164–167

Lassen, F., Alvar Aalto (E, 1953)

Schimmerling, A., Finland (E, 1954)

Aalto, Works 1923–1958 (E, 1958)

Mosso, L., Letture di Alvar Aalto (E, 1965), p. 9–34

Pedersen, J., 〈Arkitekten〉, 1954, *U 19*, p. 145–151

〈Byplan〉, 1952/53, p. 66–69

〈Casabella〉, 1954, *200*, p. 14

〈L'architecture d'aujourd'hui〉, 1954, *54*, p. 66–67

Ausstellungen/Expositions:
Zürich 1958; Berlin 1963; Zürich 1958; Berlin 1963; Zürich 1964; Firenze 1965/66

Typpi OY Sulphate Factory, Oulu, 1951–52
Sulfatfabrik Typpi OY, Oulu
Usine de sulfate Typpi OY à Oulu

Neuenschwander, E. et C., Atelier Alvar Aalto (M, 1954), p. 91–99

Aalto, Works 1923–1958 (E, 1958)

Building of the Association of Finnish Engineers, Helsinki, 1952
Haus des Verbandes der Finnischen Ingenieure, Helsinki
Maison de l'association des ingénieurs finlandais à Helsinki

Aalto, A., Zwischen Humanismus und Materialismus (AA, 1956)

Neuenschwander, E. et C., Atelier Alvar Aalto (M, 1954), p. 100–108

Dorfles, G., L'architettura moderna (A, 1954)

Alcune recenti opere di A. Aalto (E, 1954), p. 4–17

Schimmerling, A., Finland (E, 1954)

Aalto, Works 1923–1958 (E, 1958)

〈Arkitekten〉, 1954, *U 31*, p. 244–245

〈L'architecture d'aujourd'hui〉, 1954, *54*, p. 76

Enso-Gutzeit Country Club, Kallvik, 1952
Country Club Enso-Gutzeit, Kallvik
Country Club Enso-Gutzeit à Kallvik

〈L'architecture d'aujourd'hui〉, 1955, *61*, p. 102–103

Church, Seinäjoki, 1952, 1958–60
Kirche Seinäjoki
Eglise à Seinäjoki

Aalto, ed. Girsberger (M, 1963), p. 230–232

Futagawa, Y., Ashihara, Y., Muto, A., Alvar Aalto (M, 1968), p. 83–87, 90–93

Aalto, Works 1923–1958 (E, 1958)

Gutheim, F., Alvar Aalto Today (E, 1963)

Rubino, L., La ricerca incompiuta di Alvar Aalto (E, 1962), p. 805–828

〈Casabella〉, 1959, *230*, p. 6, 11–12

〈Cuadernos d'arquitectura〉, 1959, *39*, p. 57

〈L'architecture d'aujourd'hui〉, 1960/61, *93*, p. 14–15

〈L'architettura〉, 1962, *78*, p. 824–827

〈Viikko〉, 1963, *10*, p. 35–37

〈Edilizia moderna〉, 1963, *80*, p. 116–117

〈L'architecture d'aujourd'hui〉, 1967, *135*, p. 6–7

Ausstellungen/Expositions:
Jyväskylä 1962; Berlin 1963; Helsinki 1963; Zürich 1964; Firenze 1965/66; Helsinki 1967; Stockholm 1969

Housing for the Personnel of the Public Pensions Institute, Munkkiniemi, 1952–54
Wohnsiedlung für das Personal der Volkspensions-anstalt, Munkkiniemi
Logements pour le personnel de l'institut des retraites populaires à Munkkiniemi

    Futagawa, Y., Ashihara, Y., Muto, A., Alvar Aalto (M, 1968), p. 46–55

    Smith, G. E. K., The New Architecture of Europe (A, 1961), p. 246

    Jacobus, J., Die Architektur unserer Zeit (A, 1966), p. 175

    Becker, H. J., Schlote, W., Neuer Wohnbau in Finnland (FA, 1958), p. 86–89

    Aalto, Works 1923–1958 (E, 1958), p. 34

    Baruël, J. J., Vinterbyggeri i Finland, ‹Arkitekten›, 1956, *U 11*, p. 89–92

    ‹ARK›, 1957, *3*, p. 33–36

    ‹Brick & Tile›, July-August 1963

    Ausstellung/Exposition:
    Firenze 1965/66

Public Pensions Institute, Helsinki, 1952–56
Volkspensionsanstalt Helsinki
Institut des retraites populaires à Helsinki

    Aalto, A., R.I.B.A. Annual Discourse, 1957 (AA, 1957)

    Gutheim, F., Alvar Aalto (M, 1960), p. 26

    Aalto, ed. Girsberger (M, 1963), p. 176–187

    Benevolo, L., Storia dell'architettura moderna (A, 1964)

    Schildt, G., L'architecture finlandaise (FA, 1962)

    Ray, S., L'architettura moderna nei paesi scandinavi (FA, 1965)

    Wickberg, N. E., Architecture Finlandaise (FA, 1965)

    Suhonen, P., Neue Architektur in Finnland (FA, 1967)

    Alcune recenti opere di A. Aalto (E, 1954)

    Banham, R., The One and the Few (E, 1957)

    Santini, P. C., Schildt, G., Alvar Aalto from Sunila to Imatra (E, 1958), p. 52–59

    Burchard, J. E., Finland and Architect Alvar Aalto (E, 1959)

    Aalto Revisited (E, 1966)

    ‹Casabella›, 1954, *200*, p. 13

    ‹L'architecture d'aujourd'hui›, 1955, *63*, p. 100

    Mosso, L., Edificio per l'assistenza statale ai pensionati, ‹Casabella›, 1957, *217*, p. 11–21

    Giedion, S., Alvar Aalto 60 Jahre?, ‹ARK›, 1958, *1–2*, p. 1–2, p. 4–26

    Vindigni, G., Tre nuove opere di A. Aalto in Finlandia, ‹L'architettura›, 1958, *28*, p. 678–689

    Huber, B., ‹Werk›, 1958, *7*, p. 221–226

    Brawne, M., Looking Up, ‹The Architectural Review›, 1958, *740*, p. 161–170

    ‹L'architecture d'aujourd'hui›, 1959, *82*

    Wickberg, N. E., Finnische Baukunst (FA, 1963)

    ‹Arkitektur›, 1959, *3*

    ‹Architectural Forum›, February 1960, p. 121–122

    ‹Cuadernos de arquitectura›, 1960, *39*

    ‹Arhitektura S.S.S.R.›, 1961, *7*

    ‹L'architettura›, 1962, *78*, p. 811

    ‹L'architecture d'aujourd'hui›, 1964/65, *117*

    Mosso, L., Alvar Aalto, ‹Il compasso›, ottobre 1966

    Ausstellungen/Expositions:
    London 1957; Zürich 1958; Helsinki 1958; Moscow 1960; Lisboa 1960; Jyväskylä 1962; Berlin 1963; Hamburg 1963; Zürich 1964; Firenze 1965/66; Torino 1966; Helsinki 1967; Stockholm 1969

Pedagogical University, Jyväskylä, 1952–57
Pädagogische Universität, Jyväskylä
Université pédagogique à Jyväskylä

    Aalto, ed. Girsberger (M, 1963), p. 194–199

    Gutheim, F., Alvar Aalto (M, 1960), p. 27–28

    Futagawa, Y., Ashihara, Y., Muto, A., Alvar Aalto (M, 1968), p. 64–67

    Alcune recenti opere di A. Aalto (E, 1954), p. 15

    Santini, P. C., Schildt, G., Alvar Aalto from Sunila to Imatra (E, 1958), p. 46–51

    Aalto, Works 1923–1958 (E, 1958)

    ‹L'architecture d'aujourd'hui›, 1954, *54*, p. 67–68

    ‹Casabella›, 1954, *200*, p. 14–15

    Sievänen, R., Asuntola yliopiston osana, ‹Kaunis Koti›, 1957, *5*, p. 28–32

    Vindigni, G., Tre nuove opere di A. Aalto in Finlandia, ‹L'architettura›, 1958, *28*, p. 668–677

    ‹Arkitektur›, 1959, *3*

    ‹Architectural Forum›, February 1960, p. 116–117

    ‹Cuadernos de arquitectura›, 1960, *39*

    ‹L'architettura›, 1962, *78*, p. 811

    Hausen, M., Public Interiors, ‹Designed in Finland›, 1967, p. 17

    Ausstellungen/Expositions:
    Helsinki 1958, 1962; Firenze 1965/66; Helsinki 1967; Stockholm 1969

Sports and Congress Hall Vogelweidplatz, Vienna, 1953
Sport- und Kongreßhalle Vogelweidplatz, Wien
Halle des sports et de congrès Vogelweidplatz à Vienne

    Aalto, ed. Girsberger (M, 1963)

    Aalto, Works 1923–1958 (E, 1958)

    Mosso, L., La luce nell'architettura di A. Aalto (E, 1960), p. 97

    Mosso, L., Il Vogelweidplatz di Alvar Aalto (E, 1966), p. 7–51

    ‹ARK›, 1954, *12*, p. 201–209

    ‹Architectural Review›, 1960, *758*, p. 221

    Borsi, F., Il segno di Aalto, ‹Casabella›, 1965, *299*, p. 58–59

    Ausstellungen/Expositions:
    Jyväskylä 1962; Berlin 1963; Zürich 1964; Firenze 1965/66

Imatra Center Design Project, 1953
Zentrumsplanung Imatra
Aménagement du centre de la ville d'Imatra

    Neuenschwander, E. et C., Atelier Alvar Aalto (M, 1954), p. 141–147

    Imatra. Print Oy, Helsinki 1957, p. 83

    ‹ARK›, 1957, *1–2*, p. 21

    ‹Cuadernos de arquitectura›, 1960, *39*

Architect's Summer House, Muuratsalo, 1953
Sommerhaus des Architekten, Muuratsalo
Maison d'été de l'architecte à Muuratsalo

    Aalto, A., Zwischen Humanismus und Materialismus (AA, 1956)

Aalto, ed. Girsberger (M, 1963),
p. 200–203

Mosso, L., Note storico-critiche sull'architettura finlandese (FA, 1960)

Alcune recenti opere di A. Aalto
(E, 1954), p. 4–7

Heid, G., Der Baumeister A. Aalto
(E, 1956)

Baruël, J. J., Konstruktivform (E, 1956)
p. 2–5

Aalto, Works 1923–1958 (E, 1958)

Burchard, J. E., Finland and Architect Aalto (E, 1959)

‹L'architecture d'aujourd'hui›, 1954, *54*, p. 58–59

‹ARK›, 1954, *9–10*, p. 160–163

‹Architectural Forum›, April 1954, p. 152–153

‹Casabella›, 1954, *200*, p. 6–7

Walt, H., Anwendung und Verarbeitung von Sichtmauerwerk, ‹Werk›, 1959, *3*

‹Cuadernos de arquitectura›, 1960, *39*

Ruusuvuori, A., Omakotikirja, úusia pientaloja, Helsinki 1961

Webjörn, T., Om Arkitektkontor, ‹Arkitektur›, 1961, *1*

‹Brick & Tile›, 1963, *4*

Aalto, ‹Enciclopedia Universale Rizzoli Larousse›, Milano 1966

Mosso, L., Alvar Aalto, ‹Il compasso› ottobre 1966

Ausstellungen/Expositions:
Stockholm 1954; Århus 1955; Zürich 1958; Moscow 1960; Berlin 1963; Zürich 1964; Firenze 1965/66; Torino 1966

Studio R.S., Como, 1954
Atelierhaus R.S., Como
Atelier R.S. à Como

Santini, P. C., Casa per un designer a Milano (E, 1958), p. 30–40

‹Cuadernos de arquitectura›, 1960, *39*, p. 38

Architect's Studio, Munkkiniemi, 1955
Atelier des Architekten, Munkkiniemi
Atelier de l'architecte à Munkkiniemi

Aalto, ed. Girsberger (M, 1963)

Mosso, L., Il nuovo studio di A. Aalto a Munkkiniemi (E, 1957), p. 22–27

Aalto, Works 1923–1958 (E, 1958)

Mosso, L., La luce nell'architettura di A. Aalto (E, 1960), p. 88–93

‹ARK›, 1959, *12*, p. 217–223

Moser, W., Die Arbeit im Atelier A. Aalto, ‹Werk›, 1959, *11*, p. 392–396

‹Arkitektur›, 1960, *1*, p. 1

‹Cuadernos de arquitectura›, 1960, *33*

‹L'architecture d'aujourd'hui›, 1960/61, *93*, p. 6–9

Five works by Alvar Aalto, ‹Kokusai-Kentiku›, 1961, *5*

Ausstellungen/Expositions:
London 1957; Helsinki 1958; Firenze 1965/66

Apartment Building in the Hansaviertel, Berlin, 1955–57
Miethaus im Hansaviertel, Berlin
Immeuble locatif du quartier de la Hansa à Berlin

Aalto, ed. Girsberger (M, 1963), p. 168–173

Futagawa, Y., Ashihara, Y., Muto, A., Alvar Aalto (M, 1968), p. 56–57

Joedicke, J., Geschichte der modernen Architektur (A, 1958)

Mosso, L., Note storico-critiche sull'architettura finlandese (FA, 1960)

Ray, S., L'architettura moderna nei paesi scandinavi (FA, 1965)

Aalto, Works 1923–1958 (E, 1958)

‹Interbuild› (E, 1965), p. 38–39

Finnlands Haus im Hansaviertel, ‹Bauwelt›, 1956, *41*

Interbau Berlin 1957, Katalog/catalogue, p. 86–87

‹Bauen und Wohnen›, 1957, *7*

‹ARK›, 1957, *11–12*, p. 173–178

Wohnhochhäuser im Hansaviertel, ‹Der Aufbau›, 1957, *5*

‹Architektur und Wohnform›, 1957, *5*

‹Baumeister›, 1957, *8*

Conrads, U., Revolution, Evolution, Konvention, ‹Zodiac›, 1957, *1*

Veronesi, G., Dalla Weissenhof alla Interbau, ‹Comunità›, agosto-settembre, 1957

De Bary, J., Interbau, ‹Œil›, 1957, *31–32*

‹Werk›, 1957, *11*, p. 206

‹Rytme›, 1958, *24*, p. 5

‹Werk›, 1958, *1*, p. 1–12

‹Casabella›, 1958, *218*, p. 20, 30–32

‹Die Kunst und das schöne Heim›, August 1958

‹Architektur und Wohnform›, 1958, *4*

‹Arhitektura S.S.S.R.›, 1961, *7*

Kühne, G., Alvar Aalto baut in Deutschland, ‹Bauwelt›, Oktober 1962

‹Interbuild›, London 1965, Vol. 2, *5*, p. 38–39

Ausstellungen/Expositions:
Zürich 1958; Helsinki 1958; Moscow 1960; Lisboa 1960; Jyväskylä 1962; Berlin 1963; Zürich 1964; Firenze 1965/66; Helsinki 1967; Stockholm 1969

Town Hall, Göteborg, 1955 und 1957
Stadthaus Göteborg
Hôtel de ville de Göteborg

Aalto, Works 1923–1958 (E, 1958)

Mosso, L., La luce nell'architettura di A. Aalto (E, 1960), p. 66–117

Thiberg, S., Konkurrence om Kommunale forvaltningsbygninger i Göteborg, ‹Arkitekten›, 1955, p. 356–357

Ausstellungen/Expositions:
Helsinki 1958; Firenze 1965/66

Cultural Center, Helsinki, 1955–58
Kulturhaus, Helsinki
Maison de la culture à Helsinki

Gutheim, F., Alvar Aalto (M, 1960)

Aalto, ed. Girsberger (M, 1963)

Futagawa, Y., Ashihara, Y., Muto, A., Alvar Aalto (M, 1968), p. 58–63

Joedicke, J., Geschichte der modernen Architektur (A, 1958)

Smith, G. E. K., The New Architecture of Europe (A, 1961), p. 248

Jacobus, J., Die Architektur unserer Zeit (A, 1966), p. 145

Mosso, L., Alvar Aalto, in: Enciclopedia dell'architettura moderna (A, 1967), p. 34

Schildt, G., L'architecture finlandaise (FA, 1962)

Wickberg, N. E. Architecture Finlandaise (FA, 1965)

Ray, S., L'architettura moderna nei paesi scandinavi (FA, 1965)

Suhonen, P., Neue Architektur in Finnland (FA, 1967)

Santini, P.C. / Schildt, G., Alvar Aalto from Sunila to Imatra (E, 1958)

Mosso, L., La luce nell architettura di A. Aalto (E, 1960)

Schildt, G., Alvar Aalto (E, 1964)

Essays on Individual Works
Aufsätze über einzelne Werke
Articles sur certains œuvres

Smith, G. E. K., The Architecture of Alvar Aalto (E, 1965)

Mosso, L., Il Kulttuuritalo a Helsinki, ‹Casabella›, 1957, *217*, p. 7–10

Vindigni, G., Tre nuove opere di A. Aalto in Finlandia, ‹L'architettura›, 1958, *28*, p. 690–695

‹Bauen und Wohnen›, 1958, *9*

‹ARK›, 1959, *12*, p. 208–216

‹L'architecture d'aujourd'hui›, 1960/61, *93*, p. 1–15

‹Baukunst und Werkform›, 1959, *3*

‹Arkitektur›, 1959, *3*

‹The Architectural Review›, May 1959

‹Werk›, 1959, *11*, p. 397–399

‹Architectural Forum›, February 1960, p. 118–119

‹Cuadernos de arquitectura›, 1960, *39*

Five Works by Alvar Aalto, ‹Kokusai-Kentiku›, 1961, *5*

‹Arhitektura S.S.S.R.›, 1961, *7*

‹Deutsche Bauzeitschrift›, 1962, *1*

Mosso, L., Alvar Aalto, ‹Il compasso›, ottobre 1966

Ragon, M., Ästhetik der zeitgenössischen Architektur, Griffon, Neuchâtel 1968

Feuerstein, G., New Directions in German Architecture, Braziller, New York 1968

Ausstellungen/Expositions:
Zürich 1958; Helsinki 1958; Moscow 1960; Lisboa 1960; Berlin 1963; Zürich 1964; Firenze 1965/66; Torino 1966; Helsinki 1967; Stockholm 1969

Main Building of the Finnish Institute of Technology, Otaniemi, Helsinki, 1955–64
Hauptgebäude der Technischen Universität Otaniemi, Helsinki
Bâtiment principal de l'école polytechnique de Finlande à Otaniemi, Helsinki

Aalto, ed. Girsberger (M, 1963)

Futagawa, Y., Ashihara, Y., Muto, A., Alvar Aalto (M, 1968), p. 68–73

Van der Kellen, D., Eng, N. P., Illustrated International Architecture (A, 1967)

Moholy-Nagy, S., The Aging of Modern Architecture (A, 1967), p. 15–20

‹Modulus 1967› (E, 1967), p. 3–4

Wickberg, N. E., Architecture Finlandaise (FA, 1965)

Städtebau in Finnland (FA, 1966)

Suhonen, P., Neue Architektur in Finnland (FA, 1967)

Aalto Revisited (E, 1966)

‹Werk›, 1959, *11*, p. 369–391

‹Rakennustekniikka›, 1964, *9–10*

‹Architectural Record›, 1965, *4*, p. 169–176

‹Bauen und Wohnen›, 1965, *54*

‹Casabella›, 1965, *299*, p. 60–61

‹ARK›, 1966, *4*, p. 53–70

Mosso, L., Alvar Aalto, ‹Il compasso›, ottobre 1966

‹The Architectural Design›, December 1966, p. 619–622

Hausen, M., Public Interiors, ‹Designed in Finland›, Helsinki 1967, p. 17–20

‹Designed in Finland›, 1967, p. 18–20

‹L'architecture d'aujourd'hui›, 1967, *134*, p. 2–7

Schildt, G., The Sculptures of Alvar Aalto, Otava, Helsinki 1967

‹The Architectural Design›, February 1968, p. 57–60

Hofmann, W., Kultermann, U., Baukunst unserer Zeit, Burkhard, Essen 1969

Ausstellungen/Expositions:
London 1957; Helsinki 1958; Moscow 1960; Jyväskylä 1962; Berlin 1963; Zürich 1964; Firenze 1965/66; Torino 1966; Helsinki 1967; Stockholm 1969

Main Railroad Station, Göteborg, 1956
Hauptbahnhof Göteborg
Gare principale de Göteborg

Westman, T., Drottningtorget i Göteborg, ‹Byggmästaren›, 1957, *A6*, p. 133–134

Ausstellung/Exposition:
Firenze 1965/66

General Plan of the University of Oulu, 1956
Gesamtplan der Universität Oulu
Plan d'ensemble de l'université d'Oulu

Aalto, Works 1923–1958 (E, 1958), p. 35

Finnish Pavilion at the Biennale, Venice, 1956
Finnischer Pavillon, Biennale, Venedig
Pavillon finlandais à la Biennale de Venise

Aalto, Works 1923–1958 (E, 1958)

‹Sele arte›, 1955/56, *24*

‹Casabella›, 1956, *212*, p. 72

Bloc, A., La Biennale d'Art de Venise, ‹Aujourd'hui, art et architecture›, 1956, *9*

‹Domus›, 1956, *322*, p. 3–5

‹ARK›, 1956, *6–7*, p. 93

‹La Biennale di Venezia›, 1957, *27*, p. 7

Church, Vuoksenniska, 1956–58
Kirche Vuoksenniska
Eglise à Vuoksenniska

Aalto, ed. Girsberger (M, 1963)

Futagawa, Y., Ashihara, Y., Muto, A., Alvar Aalto (M, 1968), p. 74–81

Mosso, L., Alvar Aalto, ‹Knaurs Lexikon der modernen Architektur› (A, 1963)

Benevolo, L., Storia dell'architettura moderna (A, 1964)

Jacobus, J., Die Architektur unserer Zeit (A, 1966)

Mosso, L., Alvar Aalto, in: Enciclopedia dell'architettura moderna (A, 1967), p. 34

Rossi, O., Alvar Aalto (A, 1968)

Schildt, G., L'architecture finlandaise d'aujourd'hui (FA, 1962)

Ray, S., L'architettura moderna nei paesi scandinavi (FA, 1965)

Wickberg, N. E., Architecture Finlandaise (FA, 1965)

Suhonen, P., Neue Architektur in Finnland (FA, 1967)

Santini, P. C., Schildt, G., Alvar Aalto from Sunila to Imatra (E, 1958), p. 66–75

Burchard, J. E., Finland and Architect Alvar Aalto (E, 1959)

Rubino, L., La ricerca incompiuta di Alvar Aalto (E, 1962)

Smith, G. E. K., The Architecture of Alvar Aalto (E, 1965)

‹ARK›, 1958, *6–7*, p. 111

Mosso, L., Lo spazio organico di Imatra, ‹Casabella›, 1959, *230*, p. 7–23

‹ARK›, 1959, *12*, p. 194–207

Contemporary Churches, ‹Finlandia Review›, 1959

Moser, W., Die lutherische Kirche in Imatra, ‹Werk›, 1959, *8*

‹Cuadernos de arquitectura›, 1960, *39*, p. 28–30

Trebbi, G., Imatra, ‹Chiesa e Quartiere›, 1960, *14*

‹L'architecture d'aujourd'hui›, 1960/61, *93*, p. 10–13

Five Works by Alvar Aalto, ‹Kokusai-Kentiku›, 1961, *5*

‹L'architettura›, 1962, *78*, p. 813–819

Smith, G. E. K., New Churches in Europe. Architectural Press, London 1964

The Development by A. Aalto of the design for the church of Vuoksenniska, Imatra Finland 1964. Student Publications of the School of Design North Carolina State

Gutheim, F., Design in North Europe: Alvar Aalto, ‹Kindaikenchiku›, April 1965

‹The Architectural Review›, February 1965

‹Progressive Architecture›, September 1965, p. 176

‹Chiesa e Quartiere›, 1965, *36*, p. 46–51

Mosso, L., Alvar Aalto, ‹Il compasso›, ottobre 1966

Ginoulhiac, F. G. T., Tecnica e grafia nel disegno, Minerva Italica, Bergamo 1969

Ausstellungen/Expositions:
London 1957; Helsinki 1958; Zürich 1958; Moscow 1960; Lisboa 1960; Jyväskylä 1962; Berlin 1963; Helsinki 1963; Hamburg 1963; Zürich 1964; Firenze 1965/66; Torino 1966; Helsinki 1967; Stockholm 1969

Villa Louis Carré, Bazoches, Ile-de-France, 1956–58
Villa Louis Carré, Bazoches, Ile-de-France
Maison Louis Carré à Bazoches, Ile-de-France

Gutheim, F., Alvar Aalto (M, 1960)

Aalto, ed. Girsberger (M, 1963), p. 234–245

Mosso, L., Alvar Aalto, ‹Knaurs Lexikon der modernen Architektur› (A, 1963)

Mosso, L., Alvar Aalto, in: Enciclopedia dell'arte moderna (A, 1967), p. 34

Veronesi, G., Profili (A, 1969)

Schildt, G., L'architecture finlandaise (FA, 1962)

Wickberg, N. E., Architecture Finlandaise (FA, 1965)

Santini, P. C., Schildt, G., Alvar Aalto from Sunila to Imatra (E, 1958), p. 78–82

Mosso, L., Una casa di Alvar Aalto nei dintorni di Parigi (E, 1960), p. 4–18

Veronesi, G., Une maison de Aalto à Ile de France (E, 1960), p. 22–47

Mosso, L., La luce nell'architettura di Alvar Aalto (E, 1960)

Gutheim, F., Alvar Aalto Today (E, 1963)

Schildt, G., Alvar Aalto (E, 1964)

Habitations près de Paris, ‹L'architecture d'aujourd'hui›, 1960, *91–92*, p. 110–115

‹ARK›, 1961, *3*, p. 45–66

Perrochet, M., La maison de Alvar Aalto à Bazoches, ‹Werk›, Dezember 1960

‹Cuadernos de arquitectura›, 1960, *39*

‹The Architectural Review›, 1960, *760*, p. 366–367

Finnische Architekten bauen, ‹Bauwelt›, 1961, *36*, p. 1014

Borsi, F., Il segno di Aalto, ‹Casabella›, 1965, *299*, p. 56–60

Marcolli, A., Incontro con Alvar Aalto, Firenze 1965

‹Arte oggi›, 1966, *25/26*, p. 50–64

‹Lotus›, Milano, 1966–67, *1*

Ausstellungen/Expositions:
Jyväskylä 1962; Berlin 1963; Helsinki 1963; Hamburg 1963; Zürich 1964; Firenze 1965/66; Torino 1966; Helsinki 1967; Stockholm 1969

Kampementsbacken Housing Development, Stockholm, 1957
Siedlung Kampementsbacken, Stockholm
Cité d'habitation Kampementsbacken à Stockholm

Aalto, ed. Girsberger (M, 1963), p. 174

‹sar:s tävlingsblad›, 1959, *2*, p. 65–70

Town Hall, Marl, 1957
Rathaus Marl
Hôtel de ville de Marl

Indbut konkurrence om et rädhus i Marl, ‹Arkitekten›, 1958, *10*, p. 166–169

Hebebrand, W., Um die Marler Stadtkrone, ‹Bauwelt›, 1958, *14*, p. 315–327

Sundh Center, Avesta, 1957–61
Geschäftszentrum Sundh, Avesta
Centre commercial Sundh à Avesta

‹Cuadernos di arquitectura›, 1960, *34*, p. 56

Aalto, A., Byggnadsbeskrivning, ‹Arkitektur›, 1962, *5*, p. 137–140

Town Hall, Kiruna, 1958
Stadthaus Kiruna
Hôtel de ville de Kiruna

Aalto, ed. Girsberger (M, 1963), p. 216–217

Aalto, Works 1923–1958 (E, 1958)

‹sar:s tävlingsblad›, 1959, *4*

‹L'architettura›, 1966, *124*, p. 695

Ausstellung/Exposition:
Firenze 1965/66

Art Museum Aalborg, Denmark, 1958
Kunstmuseum Aalborg, Dänemark
Musée des Beaux-Arts à Aalborg, Danemark

Gutheim, F., Alvar Aalto (M, 1960)

Aalto, ed. Girsberger (M, 1963), p. 210–213

Santini, P. C., Schildt, G., Alvar Aalto from Sunila to Imatra (E, 1958), p. 76–77

Aalto, Works 1923–1958 (E, 1958)

Burchard, J. E., Finland and Architect Alvar Aalto (E, 1959)

‹Arkitekten›, 1958, *12*, p. 193–197

‹Casabella›, 1960, *236*, p. 50

‹Cuadernos de arquitectura›, 1960, *39*

Brawne, M., Il museo oggi, Edizioni di Comunità, Milano 1965, p. 75

Ausstellungen/Expositions:
Zürich 1948; Jyväskylä 1962; Berlin 1963; Helsinki 1963; Hamburg 1963; Zürich 1964; Firenze 1965/66

Art Museum Bagdad, 1958
Kunstmuseum Bagdad
Musée des Beaux-Arts à Bagdad

Aalto, Works 1923–1958 (E, 1958), p. 37

Kivinen, O., Berlin – New York – Bagdad, ‹Finnish Trade Review›, 1958, *103*

Ausstellungen/Expositions:
Zürich 1958; Jyväskylä 1962; Firenze 1965/66

Neue Vahr High-Rise Apartments, Bremen, 1958–62
Wohnhochhaus Neue Vahr, Bremen
Immeuble-tour Neue Vahr à Bremen

Gutheim, F., Alvar Aalto (M, 1960), p. 31

Aalto, ed. Girsberger (M, 1963), p. 258–259

Futagawa, Y., Ashihara, Y., Muto, A., Alvar Aalto (M, 1968), p. 56–57

Van der Kellen, D., Eng, N. P., Illustrated International Architecture (A, 1967), p. 452

Noyel, S., Linke, S., Reihenhäuser, Gruppenhäuser, Hochhäuser (A, 1968)

Mosso, L., Note storico-critiche sull'architettura finlandese (FA, 1960), p. 14–15

Smith, G. E. K., The Architecture of Alvar Aalto (E, 1965)

‹Architectural Forum›, February 1960, p. 119

‹The Architectural Review›, 1960, *765*, p. 318

Pehnt, W., Aalto in Deutschland, ‹Zodiac›, 1960, *7*

‹Rythme›, novembre, 1960, *32*

Five Works by Alvar Aalto, ‹Kokusai-Kentiku›, 1961, *5*

Kühne, G., Alvar Aalto baut in Deutschland, ‹Bauwelt›, 1962, *41*, p. 1148–1151

‹Bauen und Wohnen›, 1963, *11*

‹Edilizia moderna›, 1963, *80*

‹Architectural Forum›, March 1963, p. 124–125

‹Lotus Architectural Annual›, 1964/65, p. 72–75

‹DBZ Deutsche Bauzeitschrift›, 1965, *3*, p. 333–334

‹L'architecture d'aujourd'hui›, 1965, *120*

Koenig, G. K., La Germania di Aalto, ‹Casabella›, 1965, *299*, p. 54

Mosso, L., Alvar Aalto, ‹Il compasso›, ottobre 1966

Feuerstein, G., New Directions in German Architecture, Braziller, New York 1968

Ausstellungen/Expositions:
Jyväskylä 1962; Berlin 1963; Helsinki 1963; Firenze 1965/66; Torino 1966; Helsinki 1967; Stockholm 1969

Cultural Center Wolfsburg, 1958–63
Kulturzentrum Wolfsburg
Centre culturel de Wolfsburg

Gutheim, F., Alvar Aalto (M, 1960)

Aalto, ed. Girsberger (M, 1963)

Futagawa, Y., Ashihara, Y., Muto, A., Alvar Aalto (M, 1968), p. 96–101

Joedicke, J., Für eine lebendige Baukunst (A, 1965)

Jacobus, J., Die Architektur unserer Zeit (A, 1966), p. 146

Schildt, G., Alvar Aalto (E, 1964)

Scharoun, Aalto e Utzon in gara, ‹L'architettura›, 1966, *4*, p. 249

Smith, G. E. K., The Architecture of Alvar Aalto (E, 1965)

‹Werk›, 1959, *11*, p. 392–396

‹ARK›, 1959, *12*, p. 226–228

‹Baumeister›, 1959, *2*

Kühne, G., Alvar Aalto baut in Deutschland, ‹Bauwelt›, 1962, *41*

‹The Architectural Review›, 1960, *765*, p. 318

‹The Architectural Review›, 1962, *790*, p. 382

Rubino, L., Il centro culturale di Wolfsburg, ‹L'architettura›, 1962, *86*, p. 522–534

‹Bauen und Wohnen›, 1963, *2*, p. 63–72

‹Architectural Forum›, March 1963, p. 120–123

‹DBZ Deutsche Bauzeitschrift›, 1964, *3*, p. 273–280

Silvani, M., Un viaggio, ‹Edilizia moderna›, 1965, *86*

‹Chiesa e Quartiere›, 1965, *36*, p. 52–55

Alvar Aalto, Enciclopedia Universale Rizzoli-Larousse, Milano 1966

‹L'architettura›, 1966, *130*, p. 249

Ginoulhiac, F. E. T., Tecnica e grafia nel disegno, Bergamo 1969, p. 86, 240–241

Ausstellungen/Expositions:
Jyväskylä 1962; Wolfsburg 1962; Berlin 1963; Helsinki 1963; Zürich 1964; Firenze 1965/66; Helsinki 1967; Stockholm 1969

Björnholm Housing Development, Helsinki, 1959
Siedlung Björnholm, Helsinki
Cité d'habitation Björnholm à Helsinki

Aalto, ed. Girsberger (M, 1963)

Mosso, L., Note storico-critiche sull'architettura finlandese (A, 1960), p. 35

Architettura contemporanea, ‹Sele Arte›, 1960/61, *53*, p. 8

Opera House, Essen, Germany, 1959
Opernhaus Essen, Deutschland
Opéra d'Essen, Allemagne

Aalto, ed. Girsberger (M, 1963), p. 250–253

‹Bauwelt›, 1960, *5*, p. 128–131

‹Werk›, 1960, *9*, p. 312–314

Pehnt, W., Aalto in Deutschland, ‹Zodiac›, 1960, *7*, p. 176–181

‹Bauwelt›, 1963, *25–26*, p. 722–724

Hollatz, J. W., Das neue Essener Opernhaus, Essen 1964

‹DLW-Nachrichten›, 1964, *36*

Koenig, G. K., La Germania di Aalto, ‹Casabella›, 1965, *299*, p. 52–55

‹ARK›, 1967, *10/11*, p. 7

Ausstellungen/Expositions:
Jyväskylä 1962; Berlin 1963; Helsinki 1963; Essen 1964; Zürich 1964; Firenze 1965/66; Helsinki 1967; Stockholm 1969

Civic and Cultural Center, Seinäjoki, 1959
Stadt- und Kulturzentrum, Seinäjoki
Centre civique et culturel de Seinäjoki

‹L'architecture d'aujourd'hui›, 1960/61, *93*, p. 14–15

‹Chiesa e Quartiere›, 1965, *36*, p. 44–45

‹L'architecture d'aujourd'hui›, 1963, *135*, p. 4–17

Museum of Central Finland, Jyväskylä, 1959–61
Zentralfinnisches Museum, Jyväskylä
Musée de la Finlande centrale à Jyväskylä

Rubino, L., La ricerca incompiuta di Alvar Aalto (E, 1962), p. 822–823

Enso-Gutzeit Administrative Building, Helsinki, 1959–62
Hauptverwaltung der Enso-Gutzeit, Helsinki
Bâtiment administratif Enso-Gutzeit à Helsinki

Aalto, ed. Girsberger (M, 1963), p. 260–263

Futagawa, Y., Ashihara, Y., Muto, A., Alvar Aalto (M, 1968), p. 102–108

Suhonen, P., Neue Architektur in Finnland (FA, 1967)

Gutheim, F., Alvar Aalto Today (E, 1963)

Aalto Revisited (E, 1966)

Mosso, L., Nel centro storico di Helsinki la sede Enso-Gutzeit di Alvar Aalto, ‹Casabella›, 1963, *272*, p. 4–25

‹Arkitektur›, Februar 1963, *1*, p. 24–30

‹Casabella›, 1963, *276*

‹L'architettura›, 1963, *93*, p. 188

‹The Architectural Review›, 1963, *797*, p. 1

Ausstellungen/Expositions:
Jyväskylä 1962; Berlin 1963; Helsinki 1963; Zürich 1964; Firenze 1965/66; Helsinki 1967; Stockholm 1969

Parish Center, Wolfsburg, 1959–62
Kirchliches Gemeindezentrum, Wolfsburg
Centre paroissial à Wolfsburg

Wickberg, N. E., Architecture Finlandaise (FA, 1965)

Van der Kellen, D., Eng, N. P., Illustrated International Architecture (A, 1967)

‹Cuadernos de arquitectura›, 1960, *39*, p. 56

‹Architectural Forum›, March 1963, p. 120–123

Von Eckardt, W., Octagon introduces
Finnish Architect, ‹The Washington Post›,
December 1963

Koenig, G. K., La Germania di Aalto,
‹Casabella›, 1965, *299*, p. 53–55

Ausstellung/Exposition:
Firenze 1965/66

Helsinki Center Design Project, 1959–64
Zentrumsplanung Helsinki
Aménagement du centre de la ville de Helsinki

    Aalto, ed. Girsberger (M, 1963),
    p. 264–269

    Wickberg, N. E., Architecture Finlandaise
    (FA, 1965)

    Suhonen, P., Neue Architektur in Finnland
    (FA, 1967)

    Gutheim, F., Alvar Aalto Today (E, 1963)

    Tentori, F., Il piano di Alvar Aalto per il
    nuovo centro di Helsinki, ‹Casabella›,
    1961, *254*, p. 12–23

    ‹ARK›, 1961, *3*, p. 35–44

    Finnische Architekten bauen, ‹Bauwelt›,
    1961, *36*, p. 1016

    ‹L'architecture d'aujourd'hui›, 1962, *101*,
    p. 68–71

    ‹Sele Arte›, 1960/61, *54*

    ‹The Kendiku›, Januar 1962

    ‹The Architectural Review›, 1963, *799*,
    p. 149

    ‹USA, Suomi-Finland›, 1964, *8*

    Aalto, A., Mittelpunkt der Baukunst:
    der Mensch, ‹Bauen und Wohnen›, März
    1965, *54*

    ‹Casabella›, 1965, *299*, p. 46–49

    ‹Industriel Bouwen›, 1965, *5*, p. 42–44

    ‹Architektur und Wohnform›, Januar 1966

    Mosso, L., Alvar Aalto ‹Il compasso›,
    ottobre 1966

    Städtebau in Finnland, Katalog/Catalogue.
    Institut für Städtebau der Technischen
    Hochschule Stuttgart, 1966

    ‹Architektur-Wettbewerbe›, 1967, *52*,
    p. 50–56

    Ausstellungen/Expositions:
    Jyväskylä 1962; Berlin 1963; Helsinki
    1963; Stockholm 1963; Hamburg 1963;
    Zürich 1964; Firenze 1965/66; Torino
    1966; Helsinki 1967; Stockholm 1969

Commercial Building and Academic Library,
Helsinki, 1962, 1967–69
Geschäftshaus und Akademische Bibliothek, Helsinki
Bâtiment commercial et bibliothèque académique à
Helsinki

    ‹ARK›, 1967, *1–2*, p. 14–15
    Ausstellung/Exposition: Firenze 1965/66

Enskilda Bank Building, Stockholm, 1962
Enskilda Bank, Stockholm
Banque Enskilda à Stockholm

    ‹sar:s tävlingsblad›, 1963, *2*

Boiler Plant of the Finnish Institute of Technology,
Otaniemi, Helsinki, 1962–63
Heizzentrale der Technischen Universität Otaniemi,
Helsinki
Centrale thermique de l'école polytechnique de
Finlande à Otaniemi, Helsinki

    ‹Rakennustekniikka›, 1964, *9–10*, p. 634

Nordic Bank Administration Building, Helsinki,
1962–64
Verwaltungsgebäude der Nordischen Bank, Helsinki
Bâtiment administratif de la Banque Nordique
à Helsinki

    Aalto Revisited (E, 1966), p. 76
    Ausstellung/Exposition: Firenze 1965/66

Residential Building for Students, Otaniemi, Helsinki,
1962–66
Studentenhaus, Otaniemi, Helsinki
Logements pour étudiants à Otaniemi, Helsinki

    ‹Rakennustekniikka›, 1964, *9–10*, p. 621

Helsinki Concert Hall, 1962
Konzerthaus Helsinki
Salle de concerts de Helsinki

    Aalto, ed. Girsberger (M, 1963), p. 266–269

    ‹Casabella›, 1965, *299*, p. 50–51

    Marcolli, A., Incontro con Alvar Aalto,
    Firenze 1965

    ‹Arte oggi›, 1966, *25/26*, p. 50–64

    ‹L'architecture d'aujourd'hui›, 1967, *134*,
    p. 12

    Ausstellungen/Expositions:
    Zürich 1964; Firenze 1965/66

Institute of International Education, New York,
1963–64
Institute of International Education, New York
Institut international d'éducation à New York

    Joedicke, J., Geschichte der modernen
    Architektur (A, 1958)

    Rossi, O., Alvar Aalto (A, 1968), p. 3–8

    Wickberg, N. E., Architecture Finlandaise
    (FA, 1965)

Giedion, S., Über Alvar Aaltos Werk
(E, 1948), p. 269–276

    ‹Progressive Architecture›, February 1965,
    p. 180–185

    Mendini, A., L'opera di Alvar Aalto,
    ‹Casabella›, 1965, *299*, p. 43

    Schildt, G., The Sculptures of Alvar Aalto,
    Otava, Helsinki, 1967, p. 32–33

    Ausstellungen/Expositions:
    Firenze 1965/66; Helsinki 1967; Stockholm
    1969

Town Hall, Seinäjoki, 1963–65
Stadthaus Seinäjoki
Hôtel de ville de Seinäjoki

    Aalto, ed. Girsberger (E, 1963), p. 230–233

    Futagawa, Y., Ashihara, Y., Muto, A.,
    Alvar Aalto (M, 1968), p. 82–89

    Gutheim, F., Alvar Aalto Today (E, 1963),
    p. 145, 148–149

    Schildt, G., Alvar Aalto (E, 1964)

    ‹Cuadernos de arquitectura›, 1960, *39*

    ‹L'architecture d'aujourd'hui›, 1967, *135*,
    p. 7–10

    Ausstellungen/Expositions:
    Jyväskylä 1962; Berlin 1963; Helsinki
    1963; Zürich 1964; Firenze 1965/66

Municipal Library, Seinäjoki, 1963–65
Stadtbibliothek Seinäjoki
Bibliothèque municipale de Seinäjoki

    Aalto, ed. Girsberger (M, 1963), p. 230

    Futagawa, Y., Ashihara, Y., Muto, A.,
    Alvar Aalto (M, 1968), p. 83–85, 94–95

    Aalto Revisited (E, 1966), p. 77

    Marcolli, A., Incontro con Alvar Aalto,
    Firenze 1965

    ‹Arte oggi›, 1966, *25/26*, p. 50–64

    ‹L'architecture d'aujourd'hui›, 1967, *135*,
    p. 12–13

    ‹L'architettura›, 1968, *156*, p. 466–467

    Ausstellungen/Expositions:
    Firenze 1965/66; Helsinki 1967; Stockholm
    1969

Building for the Västmanland-Dala Student Union,
Uppsala, 1963–65
Gebäude des Studentenverbandes von Västmanland-
Dala, Uppsala
Bâtiment de l'Union des étudiants de Västmanland-
Dala à Uppsala

    Aalto Revisited (E, 1966), p. 70–78

231
Essays on Individual Works
Aufsätze über einzelne Werke
Articles sur certains œuvres

Sveriges forsta Aalto-byggand i Uppsala, ‹Byggnadstidningen›, September 1965, *15*, p. 1, 12–15

Hausen, M., Här behövs lite arkitektur, ‹Form›, Uppsala 1966, *4*, p. 240–243

‹Bauen und Wohnen›, 1969, *4*, p. 120–121

Ausstellung/Exposition:
Firenze 1965/66

Civic and Cultural Center, Rovaniemi, 1963–67
Stadt- und Kulturzentrum, Rovaniemi
Centre civique et culturel de Rovaniemi

‹Casabella›, 1965, *299*, p. 44

Ausstellung/Exposition:
Firenze 1965/66

BP Administrative Building, Hamburg, 1964
Verwaltungsgebäude BP, Hamburg
Bâtiment administratif BP à Hambourg

‹Bauwelt›, Juli 1964, *27*, p. 710–711

‹Deutsche Bauzeitung›, Oktober 1964, p. 771–773

Organisatorische Bürohausplanung und Bauwettbewerb, Verlag Schnelle, Berlin 1965

Town Center, Jyväskylä, 1964–
Stadtzentrum Jyväskylä
Centre urbain de Jyväskylä

‹Casabella›, 1965, *299*, p. 45

Ausstellung/Exposition:
Firenze 1965/66

Town Center Castrop-Rauxel, Germany, 1965
Stadtzentrum Castrop-Rauxel, Deutschland
Centre urbain de Castrop-Rauxel, Allemagne

‹Architektur-Wettbewerbe›, 1967, *52*, p. 28–31

Library, Rovaniemi, 1965–68
Bibliothek Rovaniemi
Bibliothèque de Rovaniemi

‹L'architecture d'aujourd'hui›, 1967, *134*, p. 8–11

‹Bauen und Wohnen›, 1969, *4*, p. 122–123

Schönbühl High-Rise Apartments, Lucerne, Switzerland, 1965–1968
Wohnhochhaus Schönbühl, Luzern, Schweiz
Immeuble-tour Schönbühl à Lucerne, Suisse

‹Schweizer Journal›, 1967, *8*, p. 32–36

‹Werk›, 1968, *10*, p. 659–661

‹Progressive Architecture›, November 1968, p. 130–137

‹Bauen und Wohnen›, 1968, *10*, p. 378–381

Fleig, K., Das Wohnhochhaus, in: Das Hochhaus in der Schweiz, Kreienbühl, Küßnacht-Luzern, 1968, p. A 85–A 100

‹L'architettura›, 1969, *164*, p. 110–111

Library of the Mount Angel Benedictine College, Mount Angel, Oregon, USA, 1965–
Bibliothek des Mount Angel Benedictine College, Mount Angel, Oregon, USA
Bibliothèque du Mount Angel Benedictine College, Mount Angel, Oregon, USA

‹The Architectural Design›, August 1967, p. 352

Cultural Center, Siena, Italy, 1966
Kulturzentrum Siena, Italien
Centre culturel à Sienne, Italie

Santini, P. C., Alvar Aalto in Italia, ‹Ottagono›, ottobre 1967, p. 91–95

Urban Design Project for Pavia, Italy, 1966
Stadtplanung Pavia, Italien
Projet d'urbanisation pour Pavia, Italie

Santini, P. C., Alvar Aalto in Italia, ‹Ottagono›, ottobre 1967, p. 91–95

‹Italia Nostra›, 1968, *61*, p. 13–14; *59*, p. 8–10

Ausstellung/Exposition:
Stockholm 1969

Parish Center Riola, Bologna, Italy, 1966–
Kirchliches Gemeindezentrum Riola, Italien
Centre paroissial de Riola, Bologna, Italie

Mosso, L., Alvar Aalto, in: Enciclopedia dell'architettura moderna (A, 1967), p. 34

‹Chiesa e Quartiere›, 1965, *36*, p. 7–8

‹Chiesa e Quartiere›, dicembre 1966, p. 10–23

Scolozzi, F., Aalto a Bologna, cronaca di un sopraluogo, ‹Chiesa e Quartiere›, 1966, *37*, p. 5–6

‹Panorama Pozzi›, 1966, *69*, p. 16; *70*, p. 4–11

‹Chiesa e Quartiere›, 1966, *37*, p. 5–6; *40*, p. 8–25; 1967, *44*

Gresleri, G., Il discorso religioso di Aalto ed il progetto per Riola, ‹Studi Cattolici›, 1967, *71*, p. 132–135

‹Architectural Design›, May 1967, p. 233–234

‹Domus›, 1967, *447*, p. 1–6

‹The Architectural Design›, April 1967, p. 233–234

‹L'architecture d'aujourd'hui›, 1967, *134*, p. 13

Santini, P. C., Alvar Aalto in Italia, ‹Ottagono›, ottobre 1967, p. 91–95

‹Architectural Design›, May 1967

‹L'Architetto›, 1968, *6*, p. 8–12

Ausstellungen/Expositions:
Helsinki 1967; Stockholm 1969

Prototype for Administration Building and Warehouse of the Società Ferrero, Torino, Italy, 1966–
Prototyp für Verwaltungs- und Lagergebäude der Società Ferrero, Torino, Italien
Prototype pour bâtiment administratif et entrepôts de la Società Ferrero, Torino, Italie

Santini, P. C., Alvar Aalto in Italia, ‹Ottagono›, ottobre 1967, p. 91–95

Parish Center, Zürich-Altstetten, 1967
Kirchliches Gemeindezentrum Zürich-Altstetten
Centre paroissial à Zürich-Altstetten

‹Bauen und Wohnen›, 1967, *11*

‹Schweizer Baublatt›, 1967, *93*, p. 1–2

Furniture, Lamps, Vases
Möbel, Lampen, Vasen
Meubles, lampes, vases

Laine, Y., Typutställningen, ‹ARK›, 1932, *7*

Dennison, B., From Angles to Body Curves, ‹The Architectural Review›, August 1933, p. 70–72

Read, H., Art and Industry, Faber and Faber, London 1934

‹The Architectural Review›, September 1936

‹ARK›, 1937, *9*

Hahl, N.-G., Alvar Aalton Näyttelyt Ulkomailla, ‹ARK›, 1938, *9*

‹ARK›, 1939, p. 113–115

Aaltonen, M., Suomalainen Arkkitethiprofessori M.I.T.ssa, ‹USA, Suomi-Finland›, 1946, *4*

Aalto, Aino et Alvar, Svenska Aktiebolaget Arteks Utställningpaviljong, ‹ARK›, 1946, *7–8*, p. 94

Thomsen, E., Den finske arkitekt A. Aalto, ‹Arkitekten›, 1948, *3*, p. 9–11

Blomstedt, Aulis, Bilder Från Aino och Alvar Aaltos 25-Arsutställning, ‹ARK›, 1948, *1–2*, p. 3–6, 11–14

Race, E., Trends in Factory-made Furniture, ‹The Architectural Review›, 1948, *617*, p. 219

Giedion, S., Über Alvar Aaltos Werk, ‹Werk›, 1948, *9*, p. 269–276

Pöyry, O., Prof. Alvar Aalto's 50th birthday, ‹Finnish Trade Review›, 1948, *51*

‹ARK›, 1949, *11–12*, p. 166–167

‹Architektur und Wohnform›, 1949, *4*, p. 77–80

Dunnet, H., Furniture since the War, ‹The Architectural Review›, 1951, *651*, p. 151–166

Rotzler, W., Der gedeckte Tisch, ‹Werk›, 1951, *12*, p. 373–379

Curjel, H., Konfrontationen, ‹Werk›, 1952, *2*

Sekler, F., Europäische Architektur seit 1945, ‹Der Aufbau›, 1952, *6*, p. 215

‹Die Kunst und das schöne Heim›, Februar 1953, p. 198–199

Sedie moderne con materiali moderni, ‹Frospettive›, 1953, *7*, p. 43

Rudberger, A., Kolonnens Lillsyster, ‹Byggmästaren›, 1954, *A5*, p. 135–136

Grünigen, B. von, Möbel aus Holz und Stahl: Alvar Aalto – Mies van der Rohe. Gewerbemuseum Basel, 1957

Harbers, G., Finnisches Glas, ‹Die Kunst und das schöne Heim›, Februar 1957

‹Finnische Handelsrundschau›, Dezember 1957

Aalto, Works 1923–1958, ‹ARK›, 1958, *1–2*

The Furniture Exhibition, ‹The Architect and Building News›, 1958, *5*, p. 128

Sosset, L. L., Formes et couleurs finlandaises pour l'aménagement et le décor du foyer, ‹Habiter›, novembre 1959, p. 381–384

Huber, B., Das finnische Kunsthandwerk und seine Schöpfer, ‹Werk›, 1959, *11*, p. 407–408

Huonekalussa pitää olla rotua sanoo Alvar Aalto, ‹Kaunis Koti›, 1961, *5*, p. 22–25

‹Bauen und Wohnen›, 1962, *12*

Mosso, L., Storia del mobile nell'architettura di un maestro, ‹Arte casa›, 1962, *38*, p. 35–40

Fiori, L., Alvar Aalto, i mobili più imitati del mondo, ‹Fantasia, rivista mensile della casa›, gennaio 1962, p. 82–89

Wickberg, N. E., Architecture Finlandaise, Exposition à Tunis, octobre/novembre 1965

Aalto in New York, ‹Progressive architecture›, February 1965, p. 180–185

Dragone, A., Ecco le famose lampade di Alvar Aalto, ‹Illustrazione ENEL›, Torino, gennaio 1966, p. 18–21

Lindkvist, L., Aalto, Korhonen och Artek, ‹Form›, Uppsala, 1966, *4*, p. 237–239

Marcolli, A., Incontro con Alvar Aalto, ‹Arte Oggi›, 1966, *25/26*, p. 50–64

Mosso, L., Alvar Aalto, ‹Il compasso›, ottobre 1966

Alvar Aalto, ‹Modulus 67›, Virginia, USA, 1967, p. 3–4

Schildt, G., The Sculptures of Alvar Aalto. Otava, Helsinki 1967, p. 18–44

Lintinen, J., The Heritage of the Thirties, ‹Designed in Finland›, 1967, p. 14–16

For Functional Interiors, ‹Designed in Finland›, 1967, p. 14–16, 30–33

Aalto – Breuer – Le Corbusier, ‹ARK›, 1967, *5*, p. 43

Hillier, B., Art Deco of the 20s and 30s. Studio Vista/Dutton, London 1968, p. 13

Hård Af Segerstad, U., Finskt Konsthantverk. Wahlström & Widstrand, Kopenhagen 1968, p. 20–21

Futagawa, Y., Ashihara, Y., Muto, A., Alvar Aalto. Bijutsu Shuppan-sha, Tokyo 1968, p. 10

Lundahl, C., Alvar Aalto, ‹Form›, 1969, *4*, p. 226–227

Ginoulhiac, F. E. T., Tecnica e grafia nel disegno. Minerva Italica, Bergamo 1969, p. 86, 240–241

Ausstellungen/Expositions: Helsinki 1930; Helsinki 1932; Zürich 1933; London 1933; Milano 1933; New York 1938; San Francisco 1939; Hedemora 1945; Helsinki 1947; Zürich 1948; Kopenhagen 1948; Helsinki 1949; Imatra 1949; Paris 1950; Stockholm 1954; Århus 1955; München 1956; Paris 1956; Basel 1957; London 1957; Zürich 1958; Helsinki 1958; Moscow 1960; Jyväskylä 1960; Lisboa 1960; Helsinki 1961; Jyväskylä 1962; Berlin 1963; Brasilia 1963; Hamburg 1963; Stockholm 1963; Helsinki 1963; Zürich 1964; Paris 1965; Firenze 1965/66; Torino 1966

Essays on Individual Works
Aufsätze über einzelne Werke
Articles sur certains œuvres

Sculpture
Skulpturen
Sculptures

Schildt, G., The Sculptures of Alvar Aalto. The Otava Publishing Co., Helsinki 1967

Tomb of Usko Nyström
Grab des Usko Nyström
Tombe d'Usko Nyström

‹ARK›, 1930, *4*, p. 51

Miettinen, E., Laiho, O., Design, ‹ARK›, 1969, *2*, p. 62–63

Ausstellungen/Expositions:
Kopenhagen 1948; Zürich 1948

Tomb of Uno Ullberg
Grab des Uno Ullberg
Tombe d'Uno Ullberg

‹ARK›, 1946, *7–8*, p. 88

Ausstellungen/Expositions:
Kopenhagen 1948; Zürich 1948

Monument at Suomussalmi
Denkmal in Suomussalmi
Monument commémoratif à Suomussalmi

Aalto, ed. Girsberger (M, 1963), p. 270–271

Aalto, A., Suomussalmen Taistelujen Muistomerkki, Helsinki 1964

Ausstellungen/Expositions:
Berlin 1963; Zürich 1964; Firenze 1965/66

Aurora Borealis, Sculpture
Aurora Borealis, Skulptur
Aurora Borealis, Sculpture

Tikapuilla revontuliin Rovaniemellä, ‹Viikko›, 1962, *36*, p. 21

Wood Relief, Nordic Popular Bank, Lahti, 1968
Holzrelief, Nordische Volksbank, Lahti
Relief en bois, banque populaire nordique, Lahti

Alvar Aalto: Reliefi Pohjoismaiden Yhdyspankin Lahden konttorissa, ‹ARK›, 1969, *1*, p. 54

Experiments in Wood
Holzexperimente
Expériences en bois

Grünigen, B. von, Möbel aus Holz und Stahl: Alvar Aalto – Mies van der Rohe. Gewerbemuseum Basel, 1957

Read, H., Art and Industry. Faber & Faber, London 1934, p. 99, 102, 122

Marcolli, A., Incontro con Alvar Aalto, ‹Arte Oggi›, 1966, *25/26*, p. 50–64

Mosso, L., Alvar Aalto, ‹Il compasso›, ottobre 1966

Prankl, W., Mitä on Design, ‹ARK›, 1968, *6*, p. 58–61

Lundahl, G., Alvar Aalto, ‹Form›, 1969, *4*, p. 226–227

The complete information about exhibitions reads as follows

Die vollständigen Bezeichnungen der Ausstellungen lauten

Les désignations complètes des expositions s'énoncent comme suit

Helsinki 1930, S.A.F.A., ‹Rakennustaidenäyttely›

Helsinki 1932, ‹Nordisk Byggnadsdag›

Milano 1933, V. Triennale

New York 1938, Museum of Modern Art, ‹Alvar Aalto, Architecture and Furniture›

Kopenhagen 1948, Kunstindustrimuseet, ‹Aino og Alvar Aalto's arbeider 1922–1947›

Zürich 1948, Kunstgewerbemuseum, ‹Ausstellung Aino und Alvar Aalto›

Århus 1955, Rathaus

London 1957, R.I.B.A., ‹Architecture in Finland›

Basel 1957, Gewerbemuseum, ‹Möbel aus Holz und Stahl: Alvar Aalto – Mies van der Rohe›

Zürich 1958, Kunstgewerbemuseum, ‹Architektur in Finnland›

Helsinki 1958, Suomen Rakennustaiteen Museo, ‹Suomi Rakentaa 2›

Moscow 1960, Muze/Arhitektury Finlandii, ‹Finskaja Arhitektura›

Lisboa 1960, S.N.A., ‹Arquitectura finlandesa›

Jyväskylä 1962, Keski-Suomen Museo, ‹Alvar Aalto›

Berlin 1963, Akademie der Künste, ‹Alvar Aalto›

Hamburg 1963, Kunsthaus, ‹Polaritäten›

Stockholm 1963, Sveriges Arkitekturmuseum, ‹Nordisk arkitekturutställning›

Helsinki 1963, ‹Suomi Rakentaa 3›

Zürich 1964, Kunsthaus, ‹Alvar Aalto›

Firenze 1965/66, Palazzo Strozzi, ‹L'opera di Alvar Aalto›

Torino 1966, Facoltà di Architettura del Politecnico, ‹La lettura del linguaggio di Alvar Aalto›

Helsinki 1967, Ateneum, ‹Alvar Aalto›

Stockholm 1969, Moderna Museet, ‹Alvar Aalto›

Biography
Biographie
Biographie

1898	Hugo Alvar Henrik Aalto, born 3 February 1898 in Kuortane, Finland
1921	Diploma in Architecture at the Technical University Helsinki
1923–1927	Office in Jyväskylä
1925	Married Aino Marsio († 1949)
1927–1933	Office in Turku
1933	Office in Helsinki
1938	Stay in the United States
1940	Professor at the College of Architecture of the M.I.T.
1952	Married Elissa Makiniemi

From 1924 to 1949 the architect Aino Aalto, and since 1952 the architect Elissa Aalto, worked in partnership with Alvar Aalto.

1898	Hugo Alvar Henrik Aalto, geboren am 3. Februar 1898 in Kuortane, Finnland
1921	Architekturdiplom an der Technischen Hochschule Helsinki
1923–1927	Architekturbüro in Jyväskylä
1925	Heirat mit Aino Marsio († 1949)
1927–1933	Architekturbüro in Turku
1933	Architekturbüro in Helsinki
1938	Aufenthalt in den Vereinigten Staaten
1940	Professor an der Architekturabteilung des M.I.T.
1952	Heirat mit Elissa Makiniemi

Von 1924–1949 Zusammenarbeit mit der Architektin Aino Aalto, seit 1952 mit der Architektin Elissa Aalto.

1898	Hugo Alvar Henrik Aalto, né le 3 février 1898 à Kuortane, Finlande
1921	Diplôme d'architecture à l'école polytechnique de Helsinki
1923–1927	Agence à Jyväskylä
1925	Mariage avec Aino Marsio († 1949)
1927–1933	Agence à Turku
1933	Agence à Helsinki
1938	Séjour aux Etats-Unis
1940	Professeur au collège d'architecture du M.I.T.
1952	Mariage avec Elissa Makiniemi

Les architectes Aino Aalto, de 1924 à 1949, et Elissa Aalto, depuis 1952, ont été les collaboratrices de Alvar Aalto.

Legends of the Illustrations
Abbildungslegenden
Légendes des illustrations

Not mentioned are oilpaintings, sketches and wood experiments.
Nicht erwähnt sind die Ölgemälde, Skizzen und Holzexperimente.
Les huiles, esquisses et expériences avec le bois ne sont pas mentionnées.

The following sketches are reproduced in original size
Folgende Skizzen sind in Originalgröße wiedergegeben
Les dessins suivants sont reproduits grandeur originale

pp. 74, 79, 84, 85, 101, 102, 103, 106, 107, 112, 116, 126, 127, 146, 156, 163, 165, 166, 167, 168.

Page/Seite/page

8

Finnish Pavilion at the New York World's Fair, 1938–1939.

Finnischer Pavillon, Weltausstellung New York, 1938–1939.

Pavillon finlandais à l'exposition universelle de New York, 1938–1939.

64

Municipal Library, Viipuri, 1930–5, ceiling detail of the lecture hall.

Gemeindebibliothek in Viipuri, 1930–1935, Deckendetail im Vortragssaal.

Bibliothèque municipale, Viipuri, 1930–1935, détail du plafond de la salle des conférences.

66

Main Building of the Finnish Institute of Technology Otaniemi, Helsinki, 1955–64, main auditorium.

Hauptgebäude der Finnischen Technischen Universität Otaniemi, Helsinki, 1955–1964, Auditorium maximum.

Bâtiment principal de l'école polytechnique de Finlande à Otaniemi, Helsinki, 1955–1964, le grand auditoire.

Page/Seite/page

67

Finnish Institute of Technology, Otaniemi, Helsinki, wall relief in the main auditorium, 1952–65.

Technische Universität Otaniemi, Helsinki, Wandrelief im Auditorium maximum, 1952–1965.

Ecole polytechnique de Finlande à Otaniemi, Helsinki, relief mural dans le grand auditoire, 1952–1965.

68

top left/oben links/en haut à gauche

Cultural Center Wolfsburg, 1958–63, lecture hall.

Kulturzentrum Wolfsburg, 1958–1963, Vortragssaal.

Centre culturel de Wolfsburg, 1958–1963, auditoire.

68

top right/oben rechts/en haut à droite

Cultural Center, Helsinki, 1955–8, large auditorium.

Kulturhaus Helsinki, 1955–1958, Hauptsaal.

Maison de la culture à Helsinki, 1955–1958, le grand auditoire.

68

bottom left/unten links/en bas à gauche

Building for the Västmanland-Dala Student Union, Uppsala, 1963–5, entrance.

Gebäude des Studentenverbandes von Västmanland-Dala, Uppsala, 1963–1965, Eingang.

Bâtiment de l'union des étudiants de Västmanland-Dala à Uppsala, 1963–1965, entrée.

68

bottom right/unten rechts/en bas à droite

Villa Louis Carré, Bazoches, Ile-de-France, 1956–8, working drawing of the ceiling in the entrance hall and in the living room.

Villa Louis Carré, Bazoches, Ile-de-France, 1956–1958, Ausführungsplan der Decke, Eingangshalle und Wohnzimmer.

Maison Louis Carré à Bazoches, Ile-de-France, 1956–1958, plan d'exécution du plafond dans le vestibule et dans le living-room.

Page/Seite/page

69

Parish Center, Wolfsburg, 1959–62, ceiling of the church and the baptistry.

Kirchliches Gemeindezentrum, Wolfsburg, 1959–1962, Decke der Kirche und der Taufkapelle.

Centre paroissial à Wolfsburg, 1959–1962, plafond de l'église et du baptistère.

70

Tuberculosis Sanatorium, Paimio, 1929–33, rest halls.

Tuberkulosesanatorium Paimio, 1929–1933, Liegehalle.

Sanatorium antituberculeux à Paimio, 1929–1933, les galeries.

78

Church, Vuokserniska, 1956–9, window detail.

Kirche Vuokserniska, 1956–1959, Fensterpartie.

Eglise à Vuokserniska, 1956–1959, partie des fenêtres.

78

bottom right/unten rechts/en bas à droite

Church Vuokserniska, working drawing-detail, floor plan.

Kirche Vuokserniska, Arbeitsplanausschnitt, Grundriß.

Eglise à Vuokserniska, détail du plan d'exécution plan.

80

Villa 'Mairea', Noormarkku, 1938/9, façade.

Villa ‹Mairea›, Noormarkku, 1938–1939, Fassade.

Villa ‹Mairea› à Noormarkku, 1938–1939, façade.

82

Architect's Own House, Munkkiniemi, 1934–6, garden façade.

Eigenes Haus des Architekten, Munkkiniemi, 1934–1936, Gartenfassade.

Maison de l'architecte à Munkkiniemi, 1934–1936, façade sur le jardin.

237
Legends of the Illustrations
Abbildungslegenden
Légendes des illustrations

Page/Seite/page

88

Helsinki Concert Hall, 1962–, section.

Konzerthaus Helsinki, 1962–, Schnitt.

Salle de concerts de Helsinki, 1962–, coupe.

89

Opera House, Essen, 1959, model of the inside.

Oper in Essen, 1959, Modell des Innenraums.

Opéra d'Essen, 1959, maquette de l'intérieur.

90

Urban Design Project for Pavia, 1966, model.

Stadtplan Pavia, 1966, Modell.

Projet d'urbanisation pour Pavie, 1966, maquette.

92

Institute of International Education, New York, 1963/4, lecture hall.

Institute of International Education, New York, 1963–1964, Vortragssaal.

Institut international d'éducation à New York, 1963–1964, la salle des conférences.

93

Institute of International Education, New York, 1963–1964, wall relief in wood.

Institute of International Education, New York, 1963–1964, Wandplastik aus Holz.

Institut international d'éducation, New York, 1963–1964, relief mural en bois.

94

Monument at Suomussalmi, 1960.

Denkmal in Suomussalmi, 1960.

Monument commémoratif à Suomussalmi, 1960.

95

Monument at Suomussalmi, detail.

Denkmal in Suomussalmi, Ausschnitt.

Monument commémoratif à Suomussalmi, détail.

96

Façade covering, porcelain tiles.

Fassadenverkleidung, Porzellanplatten.

Revêtement des façades, panneaux céramique.

Page/Seite/page

98

Housing Development, Kauttua, 1938–40, site plan, Terrace Housing.

Siedlung Kauttua, 1938–1940, Lageplan, Terrassenhäuser.

Cité d'habitation à Kauttua, 1938–1940, plan de situation, habitation en terrasse.

104

Cellulose Factory, Sunila, 1935–9, overall view from the sea.

Zellulosefabrik Sunila, 1935–1939, Gesamtansicht vom Meer her.

Usine de cellulose à Sunila, 1935–1939, l'ensemble vu de la mer.

110

top left/oben links/en haut à gauche

Town Hall, Seinäjoki, 1963–5, façade, blue porcelain tiles.

Stadthaus Seinäjoki, 1963–1965, Fassade, blaue Porzellanplatten.

Hôtel de ville de Seinäjoki, 1963–1965, façade, panneaux céramique bleus.

110

top right/oben rechts/en haut à droite

Cultural Center Wolfsburg, 1958–63, façade of the lecture halls, black and white marble.

Kulturzentrum Wolfsburg, 1958–1963, Fassade der Vortragssäle, schwarzer und weißer Marmor.

Centre culturel de Wolfsburg, 1958–1963, façade des auditoires, marbre noir et blanc.

110

bottom right/unten rechts/en bas à droite

Villa 'Mairea', Noormarkku, 1937–9, façade, wood sheathing.

Villa ‹Mairea›, Noormarkku, 1937–1939, Fassade Holz-Stabverkleidung.

Villa ‹Mairea›, Noormarkku, 1937–1939, façade, revêtement en lames de bois.

110

bottom left/unten links/en bas à gauche

Cultural Center, Helsinki, 1955–8, special brick.

Kulturhaus, Helsinki, 1955–1958, Spezialbackstein.

Maison de la culture, Helsinki, 1955–1958, brique spéciale.

Page/Seite/page

111

Lamp. Lampe. Lampe.

113

Cellulose Factory, Sunila, 1935–9, warehouse, façade detail.

Zellulosefabrik Sunila, 1935–1939, Lagerhaus, Fassadenausschnitt.

Usine de cellulose à Sunila, 1935–1939, entrepôts, détail de la façade.

114

Nordic Popular Bank, 1968, wood relief, detail.

Nordische Volksbank, Lahti, 1968, Holzrelief, Ausschnitt.

Banque populaire nordique, Lahti, 1968, relief en bois, détail.

115

Nordic Popular Bank, 1968, wood relief, detail.

Nordische Volksbank, Lahti, 1968, Holzrelief, Ausschnitt.

Banque populaire nordique, Lahti, 1968, relief en bois, détail.

118

Jewelry in gold, 1967.

Goldschmuck, 1967.

Bijoux en or, 1967.

122

top/oben/en haut

Nordic Popular Bank, Lahti, 1968, wood relief, detail.

Nordische Volksbank, Lahti, 1968, Holzrelief, Ausschnitt.

Banque populaire nordique, Lahti, 1968, relief en bois, détail.

122

bottom/unten/en bas

Villa Louis Carré, Bazoches, Ile-de-France, 1956–9, terraced landscaping.

Villa Louis Carré, Bazoches, Ile-de-France, 1956–1959, Gartenstufen.

Maison Louis Carré, Bazoches, Ile-de-France, 1956–1959, jardin en gradins.

123

Lamps. Lampen. Lampes.

Page/Seite/page

124

Finnish Pavilion at the New York World's Fair, 1938/9, wall detail with the projection screen.

Finnischer Pavillon, Weltausstellung New York, 1938–1939, Wandausschnitt mit Projektionswand.

Pavillon finlandais à l'exposition universelle de New York, 1938–1939, détail du mur avec l'écran de projection.

128

Town Hall, Alajärvi, 1966–9, ceiling covering.

Rathaus Alajärvi, 1966–1969, Deckenverkleidung.

Hôtel de ville d'Alajärvi, 1966–1969, revêtement du plafond.

129

Forum redivivum, Cultural and Administrative Center, Helsinki, 1948.

Forum redivivum, Kultur- und Verwaltungszentrum Helsinki, 1948.

Forum redivivum, Centre culturel et administratif à Helsinki, 1948.

130

top/oben/en haut

Cemetery and Funeral Chapel, Kongens Lyngby, Kopenhagen, 1951, site plan.

Friedhof mit Kapelle, Kongens Lyngby, Kopenhagen, 1951, Lageplan.

Cimetière et chapelle funéraire à Kongens Lyngby, Copenhague, 1951, plan de situation.

130

bottom/unten/en bas

Cemetery and Funeral Chapel, Kongens Lyngby, Kopenhagen, 1951, excavation plan.

Friedhof mit Kapelle, Kongens Lyngby, Kopenhagen, 1951, Aushubplan.

Cimetière et chapelle funéraire à Kongens Lyngby, Copenhague, 1951, plan de terrassement.

131

top left/oben links/en haut à gauche

Cemetery and Funeral Chapel, Kongens Lyngby, Kopenhagen, 1951, excavation plan, 1st project.

Friedhof mit Kapelle, Kongens Lyngby, Kopenhagen, 1951, Aushubplan, 1. Projekt.

Cimetière et chapelle funéraire à Kongens Lyngby, Copenhague, 1951, plan de terrassement, 1er projet.

Page/Seite/page

131

bottom left/unten links/en bas à gauche

Cemetery and Funeral Chapel, Kongens Lyngby, Kopenhagen, 1951, excavation plan, 2nd project.

Friedhof mit Kapelle, Kongens Lyngby, Kopenhagen, 1951, Aushubplan, 2. Projekt.

Cimetière et chapelle funéraire à Kongens Lyngby, Copenhague, 1951, plan de terrassement, 2e projet.

131

right/rechts/à droite

Cemetery and Funeral Chapel, Kongens Lyngby, Kopenhagen, 1951, detail, 1st project.

Friedhof und Kapelle, Kongens Lyngby, Kopenhagen, 1951, Ausschnitt, 1. Projekt.

Cimetière et chapelle funéraire à Kongens Lyngby, Copenhague, 1951, détail, 1er projet.

132

Finnish Institute of Technology, Otaniemi, Helsinki, 1952–65, main building.

Finnische Technische Universität Otaniemi, Helsinki, 1952–1965, Hauptgebäude.

Ecole polytechnique de Finlande à Otaniemi, Helsinki, 1952–1965, bâtiment principal.

134

Finnish Institute of Technology, Otaniemi, Helsinki, 1952–65, section, working drawing.

Finnische Technische Universität Otaniemi, Helsinki, 1952–1965, Querschnitt, Arbeitsplan.

Ecole polytechnique de Finlande à Otaniemi, Helsinki, 1952–1965, coupe, plan d'exécution.

135

Finnish Institute of Technology, Otaniemi, Helsinki, 1952–65, floor plan.

Finnische Technische Universität Otaniemi, Helsinki, 1952–1965, Grundriß.

Ecole polytechnique de Finlande à Otaniemi, Helsinki, 1952–1965, plan.

136

top/oben/en haut

Villa Louis Carré, Bazoches, Ile-de-France, 1956–8, entrance façade.

Villa Louis Carré, Bazoches, Ile-de-France, 1956–1958, Eingangsfassade.

Maison Louis Carré à Bazoches, Ile-de-France, 1956–1958, façade d'entrée.

Page/Seite/page

136

centre/Mitte/au milieu

Municipal Library, Seinäjoki, 1963–5, façade.

Stadtbibliothek Seinäjoki, 1963–1965, Fassade.

Bibliothèque municipale de Seinäjoki, 1963–1965, façade.

136

bottom/unten/en bas

Municipal Library, Seinäjoki, 1963–5, façade.

Stadtbibliothek Seinäjoki, 1963–1965, Fassade.

Bibliothèque municipale de Seinäjoki, 1963–1965, façade.

137

right/rechts/à droite

Villa Louis Carré, Bazoches, Ile-de-France, 1956–8, façade detail, entrance.

Villa Louis Carré, Bazoches, Ile-de-France, 1956–1958, Fassadenausschnitt, Eingang.

Maison Louis Carré, Bazoches, Ile-de-France, 1956–1958, détail de la façade, entrée.

137

left/links/à gauche

Building for the Västmanland-Dala Student Union, Uppsala, 1963–5, façade detail.

Gebäude des Studentenverbandes von Västmanland-Dala, Uppsala, 1963–1965, Fassadenausschnitt.

Bâtiment de l'Union des étudiants de Västmanland-Dala, Uppsala, 1963–1965, détail de la façade.

140

top left/oben links/en haut à gauche

Cultural Center, Wolfsburg, 1958–63, library.

Kulturzentrum Wolfsburg, 1958–1963, Bibliothek.

Centre culturel de Wolfsburg, 1958–1963, bibliothèque.

140

bottom right/unten rechts/en bas à droite

Library, Rovaniemi, 1965–8, main reading room.

Bibliothek Rovaniemi, 1965–1968, Hauptsaal.

Bibliothèque de Rovaniemi, 1965–1968, salle de lecture principale.

141

Town Hall, Alajärvi, 1966–9, entrance façade.

Rathaus Alajärvi, 1966–1969, Eingangsfassade.

Hôtel de Ville, Alajärvi, 1966–1969, façade d'entrée.

Legends of the Illustrations
Abbildungslegenden
Légendes des illustrations

Page/Seite/page

143
Vases. Vasen. Vases.

144
Town Hall, Seinäjoki, 1963–5, façade.
Rathaus Seinäjoki, 1963–1965, Fassade.
Hôtel de Ville, Seinäjoki, 1963–1965, façade.

148
left/links/à gauche
Cultur Center, Helsinki, 1955–8, façade detail.
Kulturhaus Helsinki, 1955–1958, Fassadenausschnitt.
Maison de la culture à Helsinki, 1955–1958, détail de la façade.

148
right/rechts/à droite
Municipal Library, Seinäjoki, 1963–5, façade detail.
Stadtbibliothek Seinäjoki, 1963–1965, Fassadenausschnitt.
Bibliothèque municipale de Seinäjoki, 1963–1965, détail de la façade.

149
left/links/à gauche
Cultural Center, Helsinki, 1955–8, floor plan.
Kulturhaus Helsinki, 1955–1958, Grundriß.
Maison de la culture à Helsinki, 1955–1958, plan.

154
top/oben/en haut
Chairs. Stühle. Chaises.

Page/Seite/page

156
top left/oben links/en haut à gauche
Paimio Chair. Paimio-Stuhl. La chaise paimio, 1931.

158
left/links/à gauche
Chair. Stuhl. Chaise, 1928.

160
Helsinki Concert Hall, 1962–, floor plan.
Konzerthaus Helsinki, 1962–, Grundriß.
Salle de concerts de Helsinki, 1962–, plan.

162
Helsinki Concert Hall, 1962–, Acoustic diagram, section.
Konzerthaus Helsinki, 1962–, Akustikschema, Schnitt.
Salle de concerts de Helsinki, 1962–, schéma acoustique, coupe.

167
right/rechts/à droite
Lamps. Lampen. Lampes.

170
Villa 'Mairea', Noormarkku, 1937–9, detail of the fire place wall.
Villa ‹Mairea›, Noormarkku, 1937–1939, Detail an Cheminéewand.
Villa ‹Mairea›, Noormarkku, 1937–1939, détail du mur de la cheminée.

Page/Seite/page

172
Nordic Popular Bank, Lahti, wood relief, 1968.
Nordische Volksbank, Lahti, Holzrelief, 1968.
Banque populaire nordique, Lahti, relief en bois, 1968.

173
Nordic Popular Bank, Helsinki, marble relief, 1967.
Nordische Volksbank, Helsinki, Marmorrelief, 1967.
Banque populaire nordique, Helsinki, relief en marbre, 1967.

175
bottom/unten/en bas
Nordic Popular Bank, Lahti, wood relief, detail, 1968.
Nordische Volksbank, Lahti, Holzrelief, Ausschnitt, 1968.
Banque populaire nordique, Lahti, relief en bois, détail, 1968.

180
Church and Parish Center, Riola, Bologna, 1966–, floor plan.
Kirchenzentrum Riola, Bologna, 1966–, Grundriß.
Eglise et centre paroissial de Riola, Bologna, 1966–, plan.

180
bottom/unten/en bas
Church and Parish Center, Riola, Bologna, 1966–, model.
Kirchenzentrum Riola, Bologna, 1966–, Modell.
Eglise et centre paroissial de Riola, Bologna, 1966–, maquette.

Photographers
Photographen
Photographes

Eva & Pertti Ingervo, Helsinki:
66; 82; 89; 111; 128 bottom right/unten rechts/en bas à droite; 136 centre/Mitte/au milieu; 136 bottom/unten/en bas; 141; 144; 153; 154 bottom/unten/en bas; 173; 180 bottom/unten/en bas

Pietinen, Helsinki:
68 bottom left/unten links/en bas à gauche; 118; 123 top left/oben links/en haut à gauche; 137 left/links/à gauche; 154 top right/oben rechts/en haut à droite; 167 bottom right/unten rechts/en bas à droite

L. Mosso, Torino:
68 top left/oben links/en haut à gauche; 90 left/links/à gauche; 96; 123 right/rechts/à droite; 140 top/oben/en haut

Heikki Havas, Helsinki:
68 top right/oben rechts/en haut à droite; 69; 78; 104; 113; 122 bottom/unten/en bas; 136 top/oben/en haut; 137 right/rechts/à droite; 170

Puppe Riikonen, Helsinki:
97; 114; 115; 122 top/oben/en haut; 158 right/rechts/à droite; 172; 175 bottom/unten/en bas

Kalevi A. Mäkinen, Seinäjoki:
110 top left/oben links/en haut à gauche

Eino Mäkinen, Helsinki:
80; 110 bottom right/unten rechts/en bas à droite

H. Heidersberger, Wolfsburg:
110 top right/oben rechts/en haut à droite

Ezra Stoller, New York: 124

Simo Rista, Helsinki: 132

Matti Saanio, Rovaniemi:
140 bottom right/unten rechts/en bas à droite

T. Nousiainen, Helsinki:
154 top centre/oben Mitte/en haut au milieu

NA1455
F53A237

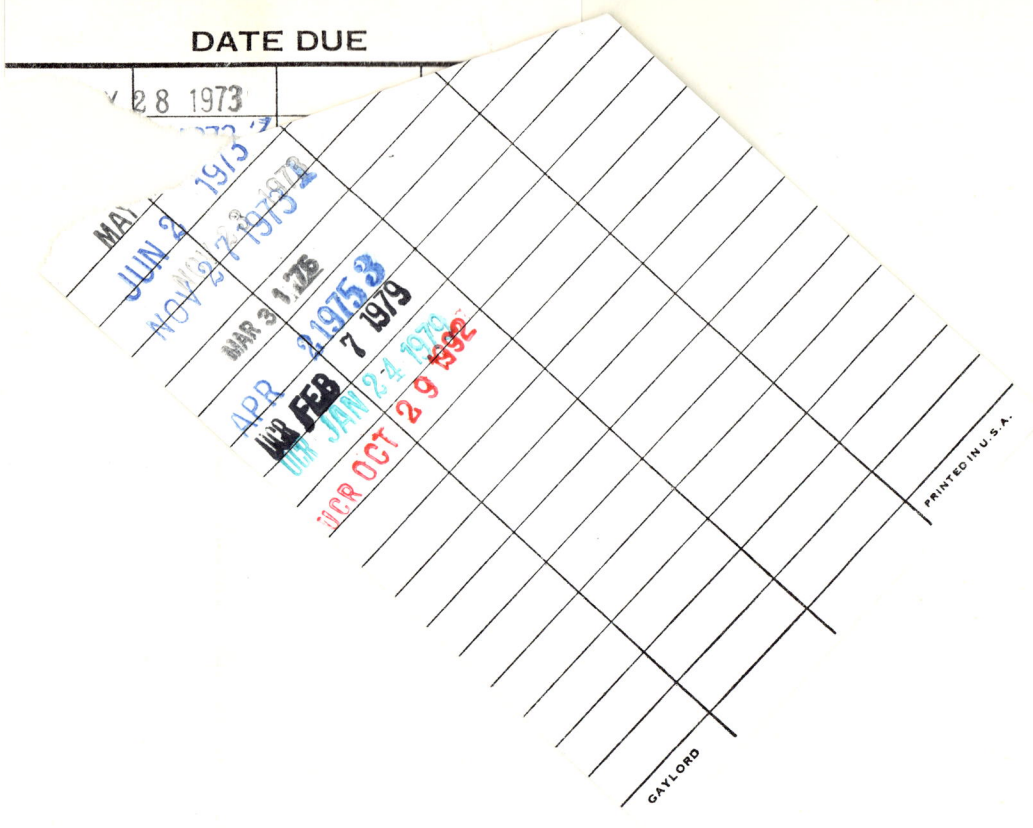